高等院校系列教材

金工实训

主　编　杨　斌　李灿均
副主编　黄小娣　黄健良　梁银禧
主　审　伍先明

南京大学出版社

内容提要

本书根据应用技术型本科教育及高等职业教育机械类专业《金工实训课程标准》的要求编写而成。本书按照生产与教学实际进行编排,满足职业技能鉴定的要求,内容符合岗位技术特点,贴近企业岗位实际工作要求。

全书共十个教学项目,涵盖了钳工、普通机械加工、数控加工等内容。十个教学项目分别为金工实训基础、钳工、焊接加工、铸造加工、锻造与冲压加工、车削加工、铣削加工、刨削加工、磨削加工、数控加工。各项目均根据各个工种的不同特点提出了学习目标及安全操作规程,并附有思考题,以检验教学效果。

本书可用做应用技术型本科院校及高等职业院校机械类、近机械类金工实训课程的教材,也可用于有关专业工程技术人员参考。

图书在版编目(CIP)数据

金工实训/ 杨斌,李灿均主编. — 南京 :南京大学出版社,2020.1(2023.8 重印)
ISBN 978 - 7 - 305 - 22238 - 2

Ⅰ.①金… Ⅱ.①杨… ②李 Ⅲ.①金属加工-实习-高等学校-教材 Ⅳ.①TG-45

中国版本图书馆 CIP 数据核字(2019)第 104236 号

出版发行 南京大学出版社
社　　址 南京市汉口路 22 号　　　　邮　　编　210093
出 版 人 王文军

书　　名 金工实训
主　　编 杨　斌 李灿均
责任编辑 吕家慧 蔡文彬　　　编辑热线　025 - 83597482
照　　排 南京开卷文化传媒有限公司
印　　刷 南京玉河印刷厂
开　　本 787×1092 1/16　印张 16.25　字数 406 千
版　　次 2020 年 1 月第 1 版　2023 年 8 月第 4 次印刷
ISBN 978 - 7 - 305 - 22238 - 2
定　　价 42.00 元

网　　址:http://www.njupco.com
官方微博:http://weibo.com/njupco
官方微信号:njupress
销售咨询热线:(025)83594756

前　言

本书根据应用技术型本科教育及高等教育机械类专业《金工实训课程标准》的要求,结合多年的教学实践经验,并借鉴兄弟院校的成功经验编写而成。

本书按照生产与教学实际进行编排,满足职业技能鉴定的要求,内容符合岗位技术特点,贴近企业岗位实际工作要求。本书可用于应用技术型本科院校及高等院校机械类、近机械类《金工实训》课程的教材,也可用于有关专业工程技术人员参考。

全书共十个教学项目,涵盖了钳工、普通机械加工、数控加工等内容。十个教学项目分别为金工实训基础、钳工、焊接加工、铸造加工、锻造与冲压加工、车削加工、铣削加工、刨削加工、磨削加工、数控加工。各项目均根据各个工种的不同特点提出了学习目标及安全操作规程,并附有思考题,以检验教学效果。

本书从应用技术型本科教育及高等职业教育的特点入手,按职业岗位群应掌握的知识和能力进行编写,以能力培养为核心,以知识运用为主线。按照基本理论“适度”“够用”的原则,本书在阐明原理的基础上,更加注重工程实践。各校可根据实际情况,安排 2~4 周的停课实训,全部采用理实一体化教学,以提高教学质量和教学效果。

学完本课程后,学生应了解机械制造的一般过程;熟悉机械零件的常用加工方法、主要设备、工夹量具的正确选用;初步具备对简单零件进行工艺分析和选择加工方法的能力;掌握各工种简单零件机械加工的操作方法;培养劳动观念、创新精神和理论联系实际的科学作风;初步建立质量、安全、成本、效率、团队和环保等工程意识。

本书项目一、项目三、项目四由杨斌编写,项目七、项目八、项目九由李灿均编写,项目二、项目五由黄小娣编写,项目十由黄健良编写,项目六由梁银禧编写,伍先明教授进行了对本书进行了审稿。

本书在编写过程中,参考了兄弟院校的同类教材,一一列在了书后的参考文献中,在此一并对作者表示衷心的感谢!

限于编者专业水平和实践经验,书中定有不少纰漏甚至错误,恳请广大读者批评指正,以便再版时修正。

编者
2019 年 9 月

目　录

扫一扫可获取
课件等资源

项目一 金工实训基础知识

学习目标

1. 了解金工实训在教学中的地位和作用，掌握金工实训的内容、目的和要求。
2. 了解金工实训安全文明生产操作规程。
3. 了解常用金属材料和非金属材料的分类、性能和应用。
4. 掌握金属材料热处理方法、特点以及热处理设备的使用。
5. 掌握机械加工方法的实质、工艺特点和基本原理。
6. 掌握各种量具的使用方法。

1.1 概述

1.1.1 金工实训在教学中的地位和作用

金工实训是一门实践性很强的技术基础课，是机制类专业学生熟悉加工生产过程、培养实践动手能力的实践性教学环节，是必修课。对于机械类各专业学生，金工实训还是学习其他有关技术基础课程和专业课程的重要必修课。其中，金工实训与工程材料和机械制造基础（即金属工艺学）课程有着特殊的关系，金工实训既是金属工艺学课程的必修课，又是它的实践环节和重要组成部分。

理工类学生的培养目标应具有专业工程技术人员的全面素质，即不仅具有优秀的思想品质、扎实的理论基础和专业知识，而且，还要有解决实际工程技术问题的能力。金工实训是对大学生进行专业工程训练的重要环节之一。同学们必须给予这门课以足够的重视，充分利用金工实训的机会，好好提高一下自己的动手能力。在教师和有实践经验的技师指导下，掌握基本的机械加工流程和方法，解决生产中的一些实际问题，为以后学习设计相关机械产品和加工零件打下坚实的基础。

1.1.2 金工实训的主要内容

金工实训的主要内容是机械零件制造中的一般加工方法及其常用设备、工量具的操作方法和一些初步的工艺知识。

机械制造的一般过程如图 1-1 所示。

机械制造过程中的主要加工方法简介如下：

（1）铸造。是将金属熔炼成符合一定要求的液体并浇进铸型里，经冷却凝固、清整处理后得到有预定形状、尺寸和性能的铸件的工艺过程。铸造毛坯因其近乎成形，而达到免机械加工或少量加工的目的，降低了成本并在一定程度上减少了制作时间。铸造是现代装置制

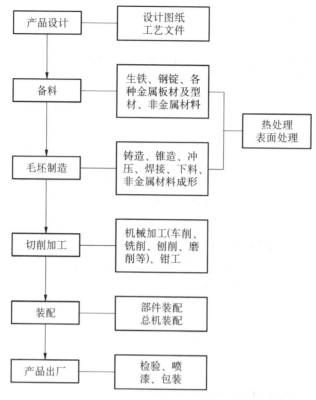

图 1-1　机械制造的一般过程

造工业的基础工艺之一。

（2）锻压。是锻造和冲压的合称，是利用锻压机械的锤头、砧块、冲头或通过模具对坯料施加压力，使之产生塑性变形，从而获得所需形状和尺寸的制件的成形加工方法。锻压属于金属在固态下流动成形的方法，因而锻件的结构复杂程度往往不及铸件。但是，锻件具有良好的内部组织，从而具有优良的机械性能。因此，各种机械中的传动零件和承受重载及复杂载荷的零件大都采用锻件。

（3）焊接。是利用加热或同时再施加压力，使两块分离的金属件通过原子间的结合，形成永久性连接的一种加工方法。除制造零件毛坯外，焊接更多地应用于制造各种金属结构件，如锅炉、容器、机架、桥梁、船舶等。

（4）下料。是指确定制作某个设备或产品所需的材料形状、数量或质量后，从整个或整批材料中取下一定形状、数量或质量的材料的操作过程。例如：要制作一扇门，所测量的长、宽、高分别记录数值以后，从一整块木料上按长、宽、高分别切割下合适的木料作为门的各部分，这个过程叫作下料。

（5）非金属材料成形。在各种机械的零件和构件中，除采用金属材料外，还有非金属材料，如木材、玻璃、橡胶、陶瓷、皮革等。近年来，随着高分子化学工业突飞猛进的发展，以工程塑料为主体的合成高分子材料在各种机械中所占的比重迅速增长。工程塑料以其强度较高，化学稳定性、绝缘性、耐磨性、吸震性、成形和加工性好，以及轻巧美观、原料来源丰富等一系列优点而受到人们的普遍重视。

非金属材料的成形方法因材料的种类不同而异。工程塑料主要采用注塑法成形，它是将颗粒状的塑料原材料,在注塑机上加热熔融后注入专用模具的型腔内,冷却后即得到塑料制品。橡胶制品通过塑炼—混炼—成形—硫化等过程制成。陶瓷制品是利用天然或人工合成的粉状化合物,经过成形和高温烧结而成的。

(6)切削加工。其任务是利用切削工具(如车刀、砂轮、锉刀等)从毛坯上切除多余材料,从而获得形状、尺寸及表面粗糙度符合图纸技术要求的零件。切削加工包括机械加工和钳工两大类。机械加工是在切削机床上进行的,常用的切削机床有车床、铣床、镗床、刨床、磨床等,相应的加工方法称为车削、铣削、镗削等。钳工一般是采用手工工具对毛坯或半成品进行加工的,包括锯割、锉削、刮削、錾削、攻丝、套扣等,通常把钻床加工也包括在钳工的范围内。

(7)热处理和表面处理。上述各种加工方法都是以材料的成形为主要目的或唯一目的。热处理或表面处理则以改变材料的性能或表面状态为目的。热处理是将毛坯或半成品加热到一定温度后,施以某种方式的冷却,以改变材料的内部组织,从而得到所需的力学性能的加工方法。满足不同的使用要求和加工要求。重要的机械零件在制造过程中大都要经过热处理。常用的热处理方法有退火、正火、淬火和回火等。

表面处理是在保持材料内部组织和性能不变的前提下,改善其表面性能(如耐磨性、耐腐蚀性等)或表面状态的方法,常用的有表面热处理、电镀、发黑、发蓝等。

(8)装配。是将加工好的零件按一定顺序和配合关系组装成部件和整机的工艺过程。装配后,调试、上漆及最终检验合格,即成机械产品。

按照国家教委批准印发的"金工实训教学基本要求",机械类专业金工实训应安排铸造、锻压(锻造和冲压)、焊接、车工、铣工、刨工、磨工、钳工、特种加工等工种的实训。

1.1.3　金工实训的目的和要求

1. 金工实训的目的

培养学生的工程意识、动手能力、创新精神,提高综合素质。通过金工实训,使学生初步接触生产实际,对机械制造的过程有一个较为完整的感性认识,为学习机械制造基础及有关后继课程和今后从事机械设计与制造方面的技术工作,打下一定的实践基础。使学生养成热爱劳动和理论联系实际的工作作风,为学生拓宽知识视野、增强就业竞争力。

2. 金工实训的基本要求

(1)基本知识要求

金工实训是重要实践教学环节,按大纲要求,完成车工、钳工、铸工和数控加工等各工种的基本操作训练,使学生了解机械制造的一般过程、机械零件常用加工方法及所用主要设备结构原理,工卡量具的使用。独立完成简单零件加工,培养学生的劳动观点,理论联系实际的工作作风和经济观点。实训报告(含实训总结)是金工实训质量考核的形式之一。

(2)能力培养要求

通过对学生进行工程实践技能的训练,学习机械制造工艺知识,提高动手能力;促使学生养成勤于思考、勇于实践的良好作风和习惯;鼓励并着重培养学生的创新意识和创新能力;结合教学内容,注重培养学生的工程意识、产品意识、质量意识,提高其工程素质。

(3)安全操作要求

在金工实训全过程中,始终强调安全第一的观点,进行入厂安全教育,宣讲安全生产的重要性,教育学生遵守劳动纪律和严格执行安全操作规程。

1.1.4　金工实训安全文明生产操作规程

（1）进入车间实训时，要穿好工作服，袖口扣紧，上衣下摆不能敞开，严禁戴手套，不得在开动的机床旁穿、脱换衣服，或围布于身上，防止机器绞伤，所有学生必须戴好安全帽，女同学要将发辫纳入帽内，不得穿裙子、拖鞋、高跟鞋、背心或戴围巾进入车间。

（2）严禁在车间内追逐、打闹、喧哗、阅读与实训无关的书刊以及听音乐、听广播等。

（3）应在指定的机床（工具）上进行实训。未经允许，不得启动其他机床、工具或电气开关。

（4）所用工具必须齐备、完好可靠，才能开始工作，严禁使用有裂纹、带毛刺、无手柄或手柄松动等不符合安全要求的工具，并严格遵守常用工具安全操作规程。

（5）工作中注意周围人员及自身的安全，防止因挥动工具、工具脱落、工件及铁屑飞溅造成伤害，两人以上工作时要注意协调配合。

（6）钳工工具使用时注意放置地方，以防伤害他人。

（7）用钳台夹持工件时，钳口不允许张得过大（不准超过最大行程的 2/3）。持原件或精密工件时应用铜垫，以防工件坠落或损伤工件。

（8）夹持工作必须正确及夹紧，虎钳要爱护，不准乱敲乱打，夹持小而薄的工件时注意手指。

（9）凿和铲工件及清理毛刺时，严禁对着他人工作，要戴好防护镜，以防止铁屑飞出伤人，使用手锤时禁止戴手套，不准用扳手、锉刀等工具代替手锤敲打物件，不准用嘴吹或手摸铁屑，以防伤害眼和手，刮剔的工件不得有凸起凹下毛刺。

（10）钻小工件时，必须用夹具固定，不准用手拿着工件钻孔，使用钻床加工工件时，禁止戴手套操作。

（11）用汽油和挥发性易燃品清洗工件时，周围应严禁烟火及易燃物品、油桶、油盘，回丝要集中堆放处理。

（12）使用扳手紧固螺丝时，应检查扳手和螺丝有无裂纹或损坏，在紧固时，不能用力过猛或用手锤敲打扳手，大扳手需用套管加力时，应该特别注意安全。

（13）使用手提砂轮前，必须仔细检查砂轮片是否有裂纹，防护罩是否完好，电线是否磨损，是否漏电，运转是否良好，用后放置安全可靠处，防止砂轮片接触地面和其他物品。

（14）使用手锯要防止锯条突然折断，造成割伤事故；使用千斤顶要放平提稳，不顶托易滑地方以防发生意外事故，多人配合操作要有统一指挥及必要安全措施，协调行动。

（15）使用剪刀车剪铁片时，手要离开侧刀口，剪下边角料要集中堆放，及时处理，防止刺戳伤人；带电工件需焊补时，应切断电源施工。

（16）使用带电工具时应首先检查是否漏电，工具完好正常才能使用。

（17）使用非安全电压的手电钻、手提砂轮时，应戴好绝缘手套，并站在绝缘橡皮垫上，在钻孔或磨削时应保持用力均匀，严禁用手触摸转动的砂轮片和钻头。

（18）不得将手伸入已装配完的变速箱，主轴箱内检查齿轮，检查油压设备时禁止敲打。

（19）高空作业（3 米以上）时，必须戴好安全带，梯子要有防滑措施。

（20）使用腐蚀剂时戴好口罩，耐腐蚀手套，并防止腐蚀剂倒翻。操作时要小心谨慎，防止外溅。

（21）未经允许不得擅自将实验室内材料和工具带走。

（22）做到文明实训，工作完后，及时关闭电源，清点整理工具、量具，钳台上下清洁，及时保养工具、量具。

1.2 工程材料

工程材料是人类生产与生活的物质基础，是社会进步与发展的前提。当今社会，材料、信息和能源技术已构成了人类现代社会大厦的三大支柱，而且能源和信息的发展都离不开材料，所以，世界各国都把研究、开发新材料放在突出的地位。工程材料中最典型的是金属材料和非金属材料。

1.2.1 材料的分类

工程材料是在各工程领域中使用的材料。工程上使用的材料种类繁多，工程材料有各种不同的分类方法。一般都将工程材料按化学成分分为金属材料、非金属材料、高分子材料和复合材料四大类。

1. 金属材料

金属材料是最重要的工程材料，包括金属和以金属为基的合金。工业上把金属和其合金分为两大部分：

（1）黑色金属材料：铁和以铁为基的合金（钢、铸铁和铁合金）。

（2）有色金属材料：黑色金属以外的所有金属及其合金。

应用最广的是黑色金属。以铁为基的合金材料占整个结构材料和工具材料的90.0%以上。黑色金属材料的工程性能比较优越，价格也较便宜，是最重要的工程金属材料。

有色金属按照性能和特点可分为：轻金属、易熔金属、难熔金属、贵金属、稀土金属和碱土金属。它们是重要的有特殊用途的材料。

2. 非金属材料

非金属材料也是重要的工程材料。它包括耐火材料、耐火隔热材料、耐蚀（酸）非金属材料和陶瓷材料等。

3. 高分子材料

高分子材料为有机合成材料，也称聚合物。它具有较高的强度、良好的塑性、较强的耐腐蚀性能，很好的绝缘性和重量轻等优良性能，在工程上是发展最快的一类新型结构材料。高分子材料种类很多，工程上通常根据机械性能和使用状态将其分为三大类：塑料、橡胶、合成纤维。

4. 复合材料

复合材料就是用两种或两种以上不同材料组合的材料，其性能是其他单质材料所不具备的。复合材料可以由各种不同种类的材料复合组成。它在强度、刚度和耐蚀性方面比单纯的金属、陶瓷和聚合物都优越，是特殊的工程材料，具有广阔的发展前景。

1.2.2 金属材料

1. 金属材料的性能

金属材料是人类社会可接受、能经济地制造有用器件（或物品）的固体物质。金属材料的性能分为使用性能和工艺性能，见表1-1。

表 1-1 金属材料的性能

性 能 名 称			性 能 内 容
使用性能		物理性能	包括密度、熔点、导电性、导热性及磁性等。
		化学性能	金属材料抵抗各种介质的侵蚀能力,如抗腐蚀性能等。
	力学性能	强度	在外力作用下材料抵抗变形和破坏的能力,分为抗拉强度 σ_b、抗压强度 σ_{bc}、抗弯强度 σ_{bb} 及抗剪强度 τ_b,单位均为 MPa。
		硬度	衡量材料软硬程度的指标,较常用的硬度测定方法有布氏硬度(HBS,HBW)、洛氏硬度(HRC)和维氏硬度(HV)等。
		塑性	在外力作用下材料产生永久变形而不发生破坏的能力。常用指标是断后伸长率 δ_5、δ_{10}(%)和断面收缩率 ψ(%),δ 和 ψ 越大,材料塑性越好。
		冲击韧度	材料抵抗冲击力的能力。常把各种材料受到冲击破坏时,消耗能量的数值作为冲击韧度的指标,用 a_k(J/cm^2)表示。冲击韧度值主要取决于塑性、硬度,尤其是温度对冲击韧度值的影响更具有重要的意义。
		疲劳强度	材料在多次交变载荷作用下而不致引起断裂的最大应力。
	工艺性能		包括热处理工艺性能、铸造性能、锻造性能、焊接性能及切削加工性能等。

2. 金属材料的分类

金属材料按照用途可分为两大类,即结构材料和功能材料。结构材料通常指工程上对硬度、强度、塑性及耐磨性等力学性能有一定要求的材料,主要包括金属材料、陶瓷材料、高分子材料及复合材料等。功能材料是指具有光、电、磁、热、声等功能和效应的材料,包括半导体材料、磁性材料、光学材料、电介质材料、超导体材料、非晶和微晶材料、形状记忆合金等。

金属材料按照应用领域还可分为信息材料、能源材料、建筑材料、生物材料和航空材料等多种类别。工程上常用的金属材料主要有黑色及有色金属材料等。

黑色金属材料中使用最多的是钢铁,钢铁是世界上的头号金属材料,年产量高达数亿吨。钢铁材料广泛用于工农业生产及国民经济各部门,例如,各种机器设备上大量使用的轴、齿轮、弹簧,建筑上使用的钢筋、钢板,以及交通运输中的车辆、铁轨、船舶等都要使用钢铁材料。通常所说的钢铁是钢与铁的总称。实际上钢铁材料是以铁为基体的铁碳合金。当碳的质量分数大于 2.11% 时称为铁,当碳的质量分数小于 2.11% 时称为钢。

为了改善钢的性能,人们常在钢中加入硅、锰、铬、镍、钨、钼及钒等合金元素。它们有着各自的作用,有的提高强度,有的提高耐磨性,有的提高抗腐蚀性能等等。在冶炼时有目的地向钢中加入合金元素就形成了合金钢。合金钢中合金元素含量虽然不多,但具有特殊的作用,就像炒菜时放入佐料,含量不多但味道鲜美。合金钢种类很多,按照性能与用途不同,合金钢可分为合金结构钢、合金工具钢、不锈钢、耐热钢、超高强度钢等。

人们可以按照生产实际提出的使用要求,加入不同的合金元素而设计出不同的钢种。例如,切削工具要求硬度及耐磨性较高,在切削速度较快、温度升高时其硬度不降低。按照这样的使用要求,人们就设计了一种称为高速工具钢的刀具材料,其中含有钨、钼、铬等合金元素。普通钢容易生锈,化工设备及船舶壳体等的损坏都与腐蚀有关。据不完全统计,全世界因腐蚀而损坏的金属构件约占其产量的 10%。人们经过大量试验发现,在钢中加入 13% 的铬元素后,钢的抗蚀性能显著提高。在钢中同时加入铬和镍,还可以形成具有新的显微组织的不锈钢，于是人们设计出了一种能够抵抗腐蚀的不锈钢。

有色金属包括铝、铜、钛、镁、锌、铅及其合金等，虽然它们的产量及使用量不如钢铁材料多，但由于具有某些独特的性能和优点，从而使其成为当代工业生产中不可缺少的材料。

此外，为了适应科学技术的高速发展，人们还在不断推陈出新，进一步发展新型的、高性能的金属材料，如超高强度钢、高温合金、形状记忆合金、高性能磁性材料以及储氢合金等。

（1）碳素钢

碳素钢是近代工业中使用最早、用量最大的基本材料。目前碳素钢的产量在各国钢总产量中的比重，约保持在80％左右，它不仅广泛应用于建筑、桥梁、铁道、车辆、船舶和各种机械制造工业，而且在近代的石油化学工业、海洋开发等方面，也得到大量使用。

碳素钢含碳的质量分数小于 2.11％并含有少量硅、锰、硫、磷等杂质元素所组成的铁碳合金，简称碳钢。其中锰、硅是有益元素，对钢有一定强化作用；硫、磷是有害元素，分别增加钢的热脆性和冷脆性，应严格控制。碳钢的价格低廉、工艺性能良好，在机械制造中应用广泛。

（2）合金钢

合金钢是指钢里除铁、碳外，加入其他的合金元素，就叫合金钢。在普通碳素钢基础上添加适量的一种或多种合金元素而构成的铁碳合金。常用的合金元素有硅、锰、铬、镍、钨、钼、钒、稀土元素等。合金钢还具有耐低温、耐腐蚀、高磁性、高耐磨性等良好的特殊性能，它在力学性能、工艺性能要求高、形状又比较复杂的大截面零件和有特殊性能要求的零件方面，得到了广泛应用。

（3）铸铁

碳的含量大于 2.11％的铁碳合金称为铸铁。由于铸铁含有的碳和杂质较多，其力学性能比钢差，不能锻造。但铸铁具有优良的铸造性、减振性及耐磨性等特点，加之价格低廉、生产设备和工艺简单，是机械制造中应用最多的金属材料。据资料表明，铸铁件占机器总质量的 45％～90％。

（4）有色金属及其合金

有色金属的种类繁多，常见的有铝、铜、钛、镁、锌、铅等及其合金。尽管有色金属的产量和使用不及黑色金属，但由于它具有某些特殊性能，目前已经成为现代工业中不可缺少的材料。

1.2.3　非金属材料

1. 高分子材料

高分子材料是以高分子化合物为主要成分的材料。这类材料具有较高的强度、弹性、耐磨性、抗腐蚀性和绝缘性等优良性能，生活中有很多东西是用塑料做的，如包装用的塑料袋，装饮料的塑料瓶、塑料桶，计算机显示器外壳、键盘；各种车辆的轮胎都是用橡胶做的；钢铁的表面要涂涂料以防腐，家具的表面要刷油漆以美观，导线要有塑料或橡胶包皮以绝缘；人们穿的衣物是纤维做的，它们也许是天然的棉花、羊毛，也许是人造的涤纶、腈纶等等，所有这些都是高分子材料。高分子材料既包括我们常见的塑料、橡胶和纤维（它们被称为三大合成材料），也包括经常用到的涂料和黏合剂，以及日常较少见到的所谓功能高分子材料，如用于水净化的离子交换树脂、人造器官等。在机械、仪表、电机、电气等行业得到了广泛的应用。

高分子材料按特性分为橡胶、纤维、塑料、高分子胶粘剂、高分子涂料和高分子基复合材料等。

（1）橡胶。橡胶是一类线型柔性高分子聚合物。其分子链间次价力小，分子链柔性好，在外力作用下可产生较大形变，除去外力后能迅速恢复原状。有天然橡胶和合成橡胶两种。

（2）高分子纤维。高分子纤维分为天然纤维和化学纤维。前者指蚕丝、棉、麻、毛等。后者是以天然高分子或合成高分子为原料，经过纺丝和后处理制得。纤维的次价力大、形变能力小、模量高，一般为结晶聚合物。

（3）塑料。塑料是以合成树脂或化学改性的天然高分子为主要成分，再加入填料、增塑剂和其他添加剂制得。其分子间次价力、模量和形变量等介于橡胶和纤维之间。通常按合成树脂的特性分为热固性塑料和热塑性塑料；按用途又分为通用塑料和工程塑料。

（4）高分子胶黏剂。高分子胶黏剂是以合成天然高分子化合物为主体制成的胶黏材料。分为天然和合成胶黏剂两种。应用较多的是合成胶黏剂。

（5）高分子涂料。高分子涂料是以聚合物为主要成膜物质，添加溶剂和各种添加剂制得。根据成膜物质不同，分为油脂涂料、天然树脂涂料和合成树脂涂料。

（6）高分子基复合材料。高分子基复合材料是以高分子化合物为基体，添加各种增强材料制得的一种复合材料。它综合了原有材料的性能特点，并可根据需要进行材料设计。

（7）功能高分子材料。功能高分子材料除具有聚合物的一般力学性能、绝缘性能和热性能外，还具有物质、能量和信息的转换、传递和储存等特殊功能。已使用的有高分子信息转换材料、高分子透明材料、高分子模拟酶、生物降解高分子材料、高分子形状记忆材料和医用、药用高分子材料等。

2. 陶瓷材料

陶瓷材料是用天然或合成化合物经过成形和高温烧结制成的一类无机非金属材料。它具有高熔点、高硬度、高耐磨性、耐氧化等优点。可用作结构材料、刀具材料，由于陶瓷还具有某些特殊的性能，又可作为功能材料。

陶瓷材料与其他材料相比，它具有耐高温、抗氧化、耐腐蚀、耐磨耗等优异性能，而且它可以用于各种特殊功能要求的专门功能材料，如压电陶瓷、铁电陶瓷、半导体陶瓷及生物陶瓷等。特别是随着空间技术、电子信息技术、生物工程、高效热机等技术的发展，陶瓷材料正显示出独特的作用。

新型陶瓷按其使用性能来分类，可分为结构陶瓷、工具陶瓷和功能陶瓷等。

（1）结构陶瓷

① 氧化铝陶瓷。主要组成物为 Al_2O_3，一般含量大于 45%。氧化铝陶瓷具有各种优良的性能，耐高温，一般可要 1 600℃长期使用，耐腐蚀，高强度，其强度为普通陶瓷的 2～3 倍，高者可达 5～6 倍。其缺点是脆性大，不能接受突然的环境温度变化。用途极为广泛，可用作坩埚、发动机火花塞、高温耐火材料、热电偶套管、密封环等，也可作刀具和模具。

② 氮化硅陶瓷。主要组成物是 Si_3N_4，这是一种高温强度高、高硬度、耐磨、耐腐蚀并能自润滑的高温陶瓷，线膨胀系数在各种陶瓷中最小，使用温度高达 1 400℃，具有极好的耐腐蚀性，除氢氟酸外，能耐其他各种酸的腐蚀，并能耐碱、各种金属的腐蚀，并具有优良的电绝

缘性和耐辐射性。可用作高温轴承、在腐蚀介质中使用的密封环、热电偶套管、也可用作金属切削刀具。

③ 碳化硅陶瓷。主要组成物是SiC，这是一种高强度、高硬度的耐高温陶瓷，在1 200～1 400℃使用仍能保持高的抗弯强度，是目前高温强度最高的陶瓷，碳化硅陶瓷还具有良好的导热性、抗氧化性、导电性和高的冲击韧度。是良好的高温结构材料，可用于火箭尾喷管喷嘴、热电偶套管、炉管等高温下工作的部件；利用它的导热性可制作高温下的热交换器材料；利用它的高硬度和耐磨性制作砂轮、磨料等。

④ 六方氮化硼陶瓷。主要成分为BN，晶体结构为六方晶系，六方氮化硼的结构和性能与石墨相似，故有"白石墨"之称，硬度较低，可以进行切削加工具有自润滑性，可制成自润滑高温轴承、玻璃成形模具等。

（2）工具陶瓷

① 硬质合金。主要成分为碳化物和黏结剂，碳化物主要有WC、TiC、TaC、NbC、VC等，黏结剂主要为钴（Co）。硬质合金与工具钢相比，硬度高（高达87～91 HRA），热硬性好（1 000℃左右耐磨性优良），用作刀具时，切削速度比高速钢提高4～7倍，寿命提高5～8倍，其缺点是硬度太高、性脆，很难被机械加工，因此常制成刀片并镶焊在刀杆上使用，硬质合金主要用于机械加工刀具；各种模具，包括拉伸模、拉拔模、冷镦模；矿山工具、地质和石油开采用各种钻头等。

② 金刚石。天然金刚石（钻石）作为名贵的装饰品，而合成金刚石在工业上广泛应用，金刚石是自然界最硬的材料，还具备极高的弹性模量；金刚石的导热率是已知材料中最高的；金刚石的绝缘性能很好。金刚石可用作钻头、刀具、磨具、拉丝模、修整工具；金刚石工具进行超精密加工，可达到镜面光洁度。但金刚石刀具的热稳定性差，与铁族元素的亲和力大，故不能用于加工铁、镍基合金，而主要加工非铁金属和非金属，广泛用于陶瓷、玻璃、石料、混凝土、宝石、玛瑙等的加工。

③ 立方氮化硼（CBN）。具有立方晶体结构，其硬度高，仅次于金刚石，具热稳定性和化学稳定性比金刚石好，可用于淬火钢、耐磨铸铁、热喷涂材料和镍等难加工材料的切削加工。可制成刀具、磨具、拉丝模等

其他工具陶瓷尚有氧化铝、氧化锆、氮化硅等陶瓷，但从综合性能及工程应用均不及上述三种工具陶瓷。

（3）功能陶瓷

功能陶瓷通常具有特殊的物理性能，涉及领域比较多，常用功能陶瓷的特性及应用见表1-2。

表1-2　常用功能陶瓷

种类	性能特征	主要组成	用途
介电陶瓷	绝缘性	Al_2O_3、Mg_2SiO_4	集成电路基板
	热电性	$PbTiO_3$、$BaTiO_3$	热敏电阻
	压电性	$PbTiO_3$、$LiNbO_3$	振荡器
	强介电性	$BaTiO_3$	电容器

续表

种类	性能特征	主要组成	用途
光学陶瓷	荧光、发光性	Al_2O_3CrNd 玻璃	激光
	红外透过性	$CaAs$、$CdTe$	红外线窗口
	高透明度	SiO_2	光导纤维
	电发色效应	WO_3	显示器
磁性陶瓷	软磁性	$ZnFe_2O$，$\gamma-Fe_2O_3$	磁带、各种高频磁心
	硬磁性	SrO，$6Fe_2O_3$	电声器件、仪表及控制器件的磁芯
半导体陶瓷	光电效应	CdS，Ca_2Sx	太阳电池
	阻抗温度变化效应	VO_2、NiO	温度传感器
	热电子放射效应	LaB_6、BaO	热阴极

3. 复合材料

复合材料是由两种或两种以上不同化学性质或不同组织结构的材料组合而成的多相材料，即基体材料和增强材料复合而成的。复合材料保留了组成材料各自的优点，获得单一材料无法具备的优良综合性能。它们是按照性能要求而设计的一种新型材料。复合材料已成为当前结构材料发展的一个重要趋势。玻璃纤维增强树脂基为第一代复合材料，碳纤维增强树脂基为第二代复合材料，金属基、陶瓷基及碳基等复合材料则是目前正在发展的第三代复合材料。

复合材料的种类繁多，按基体分为金属基和非金属基两类。金属基主要有铝、镁、钛、铜等及其合金；非金属基主要有合成树脂、碳、石墨、橡胶、陶瓷、水泥等。按使用性能分，有结构复合材料和功能复合材料。

（1）纤维增强材料。指纤维、丝、颗粒、片材、织物等。纤维增强材料包括玻璃纤维、碳纤维、硼纤维、芳纶纤维、碳化硅纤维、氮化硅纤维、晶须（丝状单晶，直径很细，强度很高）、颗粒等。

（2）树脂基（又称聚合物基）复合材料。以树脂为黏结材料，纤维为增强材料，其强度高、弹性模量大、耐疲劳、耐腐蚀、耐烧蚀、吸振性好、绝缘性好。树脂基复合材料包括玻璃纤维增强热固性塑料、玻璃纤维增强热塑性塑料、石棉纤维增强塑料、碳纤维增强塑料、芳纶纤维增强塑料、混杂纤维增强塑料等。

（3）碳-碳复合材料。是指用碳纤维和石墨纤维或其织物作为碳基体骨架，埋入碳基质中增强基质所制成的复合材料。碳-碳复合材料可制成碳度高、刚度好的复合材料。在1 300℃以上，许多高温金属和无机耐高温材料都失去强度，唯独碳-碳复合材料的强度还稍有升高。其缺点是垂直于增强方向的强度低。

（4）金属基复合材料。是以金属、合金或金属间化合物为基体，含有增强成分的复合材料，与树脂基复合材料相比，金属基复合材料有较高的力学性能和高温强度，不吸湿，导电、导热，无高分子复合材料常见的老化现象。

1.2.4　材料的应用

从现阶段汽车零件的质量构成比来看，黑色金属占75%，有色金属占5%，非金属材料占 10％～20％。汽车使用的材料大多数为金属材料。

黑色金属材料有钢板、钢材和铸铁。钢板大多采用冲压成型,用于制造汽车的车身和大梁。钢材的种类有圆钢和各种型钢。

黑色金属的强度较高、价格低廉,所以使用较多。按黑色金属使用场合的不同,对其性能的要求也不同。例如汽车车身,需使钢板做较大的弯曲变形,应选择容易进行变形处理的钢板,如果外观差,就影响销售,应选择表面美观、易弯曲的钢板。与之相反,车架厚而要求强度高,价格应低廉,所以,应采用表面美观、要求不高且较厚的钢板。

有色金属材料以铝合金应用最广,用作发动机的活塞、变速箱壳体、带轮等。铝合金由于质量轻、美观,今后将更多地用于制造汽车零件。铜主要用于电气产品、散热器等方面。铅、锡与铜构成的合金用作轴承合金等方面。锌合金用于装饰品和车门手柄(表面电镀)等方面。

在非金属材料中,采用工程塑料、橡胶、石棉、玻璃、纤维等。由于工程塑料具有密度小,成型性、着色性好,不生锈等性能,可用作薄板、手轮、电气零件、内外装饰品的制造材料等。由于塑料的性能不断改善,FRP(纤维强化塑料)将被用作制造车身和发动机零件。

由此可见,机械产品的可靠性和先进性,除设计因素外,在很大程度上取决于所选材料的质量和性能。新型材料的研究是发展新型产品和提高产品质量的物质基础。各种高强度材料的出现,为发展大型结构件和逐步提高材料的使用强度等级、减轻产品自重提供了条件;高性能的耐温材料、耐腐蚀材料为开发和利用新能源开辟了新的途径。目前发展起来的新型材料如新型纤维材料、功能性高分子材料、非晶体材料、单晶体材料、精细陶瓷和新合金材料等,对于研制新一代的机械产品有着重要的意义。如碳纤维比玻璃纤维强度和弹性更高,用于制造飞机和汽车等结构件,能显著减轻自重而且节约能源。精细陶瓷如热压氮化硅和部分稳定结晶氧化锆,有足够的强度,比合金材料有更高的耐热性,能大幅度提高热机的效率,是绝热发动机的关键材料。还有许多与能源利用和转换密切相关的功能材料的突破,将会引起机电产品的巨大变革。

1.3　钢的热处理

1.3.1　钢的热处理工艺

钢的热处理是钢在固态下采用适当的方式进行加热、保温和冷却,改变其表面或内部的组织结构以获得所需要的组织结构与性能的工艺。

热处理是机械零件及模具制造过程中的重要工序之一。通过热处理可以使金属具有优良的力学性能,高的强度、硬度、塑性和弹性等,从而扩大了材料的使用范围,提高了材料的利用率,延长使用寿命。因此,在汽车、拖拉机及各类机床上有 70％～80％的钢铁零件要进行热处理。模具、量具和轴承等则全部需要进行热处理。

在热处理时,零件的成分、形状、大小、工艺性能及使用性能不同,因此,采用不同的加热温度、保温时间以及冷却速度。常用的热处理方法有普通热处理(退火、正火、淬火和回火),表面热处理(表面淬火、化学热处理)和特殊热处理等,如图 1-2 所示。

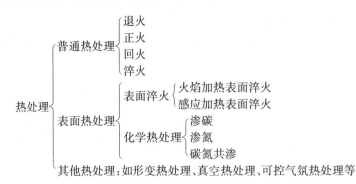

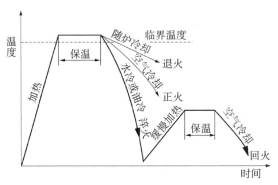

图 1 - 2　碳钢常用热处理工艺和曲线示意图

在生产中,常把热处理分为预备热处理和最终热处理两种。预备热处理的目的是为了消除前道工序所遗留的缺陷和为后继加工做准备;最终热处理则在于满足零件的使用性能要求。各种热处理方法根据加工目的,穿插在各冷热加工工艺中进行。

1.3.2　钢的热处理基本操作方法

1. 退火

退火就是将工件加热到预定温度,保温一定的时间后缓慢冷却的金属热处理工艺。

退火的目的:

(1)改善或消除钢铁在铸造、锻压、轧制和焊接过程中所造成的各种组织缺陷以及残余应力,防止工件变形、开裂。

(2)软化工件以便进行切削加工。

(3)细化晶粒,改善组织以提高工件的机械性能。

(4)为最终热处理(淬火、回火)做好组织准备。

常用的退火工艺:

(1)完全退火。用以细化中、低碳钢经铸造、锻压和焊接后出现的力学性能不佳的粗大过热组织。将工件加热到铁素体全部转变为奥氏体的温度以上30~50℃,保温一段时间,然后随炉缓慢冷却,在冷却过程中奥氏体再次发生转变,即可使钢的组织变细。

(2)球化退火。用以降低工具钢和轴承钢锻压后的偏高硬度。将工件加热到钢开始形成奥氏体的温度以上20~40℃,保温后缓慢冷却,在冷却过程中珠光体中的片层状渗碳体变为球状,从而降低了硬度。

(3)等温退火。用以降低某些镍、铬含量较高的合金结构钢的高硬度,以进行切削加工。一般先以较快速度冷却到奥氏体最不稳定的温度,保温适当时间,奥氏体转变为托氏体或索氏体,硬度即可降低。

(4) 再结晶退火。用以消除金属线材、薄板在冷拔、冷轧过程中的硬化现象(硬度升高、塑性下降)。加热温度一般为钢开始形成奥氏体的温度以下 50~150℃,只有这样才能消除加工硬化效应使金属软化。

(5) 石墨化退火。用以使含有大量渗碳体的铸铁变成塑性良好的可锻铸铁。工艺操作是将铸件加热到 950℃左右,保温一定时间后适当冷却,使渗碳体分解形成团絮状石墨。

(6) 扩散退火。用以使合金铸件化学成分均匀化,提高其使用性能。方法是在不发生熔化的前提下,将铸件加热到尽可能高的温度,并长时间保温,待合金中各种元素扩散趋于均匀分布后缓冷。

(7) 去应力退火。用以消除钢铁铸件和焊接件的内应力。对于钢铁制品加热后开始形成奥氏体的温度以下 100~200℃,保温后在空气中冷却,即可消除内应力。

2. 正火

正火,又称常化,是将工件加热至 727~912℃,保温一段时间后,从炉中取出置于空气中或喷水、喷雾或吹风冷却的金属热处理工艺。

正火的目的:

(1) 使晶粒细化和碳化物分布均匀化,去除材料的内应力。

(2) 降低材料的硬度,提高塑性。

(3) 接下来的加工做准备,提高效率,降低成本。

正火的主要应用范围:

(1) 用于低碳钢,正火后硬度略高于退火,韧性也较好,可作为切削加工的预处理。

(2) 用于中碳钢,可代替调质处理(淬火+高温回火)作为最后热处理,也可作为用感应加热方法进行表面淬火前的预备处理。

(3) 用于工具钢、轴承钢、渗碳钢等,可以消降或抑制网状碳化物的形成,从而得到球化退火所需的良好组织。

(4) 用于铸钢件,可以细化铸态组织,改善切削加工性能。

(5) 用于大型锻件,可作为最后热处理,从而避免淬火时较大的开裂倾向。

(6) 用于球墨铸铁,使硬度、强度、耐磨性得到提高,如用于制造汽车、拖拉机、柴油机的曲轴、连杆等重要零件。

(7) 过共析钢球化退火前进行一次正火,可消除网状二次渗碳体,以保证球化退火时渗碳体全部球粒化。

3. 淬火

钢的淬火是将钢加热到临界温度 Ac_3(亚共析钢)或 Ac_1(过共析钢)以上温度,保温一段时间,使之全部或部分奥氏体化,然后以大于临界冷却速度的冷却速度快速冷却到 M_s 以下(或 M_s 附近等温)进行马氏体(或贝氏体)转变的热处理工艺。通常也将铝合金、铜合金、钛合金、钢化玻璃等材料的固溶处理或带有快速冷却过程的热处理工艺称为淬火。

淬火的目的:

使过冷奥氏体进行马氏体或贝氏体转变,得到马氏体或贝氏体组织,然后配合以不同温度的回火,以大幅提高钢的刚性、硬度、耐磨性、疲劳强度以及韧性等,从而满足各种机械零件和工具的不同使用要求。也可以通过淬火满足某些特种钢材的铁磁性、耐蚀性等特殊的物理、化学性能。

淬火工艺：

常用的钢在加热到临界温度以上时,原有在室温下的组织将全部或大部分转变为奥氏体。随后将钢浸入水或油中快速冷却,奥氏体即转变为马氏体。与钢中其他组织相比,马氏体硬度最高。淬火时的快速冷却会使工件内部产生内应力,当其大到一定程度时工件便会发生扭曲变形甚至开裂。为此必须选择合适的冷却方法。根据冷却方法,淬火工艺分为单液淬火、双介质淬火、马氏体分级淬火和贝氏体等温淬火 4 类。

4. 回火

将经过淬火的工件重新加热到低于下临界温度 A_{c_1}(加热时珠光体向奥氏体转变的开始温度)的适当温度,保温一段时间后在空气或水、油等介质中冷却的金属热处理工艺。或将淬火后的合金工件加热到适当温度,保温若干时间,然后缓慢或快速冷却。一般用于减小或消除淬火钢件中的内应力,或者降低其硬度和强度,以提高其延性或韧性。淬火后的工件应及时回火,通过淬火和回火的相配合,才可以获得所需的力学性能。

回火的目的：

(1) 消除工件淬火时产生的残留应力,防止变形和开裂。

(2) 调整工件的硬度、强度、塑性和韧性,达到使用性能要求。

(3) 稳定组织与尺寸,保证精度。

(4) 改善和提高加工性能。因此,回火是工件获得所需性能的最后一道重要工序。通过淬火和回火的相配合,才可以获得所需的力学性能。

回火分类：

(1) 低温回火：回火温度为 150~250℃。经低温回火的零件可以减小淬火应力及脆性,保持高硬度及高耐磨性。低温回火广泛用于要求硬度高、耐磨性好的零件,如各类高碳工具钢、低合金工具钢制作的刃具,冷变形模具、量具,滚珠轴承及表面淬火件等。

(2) 中温回火：回火温度为 350~450℃。经中温回火的零件可以使零件内应力进一步减小,组织基本恢复正常,因而具有很高的弹性,又具有一定的韧性和强度。中温回火主要用于各类弹簧,热锻模具及某些要求较高强度的轴、轴套、刀杆的处理。

(3) 高温回火：回火温度为 500~650℃。经高温回火可以消除零件淬火后的大部分内应力,获得强度、韧性、塑性都较好的综合机械性能。生产中通常把淬火加高温回火的处理称为调质处理。对于各种重要的结构件,特别是在交变载荷下工作的零件,如连杆、螺栓、齿轮、轴等都需经过调质处理后再使用。

回火决定零件最终的使用性能,直接影响零件的质量和寿命。

1.3.3 表面热处理

对工件表面进行强化的金属热处理工艺。广泛用于既要求表层具有高的耐磨性、抗疲劳强度和较大的冲击载荷,又要求整体具有良好的塑性和韧性的零件,如曲轴、凸轮轴、传动齿轮等。这些要求很难通过选材来解决,但是可以采用表面热处理方法,即对零件表面进行强化热处理,改变表面层组织和性能,而心部基本上保持处理前的组织和性能。

根据加热方法不同,表面淬火可分为感应加热(高频、中频、工频)表面淬火、火焰加热表面淬火、电接触加热表面淬火、电解液加热表面淬火、激光加热表面淬火、电子束表面淬火等。工业上应用最多的为感应加热和火焰加热表面淬火。

1. 钢的表面淬火

表面淬火是将零件表面快速加热到淬火温度,然后迅速冷却,仅使表面层获得淬火组织的热处理方法。淬火后需进行低温回火,以降低内应力,提高表面硬化层的韧性及耐磨性能。

根据热源不同,钢的表面淬火可分为火焰加热表面淬火和感应加热表面淬火两种。

火焰加热表面淬火是指应用氧-乙炔(或其他可燃气体)火焰对零件表面进行加热、淬火的工艺。火焰加热表面淬火设备简单,操作简便,成本低,且不受零件体积大小的限制,但因氧-乙炔火焰温度较高,零件表面容易过热,而且淬火层质量控制比较困难,影响了这种方法的广泛使用。

感应加热表面淬火是目前应用较广的一种表面淬火方法,它是利用零件在交变磁场中产生感应电流,将零件表面加热到所需的淬火温度,而后喷水冷却的淬火方法。感应加热表面淬火,淬火质量稳定,淬火层深度容易控制。这种热处理方法生产效率极高,加热一个零件仅需几秒至几十秒即可达到淬火温度。零件表面氧化、脱碳极少,变形也小,还可以实现局部加热、连续加热,便于实现机械化,自动化。但高频感应设备复杂,成本高,故适合于形状简单,大批量生产的零件。

2. 化学热处理

将工件置于含有活性元素的介质中加热和保温,使介质中的活性原子渗入工件表层或形成某种化合物的覆盖层,以改变表层的组织和化学成分,从而使零件的表面具有特殊的机械或物理化学性能。通常在进行化学渗的前后均需采用其他合适的热处理,以便最大限度地发挥渗层的潜力,并达到工件心部与表层在组织结构、性能等的最佳配合。根据渗入元素的不同,化学热处理可分为渗碳、渗氮、渗硼、渗硅、渗硫、渗铝、渗铬、渗锌、碳氮共渗、铝铬共渗等。

渗碳是将钢件置于渗碳介质中加热并保温,使碳原子渗入钢件表面,增加表层含碳量及获得一定碳浓度的工艺方法。适用于含碳量为 $0.1\%\sim0.25\%$ 的低碳钢或低碳合金钢,如20、20Cr、20CrMnTi 等。零件渗碳后,含碳量从表层到心部逐渐减少,表面层的含碳量可达 $0.80\%\sim1.05\%$,而心部仍为低碳。渗碳后再经淬火加低温回火,使表面具有高硬度,高耐磨性,而心部具有良好塑性和韧性,使零件既能承受磨损和较高的表面接触应力,同时又能承受弯曲应力及冲击载荷。渗碳主要用于在摩擦冲击条件下工作的零件,如汽车齿轮、活塞销等。

渗氮是在一定温度下将零件置于渗氮介质中加热、保温,使活性氮原子渗入零件表层的化学热处理工艺。零件渗氮后表面形成氮化层,氮化后不需淬火,钢件的表层硬度高达 $950\sim1\,200$ HV,这种高硬度和高耐磨性可保持到 $560\sim600\,^\circ\mathrm{C}$ 工作环境温度下而不降低其性能,所以,氮化钢件具有很好的热稳定性,同时具有高的抗疲劳性和耐腐蚀性,且变形很小。由于上述特点,渗氮在机械工业中获得了广泛应用,特别适宜于许多精密零件的最终热处理,例如磨床主轴、精密机床丝杠、内燃机曲轴以及各种精密齿轮和量具等。

3. 其他热处理

随着工业及科学技术的发展,热处理工艺在不断进步,近二十多年发展了一些新的热处理工艺,如下:

(1) 形变热处理。压力加工与热处理相结合的金属热处理工艺,在金属材料上有效地综合利用形变强化和相变强化、将压力加工与热处理操作相结合、使成形工艺同获得最终性能统一起来的一种工艺方法。形变热处理不但能够得到一般加工处理所达不到的高强度、高塑性和高韧性的良好配合,而且还能大大简化钢材或零件的生产流程,从而带来相当好的经济效益。

(2) 真空热处理。在低于一个大气压的环境中进行的热处理称为真空热处理。其特点是:零件在真空中加热表面质量好,不会产生氧化、脱碳现象;加热时无对流传热,升温速度快,零件截面温差小,热处理后变形小;减小了零件的清理和磨削工序,生产率较高。

(3) 激光热处理。它是利用激光对零件表面扫描,在极短的时间内零件被加热到淬火温度,当激光束离开零件表面时,零件表面高温迅速向基体内部传导,表面冷却且硬化。其特点是:加热速度快,不需要淬火冷却介质,零件变形小;硬度均匀且超过 60HRC;硬化深度能精确控制;改善劳动条件,减小了环境污染。

(4) 可控气氛热处理。在炉气成分可控制在预定范围内的热处理炉中进行的热处理。在目前少品种、大批量生产中,尤其是碳素钢和一般合金结构钢件的光亮淬火、退火、渗碳淬火、碳氮共渗淬火、气体氮碳共渗仍以可控气氛为主要手段。所以可控气氛热处理仍是先进热处理技术的主要组成部分。

(5) 形变热处理。它是将热加工成形后的锻件(轧制件等),在锻造温度达到淬火温度之间进行塑性变形,然后立即淬火冷却的热处理工艺。其特点是:零件同时塑性变形状和改变组织结构,晶粒更为细化,位错密度增高和碳化物弥散度增大,使零件具有较高的强韧性;简化了生产流程,节省能源、设备,具有很高的经济效益。

(6) 离子轰击热处理。离子轰击热处理是利用阴极(零件)和阳极间的辉光放电产生的等离子体轰击零件,使零件表层的成分、组织及性能发生变化的热处理工艺。常用的是离子渗氮工艺。离子渗氮表面层具有优异的力学性能,如高硬度、高耐磨性、良好的韧性和疲劳强度等。零件的使用寿命成倍提高。此外,离子渗氮节约能源,操作环境无污染。其缺点是设备昂贵,工艺成本高,不适于大批量生产。

1.3.4　热处理常用设备

热处理设备可分为主要设备和辅助设备两大类。主要设备包括热处理炉、热处理加热装置、冷却设备、测量和控制仪表等。辅助设备包括检测设备、校正设备和消防安全设备等。

1. 热处理炉

常用的热处理炉有箱式电阻炉、井式电阻炉、气体渗碳炉和盐浴炉等。

(1) 箱式电阻炉。是利用电流通过布置在炉膛内的电热元件发热,通过对流和辐射对零件进行加热,如图 1-3 所示。它是热处理车间应用很广泛的加热设备。适用于钢铁材料和非钢铁材料(有色金属)的退火、正火、淬火、回火及固体渗碳等的加热,具有操作简便,控温准确,可通入保护性气体防止零件加热时的氧化,劳动条件好等优点。

(2) 井式电阻炉。如图 1-4 所示,井式电阻炉的工作原理与箱式电阻炉相同,其炉口向上,形如井状而得名。常用的有中温井式炉、低温井式炉和气体渗碳炉三种,井式电阻炉采用吊车起吊零件,能减轻劳动强度,故应用较广。

中温井式炉主要应用于长形零件的淬火、退火和正火等热处理,其最高工作温度为950℃,井式炉与箱式炉相比,井式炉热量传递较好,炉顶可装风扇,使温度分布较均匀,细长零件垂直放置可克服零件水平放置时因自重引起的弯曲。

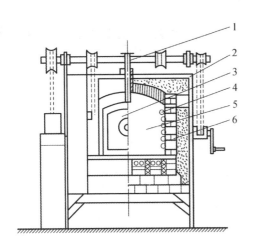

1—热电偶;2—炉壳;3—炉门;
4—电阻丝;5—炉膛;6—耐火砖

图 1-3　箱式电阻炉

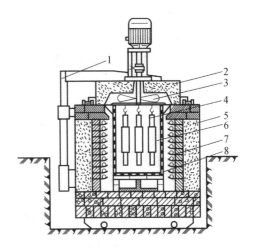

1—炉盖升降机构;2—炉盖;3—风扇;
4—零件;5—炉体;6—炉膛;7—电热元
件;8—装料筐

图 1-4　井式电阻炉

（3）井式气体渗碳炉。是新型节能周期作业式热处理电炉,主要供钢制零件进行气体渗碳。如图 1-5 所示,由于选用超轻质节能炉衬材料和先进的一体化水冷炉用密封风机,该系列渗碳炉炉温均匀、升温快、保温好,工件渗碳速度加快,碳势气氛均匀,渗层均匀,在炉压提高时,亦无任何泄漏,提高了生产效率和渗碳质量。

（4）盐浴炉。是利用熔盐作为加热介质的炉型。盐浴炉结构简单,制造方便,费用低,加热质量好,加热速度快,因而应用较广。如图 1-6 所示,在盐浴炉加热时,存在着零件的扎绑、夹持等工序,使操作复杂,劳动强度大,工作条件差。同时存在着启动时升温时间长等缺点。因此,盐浴炉常用于中、小型且表面质量要求高的零件。

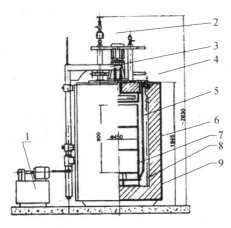

1—液压泵站;2—滴量器;3—炉盖升降
机构;4—通风机;5—马弗罐;6—炉衬;
7—装料筐;8—加热器;9—炉壳

图 1-5　井式气体渗碳炉

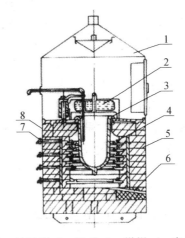

1—抽风罩;2—炉盖;3—坩埚;4—电热
元件;5—炉衬;6—清理孔;7—接线座;
8—炉壳

图 1-6　坩埚式盐浴炉

2. 控温仪表

加热炉的温度测量和控制主要是利用热电偶(图 1-7)和温度控制仪表及开关器件进行的。热电偶是将温度转换成电势,温度控制仪是将热电偶产生的热电势转变成温度的数字显示或指针偏转角度显示。热电偶应放在能代表零件温度的位置,温控仪应放在便于观察又避免热源、磁场等影响的位置。

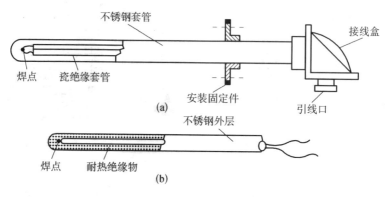

图 1-7　热电偶典型结构

另外,常用的冷却设备有水槽、水浴锅、油槽等。检测设备包括布氏硬度计、洛式硬度计、金相显微镜、制样设备及无损检测设备等。

1.3.5　热处理常见缺陷

热处理工艺选择正确与否会对零件的质量产生较大影响。

例如,温度过高,会造成过热、过烧、表面氧化和脱碳等问题。过热使零件的塑性、韧性显著降低,冷却时产生裂纹,过热可通过正火予以消除;过烧是加热温度接近开始熔化温度,过烧后的钢强度低,脆性大,只能报废。生产上应严格控制加热温度和保温时间。钢在高温加热过程中,炉内的氧化性气氛造成钢的氧化(铁的氧化)和脱碳。氧化使金属消耗,零件表面硬度不均;脱碳使零件淬火后硬度、耐磨性、疲劳强度严重下降。为防止氧化与脱碳常采用保护气氛加热或盐浴加热等措施。

在冷却中有时会产生变形和开裂现象,变形和开裂主要是由于加热或冷却速度过快,加热或冷却不均匀等产生的内应力造成的。生产中常采用正确选择热处理工艺,淬火后及时回火等措施来防止。

加热温度或保温时间不够,冷却速度太慢,零件表面脱碳会造成淬火零件硬度不足;加热不均匀,淬火剂温度过高或冷却方式不当会造成冷却速度不均匀,会带来表面硬度不均等缺陷,这些都是制定热处理工艺所必须考虑的基本问题。

1.4　切削加工的基本知识

切削加工是利用切削刀具从毛坯上切除多余的材料,以获得所需的形状、尺寸精度和表面粗糙度加工方法。切削加工在工业生产中占有非常重要的地位,除了少数零件可以用铸造和锻造获得外,大部分的零件都要经过切削加工。统计表明,金属切削加工的工作量占机器制造总工作量的 40%～60%。切削加工一般是在常温下进行的,不需要加热,因此传统上也常称之为冷加工。如图 1-8 所示为常见的加工方式。

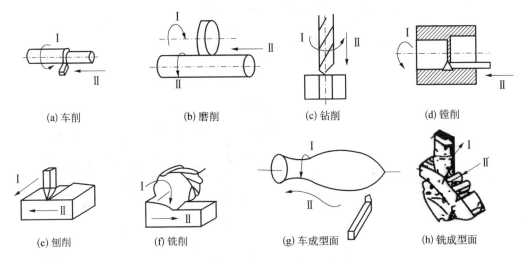

图 1-8 机械加工的常见方式

1.4.1 切削加工的主要特点

1. 加工精度高

切削加工可获得相当高的尺寸精度和很小的表面粗糙度,磨削外圆精度最高可高达 IT5~IT7 级,表面粗糙度 Ra 值达到 0.1~0.008 μm。

2. 使用范围广

切削加工零件的材料、形状、尺寸和重量范围较大。切削加工多用于金属材料的加工,如各种碳钢、合金钢、铸铁、有色金属及其合金等,也可用于非金属材料的加工,如石材、木材、塑料和橡胶等。现代制造也已经有了各种型号及大小的机床,既可以加工数十米以上的大型零件,也可以加工微小的零件。加工表面包括常见的规则表面,也可以加工不规则的空间三维曲面。

3. 生产率高

在常规条件下,切削加工的生产率一般高于其他加工方法,特别是数控加工技术的发展,已经将切削加工技术提高到一个崭新的阶段。

1.4.2 切削加工运动

为了加工出各种形式的表面,工件与刀具之间必须存在准确的相对运动,所以,无论哪种机床进行切削加工时,必须有以下两种切削运动。

1. 主运动

使刀具与工件产生相对运动,并切除多余金属以形成已加工表面的基本运动,称为主运动。它的特点是:切削过程中速度最高、消耗机床功率最多。如车床上工件的旋转;牛头刨上刨刀的移动;铣床上铣刀、钻床上钻头和磨床上砂轮的旋转等。

2. 进给运动(又称走刀运动)

配合主运动保持切除多余金属的状态,以便形成全部已加工表面的运动,称为进给运动。如车刀、钻头、龙门刨刀的移动,铣削时、牛头刨刨削时工件的移动都是进给运动。它的特点是:速度很低,消耗功率比较少。

切削加工中主运动一般只有一个,进给运动则可能是一个或几个。

3. 切削用量三要素

切削加工三要素包括背吃刀量 a_p,进给量 f 和切削速度 v_c,如图 1-9 所示。如图 1-10 所示,以车外圆为例说明切削用量三要素的计算方法及单位。

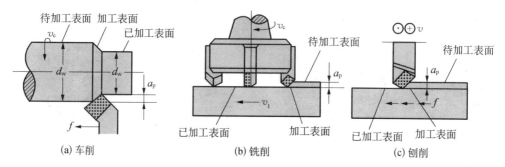

(a) 车削   (b) 铣削   (c) 刨削

图 1-9   切削用量三要素

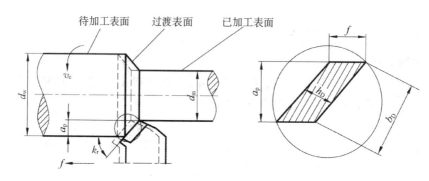

图 1-10   车削时的切削用量

(1) 背吃刀量(又称切深)a_p

是待加工表面和已加工面之间的垂直距离,

即:$a_p = (d_w - d_m)/2 \text{(mm)}$。

(2) 进给量 f

在单位时间内,刀具和工件沿进给运动方向相对移动的距离。即工件每转一周,刀具沿进给运动方向移动的距离。单位是 mm/r。车削加工时进给速度为 $v_f = n_f$。

(3) 切削速度(简称切速)v_c

在单位时间内,工件和刀具沿着主运动方向相对移动的距离,即 $v_c = \pi d_w n/1\,000 \text{(m/min)}$。

式中:d_w——加工表面的最大直径(mm);

　　　 n——主运动每分钟转数(r/min)。

4. 零件加工的三个表面

在切削过程中,零件上同时形成三个不同的变化着的表面。

(1) 待加工表面

零件上有待切除的表面称待加工表面。

(2) 已加工表面

零件上经刀具切削后形成的表面称为已加工表面。

（3）过渡表面

在零件需加工的表面上，被主切削刃切削形成的轨迹表面称为过渡表面。过渡表面是待加工表面与已加工表面间的过渡面。

1.4.3　切削加工的技术要求

任何一台机器，都是由许多零件装配而成的，每个零件又都是由各种表面（如平面、圆柱面、沟槽、曲面等）所组成的。

为了保证机器装配后的精度要求、保证各零件之间的配合关系和互换要求，应根据零件的不同作用，提出合理的技术要求。这些要求通称为零件的技术要求，包括五个方面：尺寸精度；形状精度；位置精度；表面粗糙度；零件的材料、热处理和表面处理等。下面简介这四方面的技术要求：

1. 尺寸精度

零件的尺寸要加工得绝对准确是不可能的，也是不必要的。所以，在保证零件使用要求的情况下，总是允许尺寸有一个变动范围，这个允许的变动量就是公差。

同一基本尺寸的零件，公差值的大小就决定了零件尺寸的精确程度，公差值小的，精度高；公差值大的，精度低，这类精度叫作尺寸精度。

2. 形状精度

随着生产的发展，对机械制造产品的要求越来越高，为了使机器零件正确装配，有时单靠尺寸精度控制零件的几何形状已不够，还要对零件表面的几何形状及相互位置提出技术要求，即形状精度与位置精度。

以图 1-11 所示 $\phi 25_{-0.014}^{0}$ 轴为例，虽然同样保持在尺寸公差范围内，却能加工成八种不同形状，用这八种不同形状的轴装在精密机械上，效果显然会有差别。

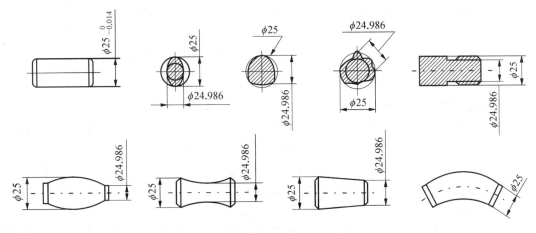

图 1-11　轴的形状误差示例

零件的形状精度是指同一表面的实际形状相对于理想形状的准确程度。一个零件的表面形状不可能绝对准确，为满足产品的使用要求，对这些表面形状要加以控制。

按照国家标准 GB 1182—80 及 GB 1183—80 规定，表面形状的精度用形状公差来控制。形状公差有六项，其符号见表 1-3。

表 1-3　形位公差的项目及其符号

公差		特征项目	符号	有或无基准要求
形状	形状	直线度	▬	无
		平面度	▱	无
		圆度	○	无
		圆柱度	⌀	无
形状或位置	轮廓	线轮廓度	⌒	有或无
		面轮廓度	⌓	有或无
位置	定向	平行度	//	有
		垂直度	⊥	有
		倾斜度	∠	有
	定位	位置度	⊕	有或无
		同轴(同心)度	◎	有
		对称度	⚌	有
	跳动	圆跳动	↗	有
		全跳动	↗↗	有

3. 位置精度

位置精度是指零件点、线、面的实际位置对于理想位置的准确程度。正如零件的表面形状不能做得绝对准确一样,表面相互位置误差也是不可避免的。

按照国家标准 GB 1182—80 及 GB 1183—80 规定,相互位置精度用位置公差来控制。位置公差有八项,其符号见表 1-3。零件技术要求标注示例如图 1-12 所示。

4. 表面粗糙度

零件的表面有的光滑,有的粗糙。即使看起来是很光滑的表面,经过放大以后,也会发现它们是高低不平的。把零件表面这种微观不平度叫作表面粗糙度。表面粗糙度对零件的使用性能有很大影响。

任何方法加工,由于刀痕及振动、摩擦原因都会在工件表面留下凹凸不平的波峰波谷现象,粗糙度用来表示这些微小峰谷的高低程度和间距状况。

标注举例如图 1-12 所示。

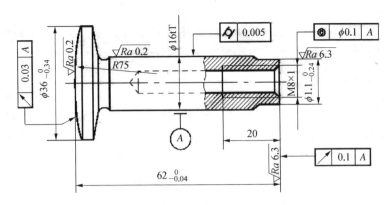

图 1－12　位置精度、粗糙度标注示例

　　检验粗糙度的方法主要有标准样板比较法(不同的加工法有不同的标准样板)、显微镜测量计算法等。在实际生产中,最常用的检测方法是标准样板比较法。比较法是将被测表面对照粗糙度样板,用肉眼判断或借助于放大镜、比较显微镜进行比较;也可以用手摸、指甲划动的感觉来判断表面粗糙度。选择表面粗糙度样板时,样板材料、表面形状及制造工艺应尽可能与被测工件相同。

　　国家标准 GB 3505—83、GB 1031—83、GB 131—83 中详细规定了表面粗糙度的各种参数及其数值、所用代号及其注法等。用轮廓算术平均偏差 Ra 值标注的表面粗糙度最为常用,共有 14 级见表 1－4。

表 1－4　表面粗糙度的各种参数及其数值、所用代号及其注法

表面粗糙度	Ra	50	25	12.5	6.3	3.2	1.60	0.80	0.40	0.20	0.100	0.050	0.025	0.012	0.008
	Rz	200	100	50	25	12.5	6.3	6.3	3.2	1.60	0.80	0.40	0.20	0.100	0.050

1.5　切削刀具

1.5.1　刀具材料应具备的性能

　　在切削过程中,刀具要承受很大的切削力(压力、摩擦力)和高温下的切削热,同时还要承受冲击和振动,因此刀具切削部分的材料应具备以下性能:

1. 高硬度

　　一般刀具切削部分的硬度,要高于工件硬度一倍至几倍。硬度愈高,刀具愈耐磨。经常使用的刀具硬度都在 60HRC 以上。

2. 高热硬性

　　是指刀具材料在高温下仍能保持切削所需硬度的性能。热硬性是刀具材料的重要性能。

3. 高耐磨性

　　刀具长时间工作仍能保持锋利的性能。

4. 足够的强度和韧性

　　刀具材料应具备足够的抗弯强度和冲击韧性,以承受切削过程中的冲击和振动,并维持刀具不断裂和不崩刃。

5. 良好的工艺性

为便于制造出各种形状的刀具,刀具材料还应具备良好的工艺性,如热塑性(锻压成形)、切削加工性、磨削加工性、焊接性及热处理工艺性等。

1.5.2 刀具材料简介

当前使用的刀具材料有:碳素工具钢、合金工具钢、高速钢(以上三种材料工艺性能良好)、硬质合金(粉末冶金法制成,然后用磨削加工)、陶瓷(加压烧结而成,然后用磨削加工)、立方氮化硼和人造金刚石(高温高压下聚晶而成,多用于特殊材料的精加工)等。其中以高速钢和硬质合金用得最多。常用刀具材料的主要性能和应用范围见表 1-5。

表 1-5 常用刀具材料的主要性能和应用范围

种类	硬度	热硬温度/℃	抗弯强度/×10³MPa	常用牌号			应用范围
碳素工具钢	60～64HRC (81～83HRA)	200	2.5～2.8	T8A T10A T12A			用于手动刀具,如:丝锥、板牙、铰刀、锯条、锉刀、錾子、刮刀等
合金工具钢	60～65HRC (81～83.6HRA)	250～300	2.5～2.8	9CrSi CrWMn			用于手动或低速机动刀具,如:丝锥、板牙、铰刀、拉刀等
高速钢	62～70HRC (82～87HRA)	540～600	2.5～4.5	W18Cr4V W6Mo5Cr4V2			用于各种刀具,特别是形状复杂的刀具,如:钻头、铣刀、拉刀、齿轮刀具、车刀、刨刀、丝锥、板牙等
硬质合金	74～82HRC (80～94HRA)	800～1000	0.9～23.5	钨钴类	YG8 YG6 YG3	切铸铁	用于车刀刀头、铣刀刀头、刨刀刀头;其他如钻头、滚刀等多镶片使用;特别小型钻头,铣刀做成整体使用
				钨钛钴类	YT30 YT15 YT5	切钢	

1.5.3 刀具的几何角度

切削刀具的种类很多,但它们的结构要素和几何角度有许多共同的特征。各种切削刀具中,车刀最为简单,如图 1-13 所示刀具中的任何一齿都可以看成是车刀切削部分的演变及组合,因此首先分析车刀的几何角度。

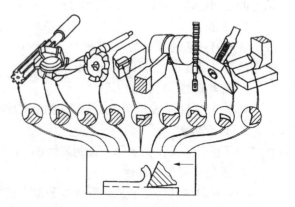

1. 车刀的组成

车刀是由刀头和刀杆两部分组成。刀头

图 1-13 各种刀具切削部分的形状

是车刀的切削部分,刀杆是车刀的夹持部分。切削部分由三面、二刃、一尖组成,如图 1 - 14 所示。

（1）前刀面。刀具上切屑流过的表面。

（2）后刀面。与零件加工表面(过渡表面)相对的表面。

（3）副后刀面。与零件已加工表面相对的表面。

（4）主切削刃。前刀面与后刀面相交的切削刃,它承担着主要的切削任务。

（5）副切削刃。前刀面与副后刀面相交的切削刃,它承担着一定的切削任务。

（6）刀尖。主切削刃与副切削刃的交接处。为了强化刀尖,常将其磨成小圆弧形。

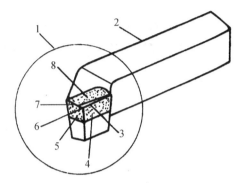

1—刀头;2—刀杆;3—主切削刃;4—后刀面;5—副后刀面;6—刀尖;7—副切削刃;8—前刀面

图 1 - 14　车刀的组成

2. 车刀角度

为确定车刀的角度,需要建立三个辅助平面:切削平面、基面和正交平面,如图 1 - 15、图 1 - 16 所示。

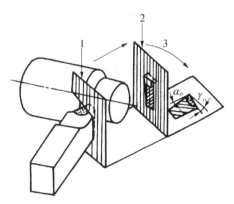

1—正交平面;2—正交平面图形平移;3—翻倒

图 1 - 15　辅助平面

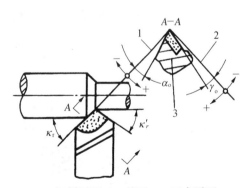

1—切削平面;2—基面;3—正交平面

图 1 - 16　车刀的基本角度

（1）前角 γ_o。前刀面与基面的夹角,在正交平面中测量。其作用是使切削刃锋利,便于切削。但前角也不能太大,否则会削弱刀头的强度,容易磨损甚至崩坏。加工塑性材料时,前角应选大些,加工脆性材料时,前角要选小些。前角取值范围为 $-5°\sim25°$。

（2）主后角 α_o。后刀面与切削平面间的夹角,在正交平面中测量。其作用是减少后刀面与零件的摩擦。后角取值范围为 $3°\sim12°$。粗加工时主后角选较小值,精加工时主后角选较大值。

（3）主偏角 κ_r。在基面中测量。是主切削刃在基面上的投影与进给运动方向之间的夹角，减小主偏角，能使切屑的截面薄而宽，从而使切削刃单位长度的切削负荷减轻，同时加强了刀尖强度，改善散热条件，提高刀具寿命。但减小主偏角，会使刀具对零件的径向切削力增大，容易使零件变形，影响加工精度。因此，零件刚性较差时，应选用较大的主偏角。

（4）副偏角 κ_r'。在基面中测量。副切削刃在基面上的投影与进给反方向之间的夹角，减小副偏角，有利于降低零件的表面粗糙度数值。但是副偏角太小，切削过程中会引起零件振动，影响加工质量。副偏角取值范围为 $5°\sim15°$，粗加工时副偏角选较大值，精加工时副偏角选较小值。

（5）刃倾角 λ_s。即主切削刃与基面间的夹角。当刀尖相对于车刀刀柄安装面处于最高点时，刃倾角为正值；当刀尖处于最低点时，刃倾角为负值；当切削刃平行与刀柄安装面时，刃倾角为 $0°$，这时，切削刃在基面内。

1.6　量具

1.6.1　量具的种类

加工出的零件是否符合图纸要求（包括尺寸精度、形状精度、位置精度和表面粗糙度），就要用测量工具进行测量。这些测量工具简称量具。零件有各种不同形状，它们的精度也不一样，因此我们就要用不同的量具去测量。

量具的种类很多，本节仅介绍几种常用量具。

1. 卡钳

卡钳是一种间接量具。使用时必须与钢尺或其他刻线量具合用。图 1-17、图 1-18 所示为用外卡钳分别测量轴径、内卡钳测量孔径的方法。

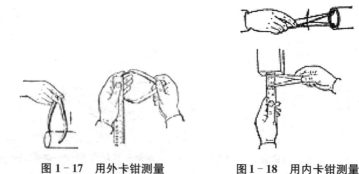

图 1-17　用外卡钳测量　　　　　图 1-18　用内卡钳测量

2. 游标卡尺

如图 1-19 所示游标卡尺是一种比较精密的量具，它可以直接量出工件的内径、外径、宽度、长度、深度等尺寸。按照读数的准确度，游标卡尺可分为 1/10、1/20 和 1/50 三种，它们的读数准确度分别是 0.1 mm、0.05 mm 和 0.02 mm。游标卡尺的测量范围有 $0\sim125$ mm，$0\sim200$ mm，$0\sim300$ mm 等多种规格。

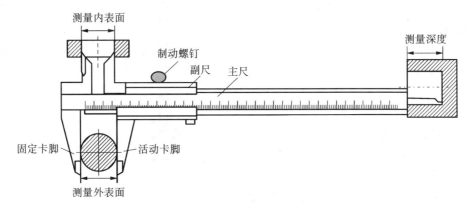

图 1‐19　游标卡尺

图 1‐20 所示是以 1/50 的游标卡尺为例,说明它的刻线原理和读数方法。

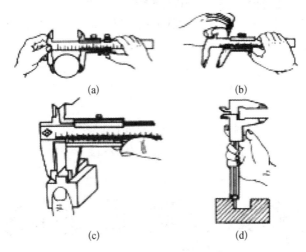

(a)　　　　　　　　(b)

(c)　　　　　　　　(d)

图 1‐20　游标卡尺的测量方法

刻线原理:当主副两尺的卡脚贴合时,副尺(游标)上的零线对准主尺的零线如图 1‐21 所示,主尺每一小格为 1 mm,取主尺 49 mm 长度在副尺上等分为 50 格,即主尺上 49 mm 刚好等于副尺上 50 格。

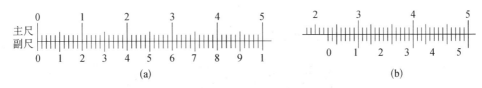

(a)　　　　　　　　　　　　　　(b)

图 1‐21　0.02 mm 游标卡尺的刻线原理与读数方法

副尺每格长度＝49/50 mm＝0.98 mm。主尺与副尺每格之差＝1 mm－0.98 mm＝0.02 mm

读数方法:如图 1‐21(b)所示,可分为三个步骤:

(1) 根据副尺零线以左的主尺上的最近刻度读出整毫米数。

(2) 根据副尺零线以右与主尺刻线对准的刻线数乘上 0.02 读出小数。

(3) 将上面整数和小数两部分尺寸加起来,即为总尺寸。

如图 1-22 所示,是专用于测量高度和深度的高度游标尺。高度游标尺除用来测量工件的高度外,还可用作精密划线。

使用游标卡尺应注意下列事项:

① 校对零点。先擦净卡脚,然后将两卡脚贴合,检查主、副尺零线是否重合。若不重合,则在测量后应根据原始误差修正读数。

② 测量时,卡脚不得用力紧压工件,以免卡脚变形或磨损,降低测量的准确度。

③ 游标卡尺仅用于测量加工过的光滑表面。表面粗糙的工件和正在运动的工件都不宜用它测量,以免卡脚过快磨损。

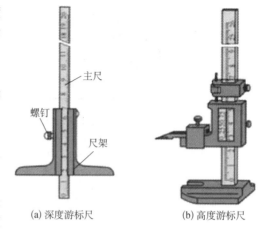

(a) 深度游标尺　　　　　(b) 高度游标尺

图 1-22　高度游标尺

④ 用游标卡尺测量工件时,应使卡脚逐渐与工件表面靠近,最后达到轻微接触。还要注意游标卡尺必须放正,切忌歪斜,以免测量不准。

3. 百分尺、千分尺

百分尺、千分尺是比游标卡尺更为精确的测量工具,其测量准确度为 0.01 mm、0.001 mm。有外径千分尺、百分尺,内径千分尺和深度千分尺几种。外径百分尺按它的测量范围有 0~25 mm,25~50 mm,50~75 mm,75~100 mm,100~125 mm 等多种规格。

如图 1-23 所示是测量范围为 0~25 mm 的外径百分尺,其螺杆和活动套筒连接在一起,当转动活动套筒时,螺杆和套筒一起向左或向右移动。

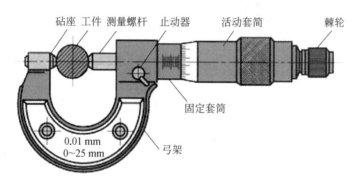

图 1-23　外径千分尺

百分尺的刻线原理和读数示例如图 1-24 所示。

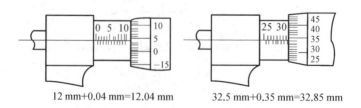

12 mm+0.04 mm=12.04 mm　　　　32.5 mm+0.35 mm=32.85 mm

图 1-24　百分尺的刻线原理与读数方法

刻线原理:百分尺的读数机构由固定套筒和活动套筒组成(相当于游标卡尺的主尺和副尺)。固定套筒在轴线方向上刻有一条中线,中线的上、下方各刻一排刻线,刻线每小格间距均为 1 mm,上、下两排刻线相互错开 0.5 mm;在活动套筒左端圆周上有 50 等分的刻度线。因测量螺杆的螺距为 0.5 mm,即螺杆每转一周,同时轴向移动 0.5 mm,故活动套筒上每一小格的读数为 0.5/50 mm＝0.01 mm。当百分尺的螺杆左端与砧座表面接触时,活动套筒左端的边线与轴向刻度线的零线重合;同时圆周上的零线应与中线对准。

读数方法:如图 1-25 所示,可分三步:

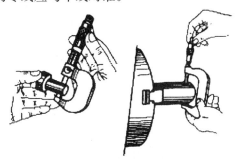

（1）读出距边线最近的轴向刻度数（应为 0.5 mm 的整数倍）。

（2）读出与轴向刻度中线重合的圆周刻度数。

（3）上述两部分读数加起来即为总尺寸。

使用百分尺应注意下列事项:

① 校对零点:将砧座与螺杆接触（先擦干净）,看圆周刻度零线是否与中线零点对齐,如有误差,应记住此数值。在测量时根据原始误差修正读数。

图 1-25 百分尺的使用方法

② 当测量螺杆快要接触工件时,必须使用端部棘轮（此时严禁使用活动套筒,以防用力过度测量不准）,当棘轮发生"嘎嘎"打滑声时,表示压力合适,停止拧动。

③ 工件测量表面应擦干净,并准确放在百分尺测量面间,不得偏斜。

④ 测量时不能先锁紧螺杆后用力卡过工件。否则将导致螺杆弯曲或测量面磨损,从而降低测量准确度。

⑤ 读数时要注意,提防读错 0.5 mm。

4. 塞规与卡规（卡板）

塞规与卡规是用于成批大量生产的一种专用量具。

塞规是用来测量孔径或槽宽的,如图 1-26 所示。它的一端长度较短,其直径等于工件的最大极限尺寸,叫作"止规";另一端长度较长,其直径等于工件的最小极限尺寸叫作"通规"。用塞规测量时,工件的尺寸只有当"通规"能进去,"止规"进不去（即通—通,止—止）,说明工件的实际尺寸在公差范围之内,是合格品。否则就是不合格品。

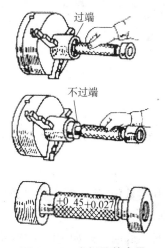

图 1-26 塞规及其应用

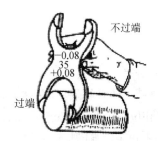

图 1-27 卡规及其应用

卡规是用来测量轴径或厚度的如图 1-27 所示。和塞规相似也有"通规"和"止规"两端。使用方法和塞规相同。

5. 刀形样板平尺（刀口尺）

如图 1-28 所示刀形样板平尺用于采用光隙法和痕迹法检验平面的几何形状误差（即直线度和平面度误差）。此尺亦可用比较法作高准确度的长度测量。

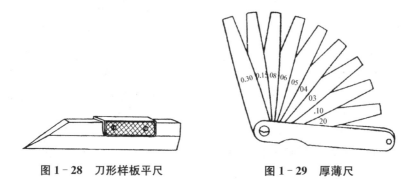

图 1-28　刀形样板平尺　　　　图 1-29　厚薄尺

6. 厚薄尺（塞尺）

厚薄尺如图 1-29 所示，用来检查两贴合面之间的缝隙大小。它由一组薄钢片组成，其厚度为 0.03～0.3 mm。测量时用厚薄尺直接塞进间隙，当一片或数片能塞进两贴合面之间，则一片或数片的厚度（可由每片上的标记读出），即为两贴合面的间隙值。

使用厚薄尺必须先擦净尺面和工件，测量时不能使劲硬塞，以免尺片弯曲和折断。

7. 直角尺

如图 1-30 所示直角尺的两边成准确的 90°，用来检查工件的垂直度。当直角尺的一边与工件一面贴紧，工件的另一面与直角尺的另一边之间露出缝隙，用厚薄尺即可量出垂直度的误差值。

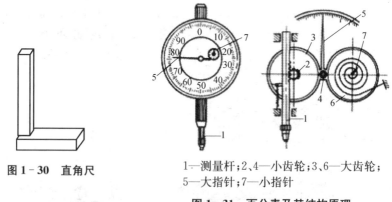

图 1-30　直角尺

1—测量杆；2、4—小齿轮；3、6—大齿轮；
5—大指针；7—小指针
图 1-31　百分表及其结构原理

8. 百分表、千分表

百分表是一种精度较高的量具，它只能测出相对数值，不能测出绝对数值。主要用来检查工件的尺寸、形状和位置误差（如圆度、平面度、垂直度、跳动等），也常用于工件的精密找正。

百分表的结构如图 1-31 所示。当测量杆向上或向下移动 1 mm 时，通过齿轮传动系统带动大指针转一圈，小指针转一格。刻度盘在圆周上有 100 等分的刻度线，其每格读数值为 1/100 mm＝0.01 mm；小指针每格读数值为 1 mm。测量时大、小指针所示读数之和即为尺寸变化量。小指针处的刻度范围即为百分表的测量范围。刻度盘可以转动，供测量时调整大指针对零位刻线用。

百分表使用时常装在专用百分表架上,如图 1‑32 所示。

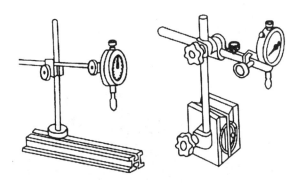

图 1‑32　百分表使用时常装在专用百分表架

百分表应用举例如图 1‑33 所示。其中:

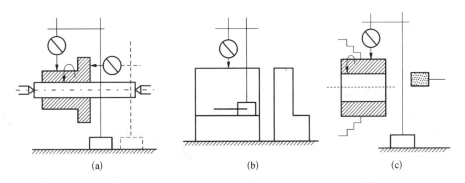

(a)　　　　　　　　(b)　　　　　　　　(c)

图 1‑33　百分表的应用举例

图 1‑33(a)所示为检查外圆对孔的圆跳动;端面对孔的圆跳动。

图 1‑33(b)所示为检查工件两面的平行度。

图 1‑33(c)所示为内圆磨床上用四爪卡盘安装工件时找正外圆。

9. 内径百分表

内径百分表是用来测量孔径及其形状精度的一种精密的比较量具。图 1‑34 所示是内径百分表的结构。它附有成套的可换插头,其读数准确度为 0.01 mm,测量范围有 6～10 mm,10～18 mm,18～35 mm,35～50 mm,50～100 mm,100～160 mm 等多种。

内径百分表是测量公差等级 IT7 以上精度的孔的常用量具。使用内径百分表的方法如图 1‑35 所示。

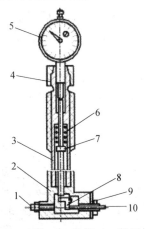

1—固定测头;2—表体;3—直管;4—紧固螺母;5—百分表;6—弹簧;7—推杆;8—等壁直角杠杆;9—定位护桥;10—活动测头

图 1‑34　内径百分表

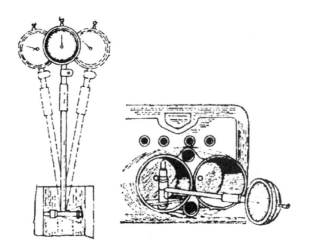

图 1-35　内径百分表的使用方法

10. 万能角度尺

万能角度尺是用来测量零件或样板的内、外角度的量具,它的结构如图 1-36 所示。

万能角度尺的读数机构是根据游标卡尺原理制成的。主尺刻线每格为 1°。游标的刻线是取主尺的 29°等分为 30 格。因此,游标刻线每格为 29°/30,即主尺 1 格与游标 1 格的差值为 $1°-29°/30=1°/30=2'$,也就是万能角度尺读数准确度为 $2'$。它的读数方法与游标卡尺完全相同。

测量时应先校对零位,万能角度尺的零位,是当角尺与直尺均装上,且角尺的底边及基尺均与直尺无间隙接触,此时主尺与游标的"0"线对准。调整好零位后,通过改变基尺、角尺、直尺的相互位置可测量 0°~320°范围内的任意角度。

用万能角度尺测量工件时,应根据所测角度范围组合量尺,如图 1-37 所示。

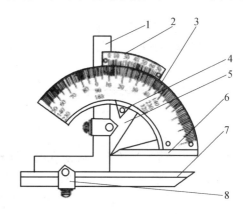

1—直角尺;2—游标;3—主要尺;4—制动头;
5—扇形板;6—基尺;7—直尺;8—卡块

图 1-36　万能角度尺

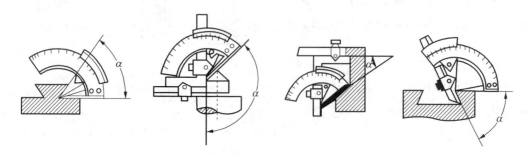

图 1-37　万能角度尺的应用

1.6.2　量具的保养

前面介绍的十种常用量具,除卡钳外,均是较精密的量具,必须精心保养。量具保养得好坏,直接影响到它的使用寿命和零件的测量精度。因此,必须做到下列几点:

(1) 量具在使用前、后必须擦拭干净。要妥善保管,不能乱扔,乱放。

(2) 不能用精密量具去测量毛坯或运动着的工件。

(3) 测量时不能用力过猛、过大,也不能测量温度过高的工件。

1.7　切削加工步骤

切削加工步骤安排是否合理,对零件加工质量、生产率及加工成本影响很大。但是,因零件的材料、批量、形状、尺寸大小、加工精度及表面质量等要求不同,切削加工步骤的安排也不尽相同。在单件小批生产小型零件的切削加工中,通常按以下步骤进行。

1. 阅读零件图

零件图是技术文件,是制造零件的依据。切削加工人员只有在完全读懂图样要求的情况下,才可能加工出合格的零件。

通过阅读零件图,要了解被加工零件是什么材料,零件上哪些表面要进行切削加工,各加工表面的尺寸、形状、位置精度及表面粗糙度要求,据此进行工艺分析,确定加工方案,为加工出合格零件做好技术准备。

2. 零件的预加工

加工前,要对毛坯进行检查,有些零件还需要进行预加工,常见的预加工有划线和钻中心孔。

(1) 毛坯划线

零件的毛坯很多是由铸造、锻压和焊接方法制成的。由于毛坯有制造误差,且制造过程中加热和冷却不均匀,会产生很大内应力,进而产生变形。为便于切削加工,加工前要对这些毛坯划线。通过划线确定加工余量,加工位置界线,合理分配各加工面的加工余量,使加工余量不均匀的毛坯免于报废。但在大批量生产中,由于零件毛坯使用专用夹具装夹,则不用划线。

(2) 对棒料钻中心孔

在加工较长轴类零件时,多采用锻压棒料作为毛坯,并在车床上加工。由于轴类零件加工过程中,需多次掉头装夹,为保证各外圆面之间同轴度的要求,必须建立同一定位基准。同一基准的建立是在棒料两端用中心钻钻出中心孔,零件通过双顶尖装夹进行加工。

3. 选择加工机床及刀具

根据零件被加工部位的形状和尺寸,选择合适类型的机床,这是既能保证加工精度和表面质量,又能提高生产率的必要条件之一。一般零件的加工表面为回转面、回转体端面和螺旋面,遇有这样的加工表面时,多选用车床加工,并根据工序的要求选择刀具。

4. 安装零件

零件在切削加工之前,必须牢固地安装在机床上,并使其相对机床和刀具有一个正确位置。零件安装是否正确,对保证零件加工质量及提高生产率都有很大影响。零件安装方法主要有以下两种。

（1）直接安装。零件直接安装在机床工作台或通用夹具(如三爪自定心卡盘、四爪单动卡盘等)上。这种安装方法简单、方便,通常用于单件小批量生产。

（2）专用夹具安装。零件安装在为其专门设计和制造的能正确迅速安装零件的装置中。用这种方法安装零件时,无须找正,而且定位精度高,夹紧迅速可靠,通常用于大批量生产。

5. 零件的切削加工

一个零件往往有多个表面需要加工,而各表面的质量要求又不相同。为了高效率、高质量、低成本地完成各零件表面的切削加工,要视零件的具体情况,合理地安排加工顺序和划分加工阶段。

（1）加工阶段的划分

① 粗加工阶段。即用较大的背吃刀量和进给量、较小的切削速度进行切削。这样既可以用较少的时间切除零件上大部分加工余量,提高生产效率,又可为精加工打下良好的基础,同时还能及时发现毛坯缺陷,及时报废或予以修补。

② 精加工阶段。因该阶段零件加工余量较小,可用较小的背吃刀量和进给量、较大的切削速度进行切削。这样加工产生的切削力和切削热较小,很容易达到零件的尺寸精度、形位精度和表面粗糙度要求。

划分加工阶段除有利于保证加工质量外,还能合理地使用设备,即粗加工可在功率大、精度低的机床上进行,以充分发挥设备的潜力;精加工则在高精度机床上进行,以利于长期保持设备的精度。但是,当毛坯质量高、加工余量小、刚性好、加工精度要求不很高时,可不用划分加工阶段,而在一道工序中完成粗、精加工。

（2）工艺顺序的安排

影响加工顺序安排的因素很多,通常按"十六字诀"原则考虑,即

① 基准先行原则。应在一开始就确定好加工精基准面,然后再以精基准面为基准加工其他表面。一般零件上较大的平面多作为精基准面。

② 先粗后精原则。先进行粗加工,后进行精加工,有利于保证加工精度和提高生产率。

③ 先主后次原则。主要表面是指零件上的工作表面、装配基准面等。它们的技术要求较高,加工工作量较大,故应先安排加工。次要表面(如非工作面、键槽、螺栓孔等)因加工工作量较小,对零件变形影响小,而又多与主要表面有相互位置要求,所以应在主要表面加工之后,或穿插其间安排加工。

④ 先面后孔原则。有利于保证孔和平面间的位置精度。

6. 零件检测

经切削加工后的零件是否符合零件图要求,要通过用测量工具测量的结果来判断。

1.8 小结

本章重点介绍了金工实训基础知识,通常在设计零件时,选择什么材料是至关重要的。选择材料必须满足使用性能(主要是力学性能)、工艺性能和经济性能的要求。提高材料的使用性能、工艺性能,可以选用适当的热处理方法,通过热处理过程进行加热、保温和冷却改变其整体或表层的组织,就可以获得所需要的组织结构与力学性能。在切削加工零件时对切削运动,切削用量三要素,普通外圆车刀的组成、基本角度及作用进行分析,在对加工出的

零件是否符合图纸要求(包括尺寸精度、形状精度、位置精度和表面粗糙度),就要用测量工具进行测量检测。

1.9　思考题

(1) 什么是热处理? 常用的热处理方法有哪些?

(2) 热处理保温的目的是什么?

(3) 比较退火和正火的异同点。

(4) 淬火的目的是什么?

(5) 淬火后为什么要回火?

(6) 什么是调质? 调质能达到什么目的?

(7) 表面淬火的目的是什么? 有几种表面淬火方法?

(8) 试举例说明切削加工在机械制造业中的作用与地位。

(9) 试分析车、铣、刨、钻、磨几种常用加工方法的主运动和进给运动。

(10) 什么是切削用量三要素? 试用简图表示刨平面和钻孔的切削用量三要素。

(11) 加工 45 号钢和 HT200 铸铁时,应选用那种硬质合金车刀?

(12) 机械加工的主运动和进给运动指的是什么? 在某机床的多个运动中如何判断哪个是主运动? 举例说明。

(13) 机械加工中,如果只有主运动而没有进给运动,结果会如何?

(14) 指出实训中所用刀具的材料是什么? 性能如何?

(15) 请描述游标卡尺、外径千分尺、百分表的读数方法。

项目二 钳 工

学 习 目 标

1. 掌握钳工工作的主要内容。
2. 了解安全操作规程,做到安全文明生产。
3. 掌握钳工操作的方式,在机械装配及维修中的作用。
4. 熟悉钳工使用的工具、量具。
5. 了解钳工适用范围、钳工的类别。
6. 掌握钳工常用设备及附件的使用特点。

2.1 概述

1. 定义

钳工是手持工具对金属进行加工的方法。钳工工作主要以手工方法,利用各种工具和常用设备对金属进行加工。

2. 钳工的基本操作

划线,锉削,錾削,锯削,钻孔、扩孔、锪孔、铰孔,攻螺纹、套螺纹,刮削,研磨,装配及设备维修等。

3. 钳工的特点

(1) 加工灵活、方便,能够加工形状复杂、质量要求较高的零件。

(2) 工具简单,制造刃磨方便,材料来源充足,成本低。

(3) 劳动强度大,生产率低,对工人技术水平要求较高。

4. 钳工的加工范围

(1) 加工前的准备工作。

(2) 加工精密零件。

(3) 零件装配成机器时互相配合零件的调整,整台机器的组装、试车、调试等。

(4) 机器设备的保养维护。

钳工工具简单,操纵灵活,可以完成用机械加工不方便或难以完成的工作。因此,尽管钳工大部分是手工操作,劳动强度大,对工人的技术要求较高,但在机械制造和修配工作中,仍是不可缺少的重要工种。钳工的工作环境主要由工作台和虎钳组成。

2.2 钳工实训安全操作规程

钳工实训中要特别注意下列安全事项:

（1）进入实训场地时，要穿好工作服，大袖口要扎紧，衬衫要系入裤内。女同学要戴安全帽，并将发辫纳入帽内。不得穿凉鞋、拖鞋、高跟鞋、背心、裙子和戴围巾进入场地。

（2）严禁在场地内追逐、打闹、喧哗、阅读与实训无关的书刊等。

（3）应在指定的机床或工位上进行实训。未经允许，不得乱动其他机床、工具或电器开关等。

（4）夹持工件必须正确和牢固。虎钳要爱护，不准乱敲乱打。夹持小而薄的工件时，要当心夹痛手指。

（5）带木柄的工具必须装牢固，有松动时不允许使用。

（6）工作时应将虎钳紧固，旋转角度时应注意不能完全松开螺纹，防止其伤人。

（7）用虎钳装夹工件时，要夹紧并注意虎钳手柄的旋转方向。不可使用没有手柄或手柄松动的工具（如锉刀、手锤），如发现手柄松动时必须加以紧固。

（8）锯削操作时应注意：锯条安装松紧应适当；工件伸出钳口不应过长，工件要夹紧；锯削时用力要均匀；起锯角度不要超过15°；锯割即将结束时注意扶稳将断端。

（9）錾削操作时应注意：检查锤子、锤柄不能松动，应无油污；操作者应佩戴护目镜；工作地点要有安全网；磨錾时錾子要高于砂轮中心。

（10）锉削操作时应注意：锉刀放置时不能露出工作台；锉削时不能将油污的手去摸已锉过的面；清除铁屑只准用毛刷清扫。

（11）钻削操作时应注意：操作者应佩戴护目镜；工件及钻头要夹紧装牢，防止钻头脱落或飞出；运动中严禁变速，变速时必须在停车后待惯性消失再扳动换挡手柄；孔将穿时要减少进给；使用手电钻时应戴胶手套和穿胶鞋。

（12）任何人在使用设备后，都应把工具、量具、材料等物品整理好，并做好设备清洁和日常设备维护工作。

（13）要保持工作环境的清洁，每天下班前15 min，要清理工作场所；以及必须每天做好防火、防盗工作，检查门窗是否关好，相关设备和照明电源开关是否关好。

2.3　钳工常用设备、工具和量具

1. 钳工工作台

钳工工作台，也叫钳台，其高度约为800～900 mm，装上台虎钳正好适合操作者工作，一般钳口高度以齐人手肘为宜。钳工工作台主要用于安装台虎钳和存放钳工常用工具、量具和工件等，如图2-1所示。钳工工作台一般是用坚实木材制成的，也有用铸铁件制成的，要求牢固和平稳，台面上装有防护网。

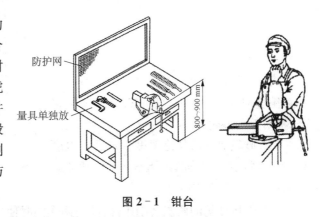

图 2-1　钳台

2. 虎钳

台虎钳是用来夹持工件的通用夹具，其规格用钳口宽度来表示，常用规格有100 mm、125 mm和150 mm等几种。虎钳有固定式[图2-2(a)]和回转式[图2-2(b)]两种，松开回转式虎钳的夹紧手柄,虎钳便可在底盘上转动,以变更钳口方向,便于操作。

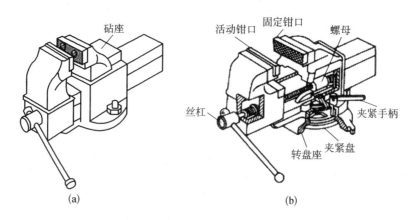

图 2-2　固定式和回转式虎钳

使用虎钳时,应注意下列事项:

(1) 夹紧工件时只允许依靠手上的力量,以免损坏丝杠、螺母和钳身部位。

(2) 锤击工件只能在砧台上进行,不能在活动钳口上敲击。

(3) 强力作业时应尽量使力朝向固定钳身,否则会因受力较大而损坏螺纹。

(4) 不能再活动钳身的光滑平面上敲击工件,以免降低它与固定钳身的配合性。工件应尽量装夹在钳口的中部使钳口均匀受力。

(5) 丝杠、螺母和各运动表面应经常润滑,并保持清洁。

3. 砂轮机

砂轮机主要用来刃磨刀具或工具,如錾子、钻头、刮刀等,其结构如图 2-3 所示。由于砂轮质地较脆,转速高,使用时必须严格遵守安全操作规程。

使用砂轮机时,应注意下列事项:

(1) 新装砂轮必须先试转 30～40 min,然后检查砂轮及轴承等转动是否平稳,有无振动与其他不良现象。

(2) 应定期检查砂轮有无裂纹,螺纹两端是否锁紧。

(3) 砂轮机必须备有防护罩,不允许随便取下。

(4) 砂轮与搁架之间的距离不应过大,一般隙缝应小于 3 mm,防止刃磨时磨件带入缝隙,挤碎砂轮。

(5) 砂轮启动后需待速度稳定后方可磨削,操作者应站在侧面,不能站在砂轮片的旋转平面上,以免砂轮碎裂伤人。

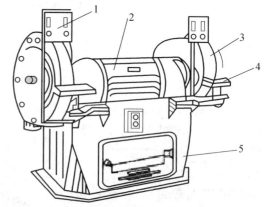

1—防护罩;2—电动机;3—砂轮;4—托架;5—机座

图 2-3　砂轮机

(6) 勿用砂轮的两侧磨削工件,禁止两人同时使用一块砂轮进行磨削。

(7) 手锯锯割工件时,锯条要装夹正确,锯削时用力要均匀,并尽量让所有锯齿均工作。工件快断或借锯时,用力要小,动作要慢,避免锯条折断伤人。

（8）锉削时，工件表面要高于钳口面。不能用钳口面作基准面来加工工件，防止损坏锉刀和虎钳。不许用嘴吹锉屑，用手擦拭锉刀和工件表面，以免锉屑吹入眼中、锉刀打滑伤人。

（9）使用钻床和砂轮机，须征得指导老师的同意，并遵守钻床安全操作规程和砂轮机安全操作规程，不能随意变速和多人同时操作。

（10）使用带电工具时应首先检查是否漏电，工具完好正常才能使用，使用时至少有 2 人在场。

（11）做到文明实训，工作完成后，及时关闭电源，清点整理工具、量具。钳台上下、地面保持整齐清洁。及时保养工具、量具。

4. 常用工具

钳工常用工具分为加工工具和划线工具。

（1）加工工具：锉刀、锯弓、锯条、錾子、刮刀、丝锥、板牙等。

（2）划线工具：划线平台、方箱、V 型铁、划针、划规、样冲、划线高度尺等。

5. 常用量具

钳工常用的量具有游标卡尺、千分尺、百分表、角度尺、刀口尺、块规、水平仪、样板塞尺等。

2.4 划线

2.4.1 划线基础知识

划线是根据图样要求或实物的尺寸，在毛坯或工件表面上，用划线工具划出待加工部位的轮廓或作为基准的点、线的操作。

划线分为：平面划线——在工件的一个平面上划线，如图 2-4(a)所示；立体划线——在工件的几个表面上划线，亦即在长、宽、高三个方向上划线，如图 2-4(b)所示。

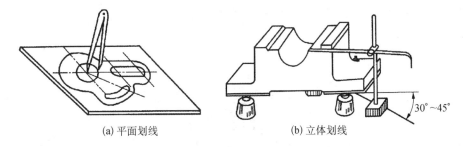

(a) 平面划线　　　　　　　　　(b) 立体划线

图 2-4 划线的种类

划线的作用：

（1）确定工件上各加工面的位置和加工余量。

（2）确定复杂工件在机床上安装的正确位置。

（3）全面检查毛坯形状和尺寸是否合格。

（4）当毛坯误差不大时可以通过划线借料得以补救。

划线的要求：

（1）线条清晰，样冲眼均匀，定形尺寸保证准确。

（2）由于划线有一定宽度，一般要求划线精度为 0.25～0.5 mm。

（3）通常不能依靠划线直接确定加工的最后尺寸，应在加工过程中用测量来控制尺寸精度。

2.4.2　划线工具

1．划线平板

划线的基准工具是划线平板（图 2-5）。它由铸铁制成，其上平面是划线用的基准平面，所以要求非常平直和光洁。平板要安放牢固，上平面应保持水平，以便稳定地支承工件。平板不准碰撞和用锤敲击，以免其精度降低。平板若长期不用时，应涂油防锈并用木板护盖。

2．千斤顶

千斤顶是在平板上支承较大及不规则工件用的，其高度可以调整，以便找正工件。通常用三个千斤顶支承工件，如图 2-6 所示。

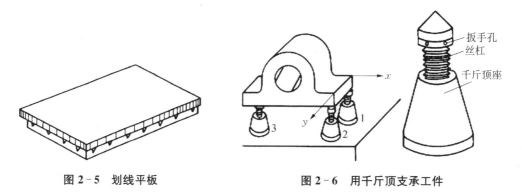

图 2-5　划线平板　　　　　图 2-6　用千斤顶支承工件

3．V 型铁

用于支承圆柱形工件，使工件轴线与平板平行，如图 2-7 所示。

4．方箱

用于夹持较小的工件，方箱上各相邻的两面均相互垂直，通过翻转方箱，便可以在工件表面上划出互相垂直的线，如图 2-8 所示。

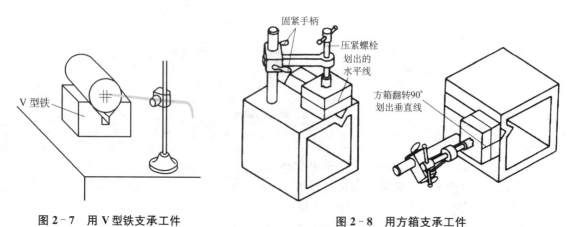

图 2-7　用 V 型铁支承工件　　　　　图 2-8　用方箱支承工件

5．划针

划针是用来在工件表面上划线的。图 2-9 所示为划针的用法。

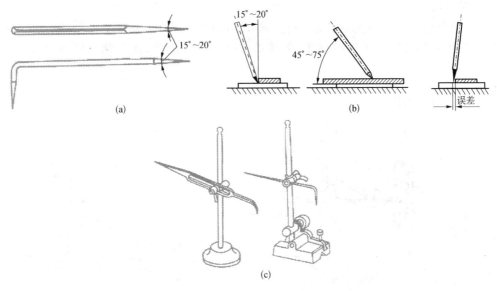

图 2-9　划针的用法

6. 划卡

划卡主要是用来确定轴和孔的中心位置的,如图 2-10 所示。

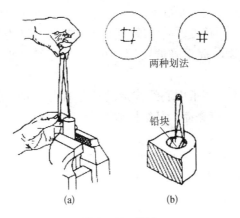

图 2-10　划卡

7. 划规

划规是平面划线作图的主要工具,如图 2-11 所示。

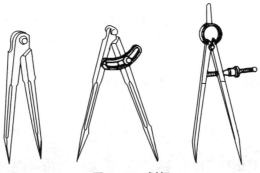

图 2-11　划规

8. 划针盘

划针盘是用于立体划线的主要工具。调节划针到一定高度,并在平板上移动划针盘,即可在工件上划出与平板平行的线来,如图 2 - 12 所示。此外,还可用划针盘对工件进行找平。

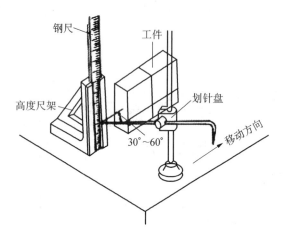

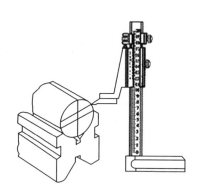

图 2 - 12　用划针盘划线　　　　图 2 - 13　高度游标尺划线

9. 高度游标尺

高度游标尺是精密量具,用于半成品(光坯)划线,不允许用它划毛坯。高度游标卡尺除了测量高度外,还可以用来划精度较高的线,所以有些也将其称为高度划线尺。高度游标卡尺由于精度高,所以更应该掌握正确的使用方法,保护好其划爪,确保划线的精度和使用寿命。

注意:高度游标尺划线时划爪中心线与运动正方向夹角成锐角。高度划线尺的刀刃在划线结束时不能与其他物件有碰撞。其结构如图 2 - 13 所示。

10. 样冲

样冲是用来在工件上划线打出样冲眼,以备所划的线模糊后,仍能找到原线的位置,在划圆及钻孔前,也应在其中心打出中心样冲眼。根据材料和加工表面的情况确定样冲眼的大小和深浅。要求位置准确;中点不可偏离线条;曲线上冲点距离要小些,直线上冲点距离可大些,但至少要有 3 个点;在交叉转折处必须冲点;薄壁和光滑表面点要浅些,粗糙表面上冲点要深些。冲出的点在线条没有时必须也能表示清楚划线划出的结构形状。图 2 - 14 所示为样冲的用法。

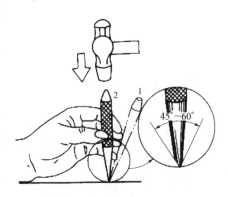

图 2 - 14　样冲及其用法

11. 量具

划线常用的量具有钢尺、高度尺(钢尺与尺座组成)及直角尺。

2.4.3　划线基准

划线基准是指划线时选择工件上的某个点、线、面作为依据,用来确定工件各部分尺寸、几何形状及工件上各要素的相对位置。

用划针盘划各水平线时,应选定某一基准作为依据,并以此来调节每次划针的高度。划线基准时基准的选择可以是:两个相互垂直面或线;两条中心线或一个平面和一条中心线,如图 2-15 所示。

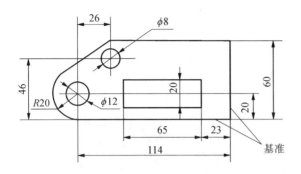

(a) 以两个互相垂直的平面基准

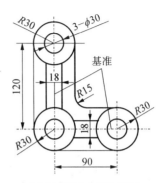

(b) 以两条中心线为基准

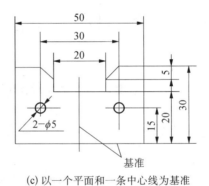

(c) 以一个平面和一条中心线为基准

图 2-15　划线基准

2.4.4　立体划线步骤

(1) 根据图纸的要求,确定划线基准。检查毛坯是否合格。

(2) 清理毛坯上的疤痕和毛刺等。在划线部分涂上涂料(铸、锻件用大白浆,已加工面用紫色——龙胆紫加虫胶和酒精;绿色——孔雀绿加虫胶和酒精)。用铅块或木块堵孔,以便定孔的中心位置。

(3) 支承及找正工件,如图 2-16(a)所示。

(4) 划出划线基准,再划出其他水平线,如图 2-16(b)所示。

(5) 翻转工件,找正,划出互相垂直的线,如图 2-16(c)、(d)所示。

(6) 检查划出的线是否正确,最后打样冲眼。

划线操作时应注意:

① 工件支承要稳妥,以防滑倒或移动。

② 在一次支承中,应把需要划出的平行线划全,以免再次支承补划,造成误差。

③ 应准确使用划针、划线盘、高度游标尺以及直角尺等划线工具,以免产生误差。

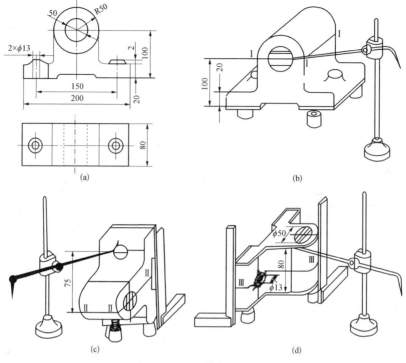

图 2 - 16 立体划线示例

2.5 錾削

錾削是用手锤锤击錾子,对金属进行切削加工的操作。錾削可加工平面、沟槽、切断金属及清理铸、锻件上的毛刺等。每次錾削金属层的厚度为 0.5~2 mm。

2.5.1 錾削工具及錾削方法

1. 錾子和手锤

常用的錾子有平錾、槽錾及油槽錾,如图 2 - 17 所示。平錾用于錾平面和錾断金属,它的刃宽一般为 10~15 mm;槽錾用于錾槽,它的刃宽约为 5 mm;油槽錾用于錾油槽,它的錾刃磨成与油槽形状相符的圆弧形。錾子全长 125~150 mm。錾子多用碳素工具钢锻成,刃部经淬火和回火处理后,刃磨而成。

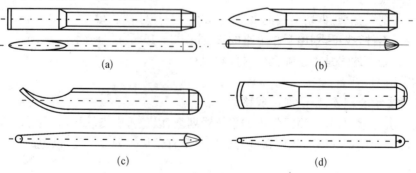

图 2 - 17 錾子的种类

錾刃楔角应根据所加工材料不同而异。錾削铸铁时为 70°;钢为 60°;铜、铝≤50°。

錾削用的手锤,其大小用锤头的重量表示,常用的约为 0.5 kg。手锤的全长约为 300 mm。锤头多用碳素工具钢锻成,并经淬火和回火处理。

2. 錾子和手锤的握法

錾子应松动自如地握着,主要是用中指夹紧。錾头伸出约 20～25 mm,如图 2-18 所示。

握手锤主要是靠拇指和食指,其余各指仅在锤击下落时才握紧,柄端只能伸出 15～ 30 mm,如图 2-19 所示。

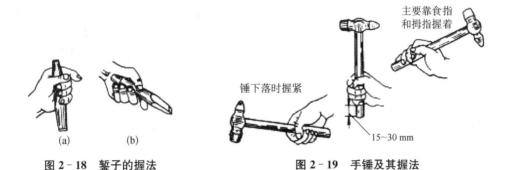

图 2-18 錾子的握法   图 2-19 手锤及其握法

3. 錾削时的姿势

錾削时的姿势应便于用力,不易疲倦,如图 2-20 所示。同时,挥锤要自然,眼睛应注视錾刃,而不是錾头。

图 2-20 錾削时的姿势

4. 錾削方法

起錾时,应将錾子握平或使錾头稍向下倾,如图 2-21 所示,以便錾刃切入工件。

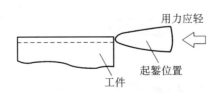

图 2-21 起錾

錾削时,錾子与工件夹角如图 2-22 所示。錾刃表面与工件夹角 α 约为 3°～5°。细錾时,α角略大些。

当錾削到靠近工件尽头时,应调转工件,从另一端錾掉剩余部分,以免工件棱角损坏,如图 2 - 23 所示。

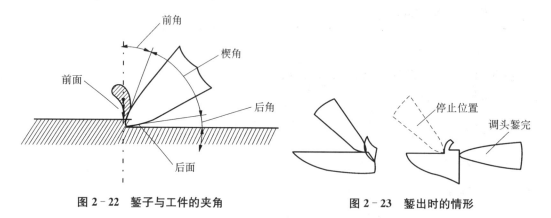

图 2 - 22　錾子与工件的夹角　　　　图 2 - 23　錾出时的情形

2.5.2 錾削的应用

1. 錾平面

錾平面时,应先用槽錾开槽,如图 2 - 24(a)所示,槽间的宽度约为平錾錾刃宽度的 3/4,然后再用平錾錾平,如图 2 - 24(b)所示。为了易于錾削,平錾錾刃应与前进方向成 45°角。

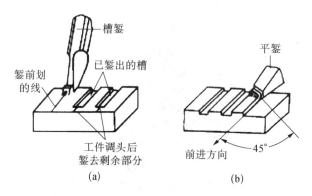

(a)　　　　　　　　　(b)

图 2 - 24　平面錾法

2. 錾油槽

在工件上按划线錾油槽,如图 2 - 25 所示。

图 2 - 25　錾油槽　　　　图 2 - 26　虎钳上錾断板料

3. 錾断板料

对于小而薄的板料可在虎钳上錾断,如图 2 - 26 所示。

鏨削操作时应注意:

① 工件应夹持牢固,以免鏨削时松动。

② 鏨头如有毛边,应在砂轮机上磨掉,以免鏨削时手锤偏斜而伤手。

③ 勿用手摸鏨头端面,以免沾油后锤击时打滑。

④ 手锤锤头与锤柄之间不应松动。如有松动,应将锤头楔铁打紧。挥锤时应注意不要伤人。

⑤ 鏨削用的工作台必须有防护网,以免鏨屑伤人。

2.6 锯削

锯削是用锯来分割材料或在工件上进行切槽的加工方法。它分为机械锯削和手工锯削,手工锯削是钳工需掌握的基本功之一,具有操作方便、简单和灵活的特点,适用于单件小批量生产、临时工地及切割异形工件等场合。

2.6.1 锯削基础知识

1. 锯弓

手锯是由锯弓和锯条两部分构成。

锯弓是用来夹持和拉紧锯条的工具,有固定式和可调式两种,如图 2-27 所示。固定式锯弓只能安装固定长度锯条,可调式锯弓通过调整可以安装不同长度的锯条,并且可调锯弓的手柄便于用力,所以被广泛运用。

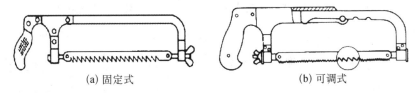

(a) 固定式   (b) 可调式

图 2-27 锯弓

2. 锯条

锯条是直接对材料或工件进行加工的工具,由碳素工具钢制成,并经淬火和低温退火处理。常用的锯条约长 300 mm,宽 12 mm,厚 0.8 mm。

(1)锯条的参数

锯齿的形状如图 2-28 所示。锯齿的角度包括前角、后角和楔角,常用的锯条后角 $\alpha_o = 40°$,楔角 $\beta_o = 50°$,前角 $\gamma_o = 0°$,锯齿按齿距 s 大小可分为:粗齿($t = 1.6$ mm),中齿($t = 1.2$ mm)及细齿($t = 0.8$ mm)三种。

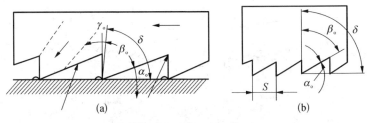

(a)   (b)

图 2-28 锯齿的角度

（2）锯条的选择

粗齿锯条适用于锯铜、铝等软金属及厚的工件。细齿锯条适用于锯硬钢、板料及薄壁管子等。加工软钢、铸铁及中等厚度的工件多用中齿锯条。如图 2 - 29 所示为锯齿粗细对锯切的影响。

（3）锯条的安装

根据工件材料及厚度选择合适的锯条，按正确的方向安装在锯弓上，即锯齿的齿尖方向应前方，因为锯削是向前推进切削的。锯条安装时松紧应适当，一般用两个手指的力能旋紧为止，太紧或太松都可能导致锯条折断。锯条安装好后，不能有歪斜和扭曲，否则锯削时易折断。

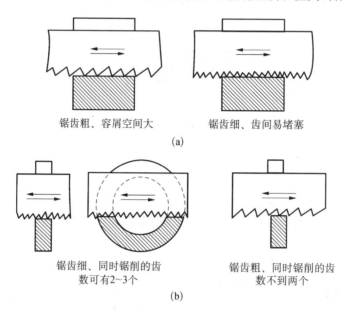

图 2 - 29　锯齿粗细对锯切的影响

2.6.2　锯削操作

（1）根据工件材料及厚度选择合适的锯条。

（2）将锯条安装在锯弓上，锯齿应向前。锯条松紧要合适，否则锯削时易折断锯条。

（3）工件应尽可能夹在虎钳左边，以免操作时碰伤左手。工件伸出要短，否则锯削时要颤动。

（4）起锯时以左手拇指靠住锯条，右手稳推手柄，起锯角度稍小于 15°。如图 2 - 30 所示。

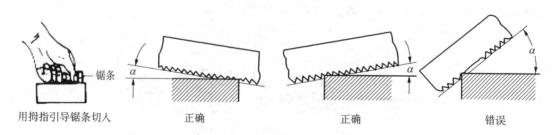

图 2 - 30　锯切的操作方法

　　锯弓往复行程应短,压力要轻,锯条要与工件表面垂直。锯成锯口后,逐渐将锯弓改至水平方向。

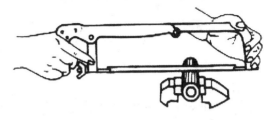

　　(5)锯削时锯弓握法如图2-31所示。锯弓应直线往复,不可摆动;前推时加压切削,用力均匀,返回时从工件上应轻轻滑过。锯削速度不宜过快,通常每分钟往复30~40次。锯削时用锯条全长工作,一般锯弓的往复长度应不小于锯条长度的2/3,以免锯条中间部分迅速磨钝。锯钢料时应加机油润滑,快锯断时,用力要轻,以免碰伤手臂。

图2-31　手锯的姿势

　　(6)锯切圆钢时,为了得到整齐的锯缝,应从起锯开始以一个方向锯到结束,如图2-32(a)所示;锯切圆管时,应只锯到管子的内壁处,然后工件向推锯方向转一定角度,再继续锯切,如图2-32(b)所示;锯切薄板时,为防止工件产生振动和变形,可用木板夹住薄板两侧进行锯切,如图2-32(c)所示。

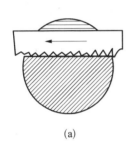 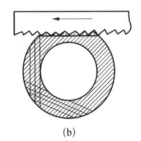 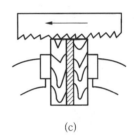

(a)　　　　　　　　(b)　　　　　　　　(c)

图2-32　锯切圆钢、圆管、薄板的方法

2.6.3　锯削产生废品的形式及处理方法

1. 锯缝歪斜

　　产生原因:锯条安装过松,目测不及时。

　　解决措施:调整锯条到适当的松紧状态;安装工件时使锯缝的划线与钳口的外侧平行,锯削过程中经常进行目测。扶正锯弓按线锯削。已经歪斜则要用借锯的方法纠正,如图2-33所示中的情况1则将锯弓轻轻往右摆动,慢慢锯缝就会远离所划的线,避免缺陷;若是情况2则应将锯弓往左摆动,避免所留余料太多;情况3为锯削加工的理想情况。

2. 尺寸过小

　　产生原因:划线不正确,锯削线偏离划线。

　　解决措施:按照图样正确划线,起锯和锯削过程中始终使锯缝与划线平行并保持一定距离。

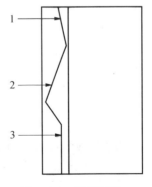

图2-33　锯缝歪斜

3. 起锯时工件表面被拉毛

　　产生原因:起锯的方法不对。

　　解决措施:起锯时大左手拇指要挡好锯条,起锯角度要适当,待有一定的深度后再正常锯削以免锯条弹出。

2.6.4 锯削折断和崩齿原因

1. 锯条折断

锯条安装得过紧或过松;工件装夹不准确,产生抖动或松动;锯缝歪斜强行借锯;压力太大,起锯较猛;旧锯缝使用新锯条;工件锯断时没有减速等。

2. 锯齿崩断

锯条粗细选择不当;起锯角度和方向不对;突然碰到砂眼、杂质;锯削时突然加大压力锯齿被棱边钩住等。

3. 锯齿过早磨损

锯削的速度太快;锯削硬材料时未进行冷却、润滑等。

2.7 锉削

锉削是用锉刀对工件表面进行切削加工的方法。主要用于单件小批量生产中加工形状复杂的零件、样板、模具,以及在装配时对零件进行修整。多用于锯切或錾削之后,所加工出来的表面粗糙度可达 Ra 1.6~0.8 μm,尺寸精度可达 0.01 mm。锉削加工范围包括平面、曲面、内孔、台阶面及沟槽等。在模具制造中,锉削加工实现对某些零件的加工、装配调整和修理。锉削是钳工中最基本的操作。

2.7.1 锉削基础知识

1. 锉刀的构造及种类

锉刀常用碳素工具钢 T12、T13 或 T12A、T13A 制成,经热处理后切削部分硬度达 62~68HRC。锉刀有无数个锉齿同时对材料进行切削。锉刀的结构由锉身和锉柄组成,各部分分别为锉刀面、锉刀边和锉刀尾。

锉刀各部分如图 2-34 所示,其大小以工作部分的长度表示。

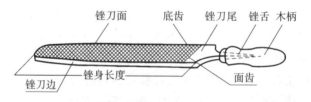

图 2-34 锉刀的各个部分

锉刀分类按齿纹可分为单齿纹锉刀和双齿纹锉刀,按齿形分为铣齿锉刀和剁齿锉刀,按其用途分为普通锉、异形锉和整形锉。

锉刀的粗细,是以每 10 mm 长的锉面上,锉齿齿数来划分。粗锉刀(4~12 齿),齿间大,不易堵塞,适于粗加工或锉铜和铝等软金属;细锉刀(13~24 齿),适于锉钢和铸铁等;光锉刀(30~40 齿),又称油光锉,只用于最后修光表面。锉刀愈细,锉出工件表面愈光,但生产率也愈低。

根据形状不同,普通锉刀可分为平锉(亦称板锉)、半圆锉、方锉、三角锉及圆锉等,如图 2-35(a) 所示。其中以平锉用得最多。

异形锉用来加工零件的特殊表面,按锉削工件表面的特殊性分有刀口锉、菱形锉、扁三角锉、椭圆锉、圆肚锉等,也有直锉和弯脖锉之分,如图2-35(b)所示。

整形锉,又叫什锦锉,用于细小零件、窄小表面的加工及冲模、样板的精细加工和修整工件上的细小部分,是按各种断面形状分组配备的小锉,其截面形状有圆形、不等边三角形、矩形、半圆形等,通常以每组5把、6把、8把、10把或12把为一套,如图2-35(c)所示。

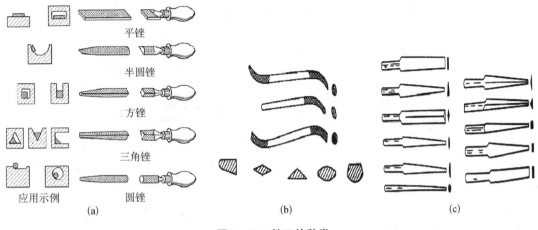

平锉

半圆锉

方锉

三角锉

应用示例　　　圆锉
(a)　　　　　　　　　　　(b)　　　　　　　　　(c)

图 2-35　锉刀的种类

2. 锉刀的规格与选择

锉刀规格有尺寸规格和锉齿的粗细规格。尺寸规格圆锉刀按直径,方锉刀按方形尺寸,其余都用长度表示。常用的有 100 mm、125 mm、150 mm、200 mm、250 mm、300 mm、350 mm、400 mm 等。锉齿的粗细参数为锉纹号,分别有 1~5 号 5 种,锉纹号越小锉齿越粗。

锉刀选择合理对提高锉削效率、保证锉削质量、延长锉刀使用寿命有很大影响。锉刀选择依据:

(1) 锉刀的截面形状要和工件形状相适应。

(2) 粗加工选用粗锉刀,精加工选用细锉刀。粗锉刀适用于锉削加工余量大、加工精度低和表面粗糙度值大的工件;细锉刀适用于锉削加工余量小、加工精度高和表面粗糙度值小的工件;单齿纹锉刀适用于加工软材料。

(3) 锉刀的长度一般应比锉削面长 150~200 mm。锉刀尺寸规格的大小取决于工件加工面尺寸的大小和加工余量的大小。加工面尺寸较大,加工余量也较大时,宜选用较长锉刀;反之,则选用较短的锉刀。

2.7.2　锉削操作

1. 锉刀握法

锉削时必须正确地掌握握锉的方法以及施力的变化规律。

正确握持锉刀对于锉削质量的提高,锉削力的运用和发挥以及对操作时的疲劳程度都有一定的影响。由于锉刀的大小和形状不同,所以锉刀的握持方法也有所不同,如图2-36所示。

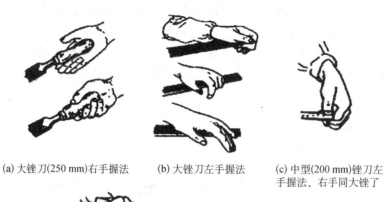

(a) 大锉刀(250 mm)右手握法　　(b) 大锉刀左手握法　　(c) 中型(200 mm)锉刀左手握法、右手同大锉刀

(d) 小型(150 mm)锉刀的握法　　　(e) 125 mm 以下及整形锉刀的握法

图 2-36　握锉刀的方法

使用大的平锉时,应右手握锉柄,左手压在锉端上,使锉刀保持水平。用中型平锉时,因用力较小,左手的大拇指和食指捏着锉端,引导锉刀水平移动。锉削时施力的变化,如图 2-37 所示。锉刀前推时加压,切削并保持水平,返回时,不应紧压工件,以免磨钝锉齿和损伤已加工表面。

2. 锉削姿势

两腿自然站立,身体正前方与台虎钳中心线成大约45°左右夹角,且略向前倾;左脚跨前半步,脚掌与虎钳成30°角,膝盖处稍有弯曲,右脚要站稳伸直,脚掌与虎钳成75°角;视线要落在工件的切削部位上,如图 2-38 所示。

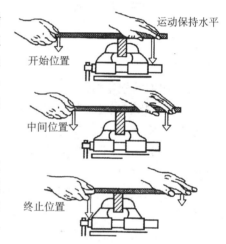

图 2-37　锉削时施力的变化

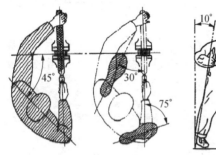　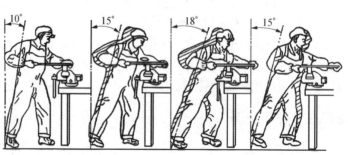

图 2-38　锉削姿势

3. 锉平面

平面锉削是锉削中最基本的操作。要锉出平直的面,必须使锉刀的运动保持水平。平直是靠在锉削过程中逐渐调整两手的压力来达到的。平面锉削方法有顺锉、交叉锉和推锉,如图 2-39 所示。

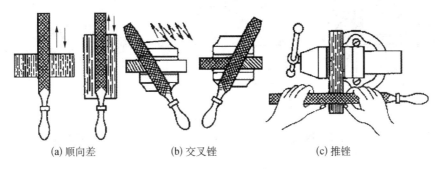

(a) 顺向差   (b) 交叉锉   (c) 推锉

图 2－39　平面锉削的方法

4. 锉圆弧面

（1）外圆弧面锉削方法有顺锉法和滚锉法。顺锉法切削效率高,适于粗加工；滚锉法在锉削外圆弧面时,锉刀除向前推进外,还要沿外圆弧面摆动。锉削时,锉刀向前,右手下压,左手随着上提。滚锉能使圆弧面锉削光且圆滑,但锉削位置不易掌握且效率不高,故适用于精锉圆弧面,如图 2－40 所示。

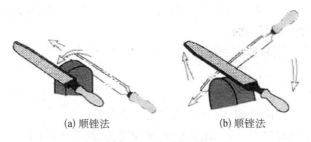

(a) 顺锉法   (b) 顺锉法

图 2－40　锉外圆弧面

（2）内圆弧面锉削则只能采用圆锉刀或半圆锉刀等成形锉刀,且锉刀的半径应小于等于加工内圆弧的半径。锉削时锉刀要同时且应协调完成前进运动、顺圆弧面的向左或向右的移动和绕锉刀中心线的转动三个运动,如图 2－41 所示。

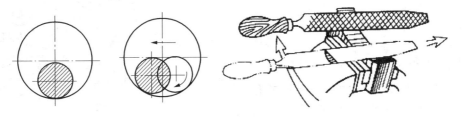

图 2－41　锉内圆弧面

5. 检验

平面锉削时,工件的尺寸可用钢尺和卡钳（或用卡尺）检查。工件的平直及直角可用直角尺根据是否能透过光线来检查,如图 2－42 所示。

曲面锉削精度的检测使用半径样板,检测时观察半径样板与被测面间的光隙大小,据此估计误差大小,检测时若半径样板与工件圆弧面间的缝隙均匀、透光微弱则圆弧面轮廓尺寸、形状精度合格,如图 2－43 所示。

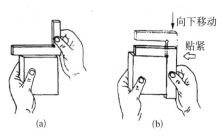
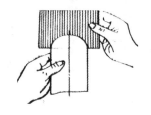

图 2-42　检查平直和直角　　　　　图 2-43　检查圆弧面

2.7.3　锉削操作要求和注意事项

1. 操作要求

平面锉削时要锉出平直的平面,必须使锉刀保持直线的锉削运动。推进锉刀时两手在锉刀上的压力应做到平稳而不上下摆动,锉削时推力的大小由右手控制,而压力的大小是由两手控制的。要求为锉刀在整个锉削过程中始终保持匀速水平的往复运动,每分钟锉削次数不超过 40 次。

外圆弧的锉削,在滚锉法时要求锉刀在前进的时候不保持水平,而是在前进时需要匀速摆动才能锉削出圆滑的外圆弧面。

内圆弧锉削则需要同时协调完成前述三个动作才能锉削出圆滑的圆弧面。

2. 注意事项

(1) 锉刀必须装柄,以免使用时刺伤手心。

(2) 不要用新锉刀锉硬金属、白口铸铁和已淬火的钢。

(3) 铸件上的硬皮或黏砂,应先用砂轮磨去或錾去,然后再锉削。

(4) 锉削时不要用手摸工件表面,以免再锉时打滑。

(5) 锉刀堵塞后,用钢丝刷顺着锉纹方向刷去切屑。

(6) 锉刀放置时,不应伸出工作台台面以外,以免碰落摔断或砸伤人脚。

2.8　孔加工

2.8.1　钻床

机器零件上分布着很多大小不同的孔,其中那些数量多,直径小,精度不是很高的孔,都是在钻床上加工出来的。

钻床上可以完成的工作很多,如钻孔、扩孔、铰孔、锪端面、攻丝等。

钻床的种类很多,常用的有台式钻床、立式钻床和摇臂钻床等。

1. 台式钻床

台式钻床简称台钻,如图 2-44 所示。它是一种放在台桌上使用的小型钻床,其钻孔直

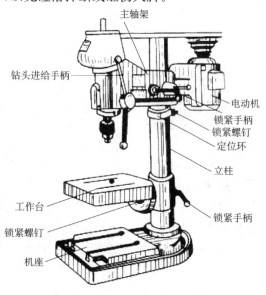

图 2-44　台式钻床

径一般在 12 mm 以下,最小可以加工小于 1 mm 的孔。由于加工的孔径较小,台钻的主轴转速一般较高,最高的转速接近每分钟万转。主轴的转速可通过改变三角胶带在带轮上的位置来调节。台钻主轴的进给是手动的。台钻小巧灵活,使用方便,主要用于加工小型零件上的各种小孔,在仪表制造、钳工和装配中用得最多。

2. 立式钻床

立式钻床简称立钻,如图 2 - 45 所示。这类钻床的最大钻孔直径有 25 mm、35 mm、40 mm 和 50 mm 等几种。

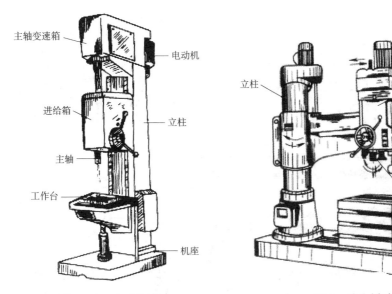

图 2 - 45 立式钻床　　　　　　图 2 - 46 摇臂钻床

立钻主要由主轴、主轴变速箱、进给箱、立柱、工作台和机座组成。电动机的运动通过主轴变速箱使主轴获得需要的各种转速。主轴变速箱与车床的变速箱相似,钻小孔时转速需要高些,钻大孔时转速应低些。主轴的向下进给既可手动也可自动。

在立钻上加工一个孔后,再钻另一个孔时,须移动工件,使钻头对准另一个孔的中心,这时一些较大的工件移动起来就比较麻烦。因此,立式钻床适于加工中小型工件。

3. 摇臂钻床

图 2 - 46 所示为摇臂钻床外形图。它有一个能绕立柱旋转的摇臂,摇臂带着主轴箱可沿立柱垂直移动,同时主轴箱还能在摇臂上做横向移动。由于摇臂钻床结构上的这些特点,操作时能很方便地调整刀具的位置,以对准被加工孔的中心,而不需移动工件来进行加工,所以,用于在一些笨重的大工件以及多孔的工件上加工。它广泛地应用于单件和成批生产。

2.8.2 钻孔

用钻头在实体材料上加工孔叫作钻孔。在钻床上钻孔时,工件固定不动,钻头旋转(主运动)并做轴向移动(进给运动),如图 2 - 47 所示。钻孔时,由于钻头结构上存在着一些缺点(主要是刚性差),因而影响了加工质量。钻孔加工的公差等级一般为 IT12 左右,表面粗糙度为 Ra 12.5 μm 左右。

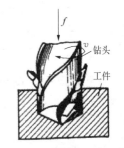

图 2 - 47 钻削时的运动

1. 麻花钻头

钻孔用的刀具主要是麻花钻头。麻花钻的组成部分如图 2 - 48 所示。麻花钻的前端为切削部分,如图 2 - 49 所示,有两个对称的主切削刃,两刃之间的夹角通常为 $2\phi=116°\sim118°$,称为锋角。钻头顶部有横刃,即两主后刀面的交线,它的存在使钻削时的轴向力增加,所以常采取修磨横刃的办法缩短横刃。导向部分有两条刃带和螺旋槽,刃带的作用是引导钻头,螺旋槽的作用是向孔外排屑。

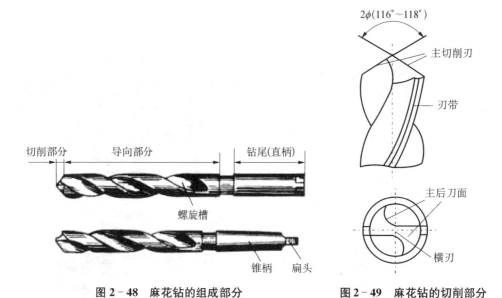

图 2 - 48　麻花钻的组成部分　　　　图 2 - 49　麻花钻的切削部分

2. 钻孔用附件

麻花钻头按尾部形状的不同,有不同的安装方法。锥柄钻头可以直接装入机床主轴的锥孔内。当钻头的锥柄小于机床主轴锥孔时,可用过渡套筒,如图 2 - 50 所示。因为过渡套筒要和各种规格的麻花钻安装在一起,所以套筒一般需要数只。柱柄钻头通常用钻夹头安装,如图 2 - 51 所示。

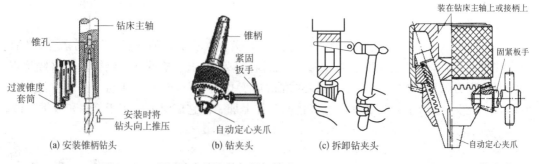

(a) 安装锥柄钻头　　(b) 钻夹头　　(c) 拆卸钻夹头

图 2 - 50　用过渡套筒安装与拆卸钻头　　图 2 - 51　钻夹头

在立钻或台钻上钻孔时,工件通常用平口钳安装。有时把工件直接安装在工作台上,用压板、螺栓夹紧,夹紧前先按划线标志的孔位进行找正,如图 2 - 52 所示。

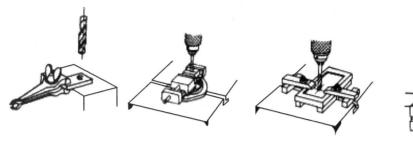

图 2-52　钻孔时工件的装夹

在成批和大量生产中,钻孔广泛应用于钻模夹具。钻模的形式很多,如图 2-53 所示为其中的一种。工件 1 上装夹在钻模 2 上。在钻模上装有淬过火的耐磨性很高的钻套 3,用来引导钻头。钻套的位置是根据工件要求钻孔的位置而确定。因而,应用钻模钻孔时,可以免去划线工作,提高了生产率,并可提高孔的精度,降低表面粗糙度。

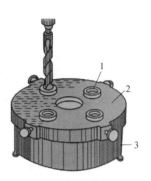

图 2-53　钻模

3. 钻孔方法

按划线钻孔时,钻孔前应在孔中心处打好样冲眼,划出检查圆,以便找正中心,便于引钻,然后钻一浅坑,检查判断是否对中。若偏得较多,可用样冲在应钻掉的位置錾出几条槽,把钻偏的中心纠正过来,如图 2-54 所示。

用麻花钻头钻较深的孔时,要经常退出钻头以排出切屑和进行冷却,否则可能使切屑堵塞在孔内卡断钻头或由于过热而增加钻头的磨损。

钻孔时为了降低切削温度,提高钻头的耐用度,要加冷却润滑液。

直径大于 30 mm 的孔,由于有较大的轴向抗力,很难一次钻出。这时可先钻出一个直径较小的孔(为加工孔径的 0.2~0.4 倍),然后用第二把钻头将孔扩大到所要求的直径。

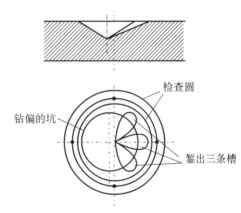

图 2-54　钻偏时的纠正方法

2.8.3　扩孔

扩孔是用扩孔钻对已钻出的孔做进一步加工,以扩大孔径并提高精度和降低表面粗糙度值。扩孔可达到的尺寸公差等级为 IT10~IT9,表面粗糙度值为 Ra 12.5~3.2 μm,属于孔的半精加工方法,常作铰削、磨孔前的预加工,也可作为精度不高的孔的终加工。

1. 扩孔钻头特点

扩孔钻的形状与麻花钻相似,不同的是:扩孔钻有三个至四个切削刃且没有横刃。扩孔钻的钻心大,刚性较好,导向性好,切削平稳。扩孔钻如图 2-55 所示。

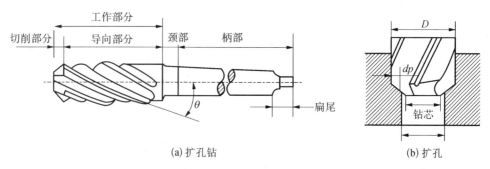

(a) 扩孔钻　　　　　　　　　　(b) 扩孔

图 2-55　扩孔钻及扩孔

2. 扩孔切削参数选择

（1）扩孔时的切削深度 $a_p=(D-d)/2$

式中：D——扩孔后的直径；d——工件上已有孔的直径；

a_p 一般为 0.5～4 mm，扩孔前应先钻底孔 d，$d=0.5\sim0.7D$（D 为扩孔直径），加工时最好钻完孔后不改变位置立即扩孔，如图 2-56 所示。

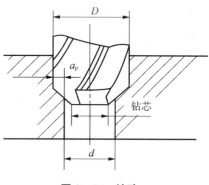

（2）扩孔的切削速度 v_c 以钻孔的切削速度作为参考，大约是钻孔切削速度的 1/2。

（3）扩孔的进给量 f 约为钻孔的 1.5～2 倍。

图 2-56　扩孔

2.8.4　锪孔

锪孔是用锪钻在孔口表面加工出一定形状的孔或表面的加工方法。目的是在工件的连接孔端锪出柱形或锥形沉孔并保证孔端面与孔轴线的垂直度，以便使与孔连接的零件位置正确，连接可靠，外观整齐，装配位置紧凑。

1. 锪孔工具与锪孔形式

锪孔工具有专用的锪孔钻头，其形状有圆柱形锪钻、锥形锪钻、端面锪钻，其形式分别为锪圆柱形沉孔[图 2-57(a)]、锪锥形沉孔[图 2-57(b)]和锪凸台平面[图 2-57(c)]。

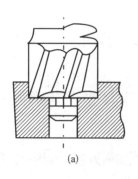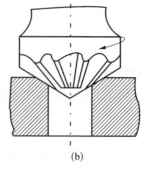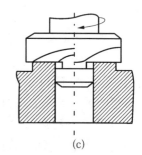

(a)　　　　　　　　(b)　　　　　　　　(c)

图 2-57　锪孔形式

小规模生产中也可以是由麻花钻改制刃磨成锪孔钻头，图 2-58 所示为麻花钻改磨的柱形锪钻，图 2-59 所示为改磨的柱形锪钻锪柱形沉孔。

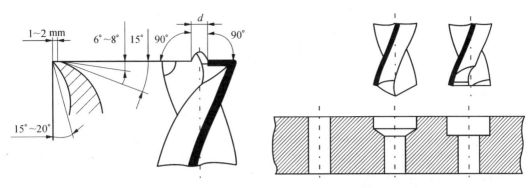

图 2‑58　麻花钻改磨的柱形锪钻　　　图 2‑59　麻花钻改磨的柱形锪钻锪柱形沉孔

2. 锪孔要求

锪孔速度应为钻孔速度的 1/2～1/3，手动进给时压力要小而均匀。

2.8.5　铰孔

铰孔是用铰刀从工件孔壁上切除微量金属层，以提高其尺寸精度和减小表面粗糙度值的方法。铰孔是用铰刀对孔进行最后精加工，图 2‑60(a)所示为机铰刀和手铰刀结构图。铰孔的公差等级 IT7～IT6，表面粗糙度 Ra 1.6～0.8 μm。铰孔时加工余量很小（粗铰 0.15～0.5 mm，精铰 0.05～0.25 mm），如图 2‑60(b)所示。

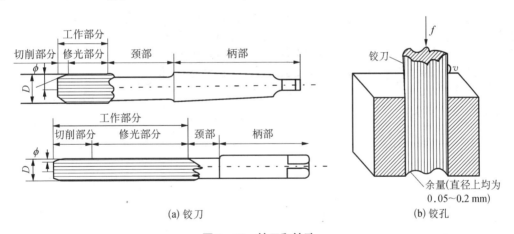

(a) 铰刀　　　　　　　　　　　　　　(b) 铰孔

图 2‑60　铰刀和铰孔

铰刀的形状类似扩孔钻，不过它有着更多的切削刃（6～12 个）和较小的顶角，铰刀每个切削刃上的负荷明显地小于扩孔钻，这些因素都使铰出的孔的公差等级大为提高也使表面粗糙度 Ra 值降低不少。

铰刀的刀刃多做成偶数，并成对地位于通过直径的平面内，目的是便于测量直径的尺寸。

机铰刀多为锥柄，装在钻床或车床上进行铰孔，铰孔时选较低的切削速度，并选用合适的冷却液，以降低孔的表面粗糙度。

手铰刀切削部分较长，导向作用好，易于铰削时垂直下切，表面粗糙度 Ra 值较机铰低。

1. 铰圆柱孔

铰孔前要用千分尺检查铰刀直径是否合适，铰孔时，铰刀应垂直放入孔中，然后用铰杠

转动调节手柄,即可调节方孔大小,如图 2 - 61 所
示。转动铰刀并轻压进给即可进行铰孔。铰孔时,
铰刀不可倒转,以免崩刃。铰钢件时应加机油润
滑,铰削带槽孔时,应选螺旋刃铰刀。

图 2 - 61　可调式铰杠

2. 铰圆锥孔(以钳工常铰削的锥销孔为例)

圆锥形铰刀(图 2 - 62)是用来铰圆锥孔的,其切削部分的锥度是 1/50,与圆锥销相符。
尺寸较小的圆锥孔,可先按小头直径钻出圆柱孔,然后用圆锥铰刀铰削即可。对于尺寸和深
度较大的孔,铰孔前首先钻出阶梯孔,然后再用铰刀铰削。铰削过程中,要经常用相配的锥
销来检查尺寸,如图 2 - 63 所示。

图 2 - 62　圆锥形铰刀

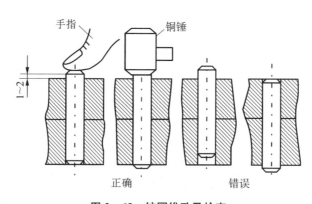

图 2 - 63　铰圆锥孔及检查

2.9　螺纹加工

用丝锥加工内螺纹的方法叫攻丝,如图 2 - 64 所示。用板牙加工外螺纹的方法叫套丝,
如图 2 - 65 所示。

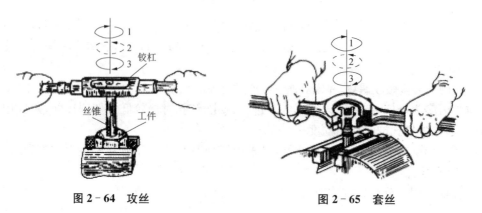

图 2 - 64　攻丝　　　　　　　　　　　　图 2 - 65　套丝

2.9.1　攻丝

1. 丝锥

丝锥是加工内螺纹的工具,有手用和机用之分。其切削用量有锥形分配(等径)和柱形分配(不等径)。手用丝锥在 M6～M24 范围内由两支组成一套,分为头锥和二锥。两支丝锥的外径、中径和内径均相等,只是切削部分的长短和锥角不同。

每个丝锥的工作部分是由切削部分和校准部分组成。切削部分(即不完整的牙齿部分)是切削螺纹的主要部分,其作用是切去孔内螺纹牙间的金属。头锥有 5～7 个不完整的牙齿,二锥有 1～2 个不完整的牙齿。校准部分的作用是修光螺纹和引导丝锥,如图 2-66 所示。

2. 铰杠

铰杠是手工攻螺纹的辅助工具,用来夹持丝锥的,分普通铰杠和丁字形铰杠,又分为固定式的和活络式的,如图 2-67 所示。常用的是活络式的,因为其可以调节,便于夹持各种不同尺寸的丝锥。

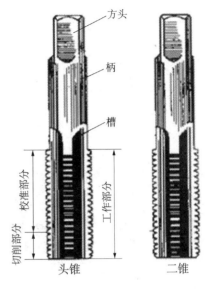

图 2-66　丝锥

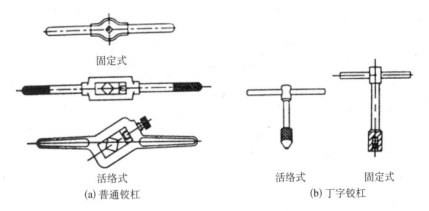

图 2-67　铰杠

3. 攻丝的步骤

(1) 钻螺纹底孔

底孔的直径可查手册或按下面的经验公式计算:

脆性材料(铸铁、青铜等)——钻孔直径 $D_0 = D$(螺纹大径)$-1.1P$(螺距);

韧性材料(钢、紫铜等)——钻孔直径 $D_0 = D$(螺纹大径)$-P$(螺距)。

钻孔深度＝要求的螺纹长度$+0.7D$(螺纹大径)

(2) 用头锥攻螺纹

开始时,要将丝锥垂直放在工件孔内,然后用铰杠轻压旋入 1～2 圈,用目测或直角尺在两个互相垂直的方向上检查,并及时纠正丝锥,使其与端面保持垂直。当丝锥切入 3～4 圈后,即可只转动,不加压,每转 1～2 周应反转 1/4 周,以使切屑断落。如图 2-63 所示中第二周虚线,表示要反转。攻钢料螺纹时应加机油润滑,攻铸铁件可加煤油。攻通孔螺纹,只用头锥攻穿即可。

（3）用二锥攻螺纹

先将丝锥放入孔内,用手旋入几周后,再用铰杠转动。旋转铰杠时不需加压。攻盲孔螺纹时,需依次使用头锥、二锥才能攻到需要的深度。

2.9.2　套丝

1. 板牙和板牙架

板牙有固定式的和开缝式的两种。如图 2-68 所示为常用的固定式圆板牙。圆板牙螺孔的两端有 40°的锥度部分,是板牙的切削部分。套丝用的板牙架如图 2-69 所示。

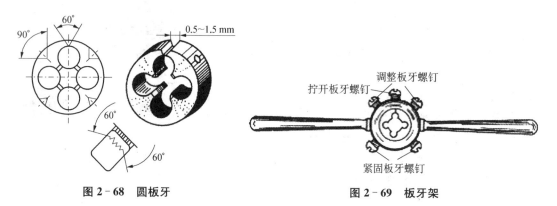

图 2-68　圆板牙　　　　　　　　　　　图 2-69　板牙架

2. 套丝的操作方法

套丝前应检查圆杆直径,太大难以套入,太小套出的螺纹牙齿不完整。圆杆直径可用经验公式计算:圆杆直径＝D(螺纹大径)－$0.2P$(螺距)。

要套丝的圆杆必须有合适的倒角,如图 2-70 所示。

套扣时板牙端面与圆杆应严格地保持垂直。开始转动板牙架时,要稍加压力;套入几扣后,即可只转动,不加压。要时常倒转,以便断屑。应加机油润滑。

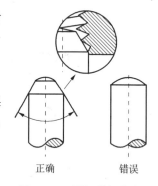

图 2-70　圆杆的倒角

2.10　刮削

刮削是用刮刀从工件表面上刮去一层很薄的金属的操作。刮削一般均在机械加工(车、铣或刨)以后进行,刮后表面的精度较高,粗糙度较低,因此属于精密加工。刮削常用于零件上互相配合的重要滑动表面(如机床导轨、滑动轴承等),以便彼此均匀接触。

刮削生产率低,劳动强度大,因此,常用磨削等机械加工方法代替。

2.10.1　刮刀及其用法

平面刮刀如图 2-71 所示,其端部要在砂轮上刃磨出刃口,然后再用油石磨光。

刮刀的握法如图 2-72 所示。右手握刀柄,推动刮刀;左手放在靠近端部的刀体上,引导刮刀刮削方向及加压。刮刀应与工件保持 25°～30°角。刮削时,用力要均匀,刮刀要拿稳,以免刮刀刃口两端的棱角将工件划伤。

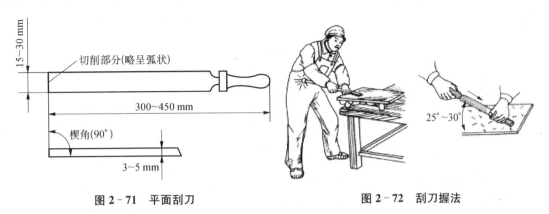

图 2-71 平面刮刀　　　　　图 2-72 刮刀握法

2.10.2 刮削质量的检验

刮削后的平面可用检验平板或平尺进行检验。检验平板由铸铁制成,应能保证刚度好,不变形,如图 2-73 所示。检验平板的上平面必须非常平直和光洁。

图 2-73 检验平板和平尺

用检验平板检查工件的方法如下:将工件擦净,并均匀地涂上一层很薄的红丹油(红丹粉与机油的混合剂);然后将工件表面与擦净的检验平板稍加压力配研,如图 2-74(a)所示。配研后,工件表面上的高点(与平板的贴合点)便因磨去红丹油而显示出亮点来,如图 2-74(b)所示。这种显示高点的方法常称为研点子。

刮削表面的精度是以 25×25 mm^2 的面积内,均匀分布的贴合点用点数来表示,如图 2-75 所示。普通机床的导轨面为 8~10 点,精密的为 12~15 点。

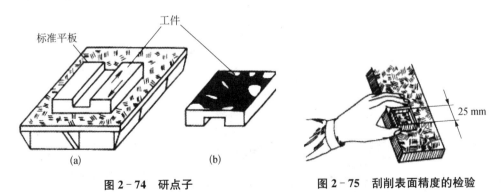

图 2-74 研点子　　　　　图 2-75 刮削表面精度的检验

2.10.3 平面刮削方法

1. 粗刮

若工件表面比较粗糙,应先用刮刀将其全部粗刮一次,使表面较为平滑,以免研点子时划伤检验平板。

粗刮的方向不应与机械加工留下的刀痕垂直,以免因刮刀颤动而将表面刮出波纹。一般刮削的方向与刀痕约成 45°角,如图 2-76 所示。各次刮削的方向应交叉。

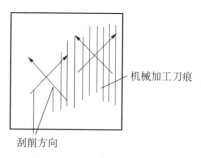

刀痕刮除后,即可研点子,并按显出的高点刮削。

粗刮时选用较长的刮刀,这种刮刀用力较大,刮痕长(10~15 mm),刮去金属多。当工件表面上的贴合点增至每 25×25 mm² 面积内 4 个点时,可开始细刮。

图 2-76 粗刮方向

2. 细刮

细刮时选用较短的刮刀,这种刮刀用力小,刀痕较短(3~5 mm)。经过反复刮削后,点数逐渐增多,直到最后达到要求为止。

2.10.4 曲面刮削应用

对于某些要求较高的滑动轴承的轴瓦,也要进行刮削,以得到良好的配合。

刮削轴瓦时用三角刮刀,其用法如图 2-77 所示。研点子的方法是在轴上涂色,然后用其与轴瓦配研。

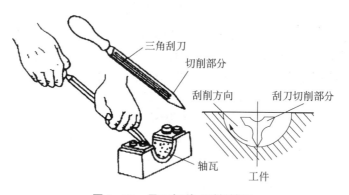

图 2-77 用三角刮刀刮削轴瓦

2.11 研磨

2.11.1 研磨基础知识

研磨是用研磨工具和研磨剂从工件上去掉一层极薄表面层的精加工方法,使工件达到精确的尺寸、准确的几何形状和很小的表面粗糙度。研磨零件的尺寸精度可达 IT5~IT01,表面粗糙度可达 Ra 0.8~0.05 μm。研磨可用于加工各种金属和非金属材料,加工表面形状有平面,内、外圆柱面和圆锥面,凸、凹球面,螺纹,齿面及其他型面等。

1. 研磨原理

研磨是磨料通过研具对工件进行微量的金属切削运动，以物理和化学作用除去零件表层金属的一种加工方法，因而包含着物理和化学的综合作用。

（1）物理作用：是磨料对工件的切削作用。

（2）化学作用：是当采用氧化铬、硬脂酸或其他化学研磨剂对工件进行研磨时，与空气接触的金属表面很快形成一种氧化膜，而且氧化膜很快又被研磨掉。

2. 研磨的作用

（1）减小表面粗糙度：经过研磨加工的表面粗糙度最小，一般情况表面粗糙度为 $Ra\ 0.8\sim0.05\ \mu m$，最小可以达到 $Ra\ 0.006\ \mu m$。

（2）能达到精确的尺寸：经过研磨加工的工件，尺寸精度可达 $0.001\sim0.005$ mm。

（3）能提高零件的几何形状的准确性。

（4）能延长工件的使用寿命。

3. 研磨余量

研磨是切削量很小的精密加工，每研磨一遍所能磨去的金属层不超过 0.002 mm，研磨余量一般在 0.005 mm～0.03 mm 范围内。

4. 研具

研具是在研磨过程中保证被研零件几何精度的重要因素，形状应与被研磨表面一样。因此对研具的材料、精度和粗糙度都有较高的要求。

（1）研具材料

研具是使工件研磨成形的工具，同时又是研磨剂的载体，所以研具的组织结构应细而均匀，要有很高的稳定性和耐磨性，具有较好的嵌存磨料的性能，工作面的硬度应比工件表面硬度稍软。常用的研具材料有：灰铸铁、球墨铸铁、软钢和铜。

（2）研具类型

生产中需要研磨的工件是多种多样的，不同形状的工件应用不同类型的研具，如图 2-78 所示。

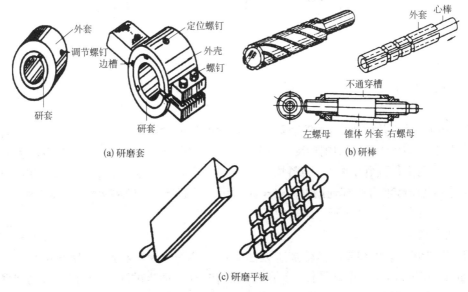

(a) 研磨套 　　　　(b) 研棒

(c) 研磨平板

图 2-78　研具

5. 研磨剂

研磨剂是由磨料和研磨液调和而成的混合剂。

（1）磨料

磨料在研磨中起切削作用，种类很多，根据工件材料和加工精度来选择，研磨工作的效率、精度、表面粗糙度及研磨成本，都与磨料有密切的关系。常用的磨料有氧化物磨料，碳化物磨料，金刚石磨料。

磨料的选择应根据研磨精度而定，见表 2-1。

表 2-1 磨料的选择

磨料号数	研磨加工类别	可达到表面粗糙度
W100～W50	用于最初的研磨	
W40～W20	用于粗研磨	$Ra\ 0.4～0.2$
W14～W7	用于半精研磨	$Ra\ 0.2～0.1$
W5 以下	用于精研磨	$Ra\ 0.1$ 以下

（2）研磨液

研磨液在研磨中起调和磨料、冷却和润滑的作用。研磨液体应该具备以下条件：① 有一定的黏度和稀释能力。② 有良好的润滑和冷却作用。③ 对工件无腐蚀性，且不影响人体健康，选用研磨液首先应考虑以不损害操作者的皮肤和健康为主，而且易于清洗干净。

常用的研磨液有煤油、汽油、10 号、20 号机油、工业甘油、透平油及熟猪油等。精研时可用机油与煤油的混合液。

（3）研磨剂的配制

在磨料和研磨液中加入适量的石蜡、蜂蜡等填料和黏性较大而氧化作用较强的油酸、脂肪酸、硬脂酸等，即可配成研磨剂或研磨膏。

调制研磨剂时，先将硬脂酸和蜂蜡加热融化，待其冷却后加入汽油搅拌，经过双层纱布过滤，最后加入研磨粉和油酸（精研不加油酸）。

2.11.2 研磨操作方法

1. 研磨方法

研磨按操作方式分手工操作和机械研磨。研磨按其研磨剂的使用情况一般可分为湿研、干研和半干研 3 类。

（1）湿研：又称敷砂研磨，把液态研磨剂连续加注或涂敷在研磨表面，磨料在工件与研具间不断滑动和滚动，形成切削运动。湿研一般用于粗研磨，所用微粉磨料粒度较粗。

（2）干研：又称嵌砂研磨，把磨料均匀在压嵌在研具表面层中，研磨时只需在研具表面涂以少量的硬脂酸混合脂等辅助材料。干研常用于精研，所用微粉磨料粒度较细。

（3）半干研：类似湿研，所用研磨剂是糊状研磨膏。

2. 研磨要点

（1）工件在研磨前须先用其他加工方法获得较高的预加工精度，所留研磨余量一般为 5～30 μm。研磨前，应先做好平板表面的清洗工作，加上适当的研磨剂，把工件需研磨表面合在平板表面上，即可采用适当的运动轨迹进行研磨。

（2）研磨中的压力和速度要适当，为了减少切削热，研磨一般在低压低速条件下进行。粗研的压力不超过 0.3 MPa，精研压力一般采用 0.03～0.05 MPa。一般手工粗研速度为 40～60 次/分钟，精研速度为 20～40 次/分钟。

（3）手工研磨时，要使工件表面各处都受到均匀的切削，应合理选择运动轨迹，这对提高研磨效率、工件表面质量和研具的耐用度都有直接的影响。研磨运动轨迹有如图 2-79 所示几种，常用于研磨各类平面，研磨比较窄的平面时，为了防止工件摇摆，可用一个直角平整靠铁靠着或装在夹具上进行研磨；研磨圆柱形零件可用研磨套；研磨圆柱孔一般是把研磨棒涂上研磨剂，放进圆柱孔内进行研磨，研磨棒分固定式和可调式两种，固定式研磨棒每一级直径都不同，直径相差 0.005 mm，多用于 5 mm 以下的小孔。

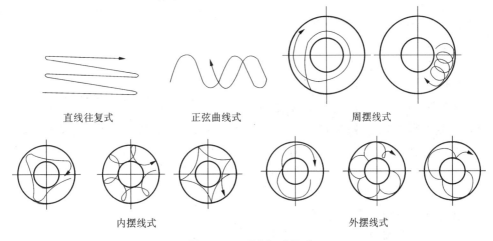

直线往复式　　　　　正弦曲线式　　　　　周摆线式

内摆线式　　　　　　　　　　外摆线式

图 2-79　研磨运动轨迹

2.12　装配

任何一台机器都是由多个零件组成，将零件按装配工艺过程组装起来，并经过调整、试验使之成为合格产品的过程，称为装配。

装配又有组件装配、部件装配和总装配之分。

（1）组件装配：将若干个零件安装在一个基础零件上面构成组件。例如，减速箱的一根轴。

（2）部件装配：将若干个零件、组件安装在另一个基础零件上面构成部件（或独立机构）。例如，减速箱。

（3）总装配：将若干个零件、组件、部件安装在又一个较大、较重的基础零件上而构成产品。例如，车床是由几个箱体等部件安装在床身上而构成。

2.12.1　装配过程及装配工作

1. 装配前的准备

（1）研究和熟悉装配图的技术条件，了解产品的结构和零件的作用，以及相互联接的关系。

（2）确定装配的方法、程序和所需的工具。

（3）领取和清洗零件。清洗时，可用柴油、煤油去掉零件上的锈蚀、切屑末、油污及其他脏物，然后涂上一层润滑油。有毛刺时应及时修去。

2. 装配

按组件装配—部件装配—总装配的次序进行,并经调整、试验、检验、喷漆、装箱等步骤。

3. 组件装配举例

如图 2-80 所示为减速箱大轴组件,它
的装配顺序如下:

(1)将 8 号键配好,轻打装在轴上。

(2)压装大齿轮。

(3)放上垫套,压装左轴承。

(4)压装右轴承。

(5)于透盖槽中放入毡圈,并套在轴上。

(6)将 2 号键配好,轻打装在轴上。

(7)压装小齿轮。

(8)放上垫圈,装上螺母。

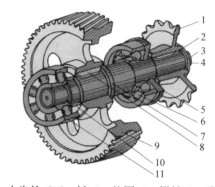

1—小齿轮;2,8—键;3—垫圈;4—螺母;5—毡圈;
6—右轴承;7—轴;9—大齿轮;10—垫套;11—左轴承

图 2-80 大轴组件结构图

4. 对装配工作的要求

(1)装配时,应检查零件与装配有关的
形状和尺寸精度是否合格,检查有无变形、损坏等。应注意零件上的各种标记,防止错装。

(2)固定联接的零、部件,不允许有间隙。活动的零件,能在正常的间隙下,灵活均匀地
按规定方向运动。

(3)各种运动部件的接触表面,必须保证有足够的润滑,若有油路,必须畅通。

(4)各种管道和密封部件,装配后不得有渗漏现象。

(5)高速运动机构的外面,不得有凸出的螺钉头、销钉头等。

(6)试车前,应检查各部件联接的可靠性和运动的灵活性,检查各种变速和变向机构的
操纵是否灵活,手柄位置是否在合适的位置。试车时,从低速到高速逐步进行。并且根据试
车情况,进行必要的调整,使其达到运转的要求,但是要注意不能在运转中进行调整。

2.12.2 滚珠轴承的装配

滚珠轴承的装配多数为较小的过盈配合,常用手锤或压力机压装,为了使轴承受到均匀
压力,采用垫套加压。轴承压到轴上时,应通过垫套施力于内圈端面,如图 2-81(a)所示;轴
承压到机体孔中时,则应施力于外圈端面,如图 2-81(b)所示;若同时压到轴上和机体孔中
时,则内外圈端面应同时加压,如图 2-81(c)所示。

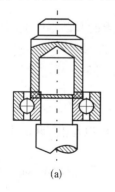
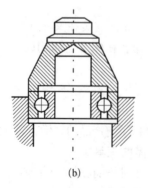
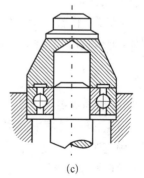

(a)   (b)   (c)

图 2-81 用垫套压滚珠轴承

若轴承与轴是较大的过盈配合时,最好将轴承吊在 $80\sim90℃$ 的热油中加热,然后趁热装入。

2.12.3　螺钉、螺母的装配

在装配工作中经常大量碰到螺钉、螺母的装配,特别注意以下事项:

(1)螺纹配合应做到用手能自由旋入,过紧会咬坏螺纹,过松则受力后螺纹断裂。

(2)螺钉、螺母的端面应与螺纹轴线垂直,以受力均匀。

(3)零件与螺钉、螺母的贴合应平整光洁,否则螺纹容易松动。为了提高贴合质量可加垫圈。

(4)装配成组螺钉、螺母时,为了保证零件贴合面受力均匀,应按一定顺序来旋紧,如图2-82所示;并且不要一次完全旋紧,应按顺序分为两次或三次旋紧,即第一次先旋紧到一半的程度,然后再完全旋紧。

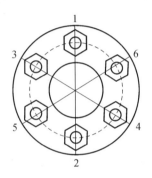

图 2-82　螺母的拧紧顺序

2.12.4　对拆卸工作的要求

(1)机器拆卸工作,应按其结构的不同,预先考虑操作程序,以免先后倒置,或贪图省事猛拆猛敲,造成零件的损伤或变形。

(2)拆卸的顺序,应与装配的顺序相反,一般先拆外部附件,然后按总成、部件进行拆卸。在拆卸部件或组件时,应按从外部到内部,从上部到下部的顺序,依次拆卸组件或零件。

(3)拆卸时,使用的工具必须保证对合格零件不会发生损伤(尽可能使用专用工具,如各种拉出器,固定扳手等)。严禁用硬手锤直接在零件的工作表面上敲击。

(4)拆卸时,零件的回松方向(左、右螺纹)必须辨别清楚。

(5)拆下的部件和零件,必须有次序、有规则地放好,并按原来结构套在一起,配合件做上记号,以免搞乱。对丝杠、长轴类零件必须用绳索将其标记好,并且用布包好,以防弯曲变形和碰伤。

2.12.5　钳工综合实训项目——手锤加工

图 2-83 所示为手锤的零件图。

实训要求:

按图纸要求加工出手锤,加工完后在手锤上打印出自己的学号,并写出实习报告。

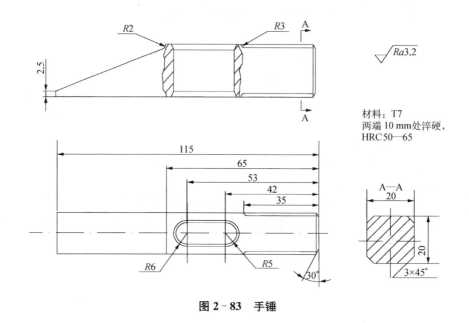

材料：T7
两端 10 mm处淬硬，
HRC50—65

图 2 - 83　手锤

2.12.6　钳工综合实训项目二——配合件加工

图 2 - 84 所示为配合件的零件图。

实训要求：

按图纸要求加工配合件，加工完后在配合件打印出自己的学号，并写出实习报告。

材料：$100 \times 60 \times 10$ 铁板

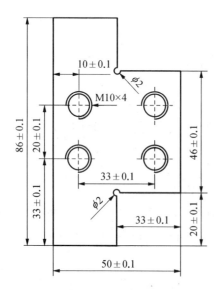

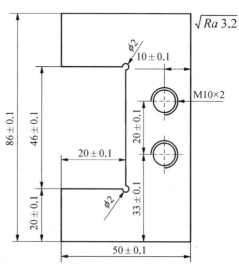

技术要求：
1、表面锉纹整齐一致，且无伤痕
2、正反配合间隙不大于0.05
3、锐边去毛刺

图 2 - 84　凸凹配合件

2.13 小结

钳工是机械制造中重要的工种之一,在机械生产过程中起着重要的作用。

钳工是手持工具对金属表面进行切削加工的一种方法。钳工的工作特点是灵活、机动、不受进刀方面位置的限制。钳工在机械制造中的作用是:生产前的准备;单件小批生产中的部分加工;生产工具的调整;设备的维修和产品的装配等。作业一般分为划线、锯削、錾削、锉削、刮削、钻孔、铰孔、攻螺纹、套螺纹、研磨、矫正、弯曲、铆接和装配等。钳工按照专业性质分为普通钳工、划线钳工、模具钳工、刮研钳工、装配钳工、机修钳工和管子钳工等。

钳工主要是手工加工,所以,加工的质量和效率在很大程度上依赖于操作者的技艺和熟练程度。

2.14 思考题

(1) 钳工主要工作包括哪些?

(2) 划线工具有几类? 如何正确使用?

(3) 有哪几种起锯方式? 起锯时应注意哪些问题?

(4) 什么是锉削? 其加工范围包括哪些?

(5) 怎样正确采用顺向锉法、交叉锉法和推锉法?

(6) 钻孔、扩孔与铰孔各有什么区别?

(7) 什么是攻螺纹? 什么是套螺纹?

(8) 什么是装配? 装配方法有几种?

项目三　焊接加工

> **学习目标**
>
> 1. 了解焊条的组成与使用要求。
> 2. 了解焊接方法和安全文明生产操作规程。
> 3. 了解常见焊接接头形式和坡口形式的特点与应用。
> 4. 掌握气割操作方法、特点等。
> 5. 了解其他焊接方法。

3.1　概述

焊接是通过加热或加压，或两者并用，借助于金属原子的结合和扩散，使分离的材料牢固地连接成一体的工艺方法。

1. 焊接特点

焊接具有结构简单、节省金属材料、生产率高、密封性好等优点，广泛应用于建筑结构、船舶、压力容器、管道等领域。焊接还是一种制造零件毛坯的基本工艺方法，在日常设备维护中也经常采用焊接修补零件缺陷，如断裂、磨损。

2. 焊接方法种类

按焊接过程特点不同可分为：熔化焊、压力焊和钎焊三大类。生产中使用最广泛的是熔化焊中的电弧焊和气焊。

（1）熔焊：将两个焊件局部连接处加热至熔化状态，并加入填充金属形成熔池，待其冷却结晶后形成牢固接头的一个整体的焊接方法。

（2）压焊：将两个焊件局部连接处施加压力（不论加热与否），使其产生塑性变形，从而焊合成一个整体的焊接方法。

（3）钎焊：利用对熔点比焊件低的填充金属钎料的加热熔化（焊件不熔化），填入接头间隙并与母材通过扩散接合成一个整体的焊接方法。

3. 焊接主要优缺点

（1）与铸钢结构件相比，可节约材料、减轻重量、降低成本。

（2）对一些单件大型零件可以以小拼大，简化制造工艺。

（3）可修补铸锻件的缺陷和局部损坏的零件，经济意义重大。

（4）接头致密性高，连接性能好。

（5）容易产生焊接变形、焊接应力及焊接缺陷等。

4. 焊接实训安全操作规程

（1）学生进入实训室，必须进行安全教育、安全生产考核，合格后方可开始实训操作。

进入实训场地后,应服从老师安排,并按规定穿戴好工作服、防护面罩、手套等。

(2)工作前应检查线路,如发现线路或电焊手钳之绝缘损坏时,应立即向任课老师报告。

(3)未经许可,不得任意闭合电闸。工作时先接通电源开关,然后开启电焊机;停止时,先要关电焊机,才能拉断电源开关。

(4)禁止将电焊手钳放在工作台上,以防造成"短路"。

(5)在进行焊接时,禁止一手拿电焊手钳,另一手拿其他工具(非优良绝缘体)接触正在进行焊接的工件。

(6)在进行焊接时,身体不要靠在电焊机及工作台上。

(7)没有带防护面罩时,不要去看电弧光。敲渣子时应戴上防护眼镜。

(8)当焊接正在进行时,禁止调节电流及拉开闸刀,以免烧坏电焊机或闸刀。

(9)发生故障时,应立即拉开闸刀切断电源,并报告任课老师,待查明原因,排除故障,不得擅自处理。

(10)实训结束时,应切断电源,关闭各种气体瓶总阀,清理安放好所使用的工量具,按规定保养、清扫设备,并搞好实训室的清洁卫生工作。

3.2 焊工基础知识

3.2.1 电弧焊

电弧焊是利用电弧作为热源使被焊金属和焊条熔化而形成焊缝的一种焊接方法。而手工电弧焊则是整个焊接过程都用手工操作来完成的一种熔化极电弧焊,它具有设备简单,操作方便、灵活,适应性强等优点,应用广泛。但手工电弧焊的焊接质量受人为因素影响较大、焊接效率低、劳动强度大,在越来越多的场合正被自动焊所代替。

1. 焊接电弧

焊接电弧是在具有一定电压降的两个电极之间气体介质中持久而强烈的放电现象。焊接时,将焊条与焊件瞬时接触,发生短路,产生强大的短路电流,再稍微离开,两电极之间的气体在电场作用下发生电离,从而形成焊接电弧,这种方法又称接触短路引弧法,如图3-1所示。

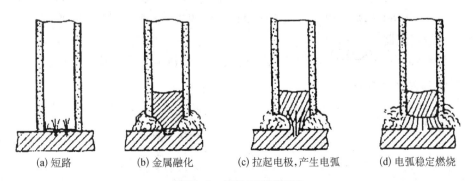

(a) 短路   (b) 金属融化   (c) 拉起电极,产生电弧   (d) 电弧稳定燃烧

图3-1 接触短路引弧法

焊接电弧分三个区域,阳极区、阴极区和弧柱区,如图3-2所示。钢材焊接时,阳极区

温度约为 2 600 K,放出热量约为电弧总热量的 43%;阴极区约为
2 400 K,热量约占 36%;弧柱区中心散热条件差,可达 6 000～
8 000 K,热量约占 21%。由于两极热量不同,故在使用直流电源
焊接时,有两种不同的接线法:正接,工件接正极,焊条接负极,正
接一般用于厚板;反接,工件接负极,焊条接正极。反接一般用于
薄板或有色金属的焊接,以防止焊穿等。

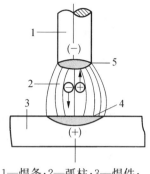

1—焊条;2—弧柱;3—焊件;
4—阳极区;5—阴极区

图 3-2　电弧的构造

2. 焊接过程

电弧焊的焊接过程如图 3-3 所示,电弧产生的热将焊件和焊
条熔化,形成金属熔池。随着焊条沿焊缝向前移动,不断产生新的
熔池,而电弧后面的熔融金属迅速冷却,凝固成焊缝,使分离的金
属牢固地连接在一起。焊条电弧焊焊接过程如图 3-4 所示。

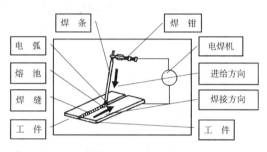

图 3-3　电弧焊的焊接过程

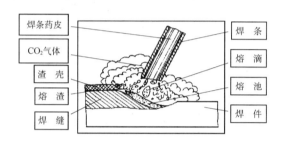

图 3-4　焊条电弧焊的焊接过程

3. 焊接电源

焊接电源俗称电焊机,有弧焊变压器和弧焊整流器两类。

（1）弧焊变压器

弧焊变压器又称交流电源,常用的如 BXI-250 型洞磁式交流电焊机,其型号含义如下:

其输入端接于 220 V/380 V 工业用电源上,输出端分别接在焊钳和焊件上,空载电压为
60 V,工作电压为 30 V,焊接电流可在 50～300 A 内调节。弧焊变压器外形如图 3-5 所示。

（2）弧焊整流器

弧焊整流器又称直流电源,是用整流元件使工业交流电变为直流电的焊机。常用的如
ZXG-300,其型号含义如下:

这种电焊机与前者相比,具有噪声小、结构简单、维修容易、成本低等优点。随着硅整流
技术的发展,弧焊整流器现已得到广泛应用。弧焊整流器外形如图 3-6 所示。

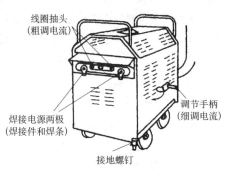

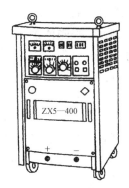

图 3－5　弧焊变压器　　　　　图 3－6　弧焊整流器

（3）旋转式直流电焊机

旋转式直流电焊机是由交流电动机与直流发电机组成的机组。如 AX－320 型直流电焊机，其型号含义如下：

输入端接于 380 V 三相工业用电源上，输出的空载电压为 50～90 V，工作电压为 30 V，电流调节范围为 45～320 A。AX 系列由于能耗高、噪声大、成本高，国家已明确宣布淘汰。旋转式直流电焊机如图 3－7 所示。

（4）交、直流焊接电源比较

弧焊整流器结构简单，使用可靠，维修方便，噪声小，价格低，是最常用的手工电弧焊设备，但电弧稳定性差。用弧焊整流器焊接，电弧稳定性好。用稳弧性差的低氢焊条焊接时，应尽量选用弧焊整流器电焊。

4. 焊条

焊条由焊芯和药皮组成，焊钳夹在裸露焊芯的一端上，如图 3－8 所示。

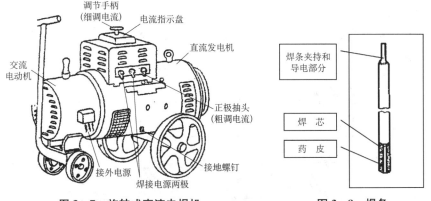

图 3－7　旋转式直流电焊机　　　图 3－8　焊条

焊芯：传导电源、产生电弧、作填充金属；焊芯是专门冶炼的，C、Si 较低，S、P 极少，目前常用碳素结构钢焊芯牌号有 H08、H08A、H08MnA，常用直径有 3.2～6 mm，长度有 350～450 mm。

药皮:由多种矿石粉、铁合金粉和黏结剂等按一定比例配制而成。这些材料按其作用可分为:稳弧剂、脱氧剂、造渣剂、造气剂。它的主要作用是使电弧稳定燃烧,在电弧的高温作用下产生气体和熔渣,保护熔池金属不被氧化和受有害气体影响;药皮中渗入的合金元素可保证焊缝的性能等。焊条使用前应烘干。

按熔渣化学特性,焊条分为酸性和碱性两类。熔渣中以酸性氧化物为主的称为酸性焊条,反之称为碱性焊条。酸性焊条电弧燃烧的稳定性好,用交流或直流电焊机均可焊接;碱性焊条脱硫脱磷能力强,但稳弧性较差,一般需用直流电焊机焊接。

焊条型号是以焊条国家标准为依据,反映焊条主要特性的一种表示方法,焊条型号包括以下含义:焊条类别、特点、强度、药皮类型及焊接电源等。具体如下:

焊条牌号是根据焊条的主要用途及性能特点对焊条产品的具体命名,现已被焊条型号标准所代替,但生产实践中仍有用。

根据不同的材料和要求应选用不同的焊条,一般标准和图纸上都已标明焊条的型号或牌号。表3-1是几种常用碳钢焊条的型号和牌号的对照及用途。

表3-1　几种常用碳钢焊条的型号和用途

型号	旧牌号	药皮类型	焊接电源	主要用途	焊接位置
E4303	结422	钛钙型	直流或交流	焊接低碳钢结构	全位置焊接
E4301	结423	钛铁矿型	直流或交流	焊接低碳钢结构	全位置焊接
E4322	结424	氧化铁型	直流或交流	焊接低碳钢结构	平角焊
E5015	结507	低氢钠型	直流反接	焊接重要的低碳钢或中碳钢结构	全位置焊接
E5016	结506	低氢钾型	直流或交流	焊接重要的低碳钢或中碳钢结构	全位置焊接

5. 接头形式和坡口

(1)焊接接头形式如3-9图所示。常见的接头有四种:对接、搭接、角接和T字接,其中对接使用最广泛。

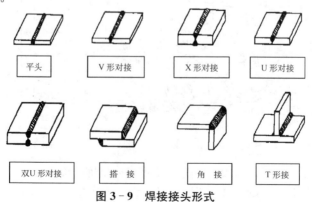

图3-9　焊接接头形式

（2）坡口如图 3 - 10 所示。如焊件较薄，厚度小于 6 mm，接头处只需留一定的间隙，即可焊透。但焊件较厚时，为了保证焊透，焊前一般要将焊件接头处的边缘加工成斜边或圆弧，这样的边缘称为坡口。坡口的选择主要根据母材的厚度而定，坡口的形状和尺寸在有关国家标准中有规定。

坡口常采用气割、碳弧气割、刨削、车削等方法加工。为防止烧穿，坡口根部应留有 2～3 mm 的钝边。

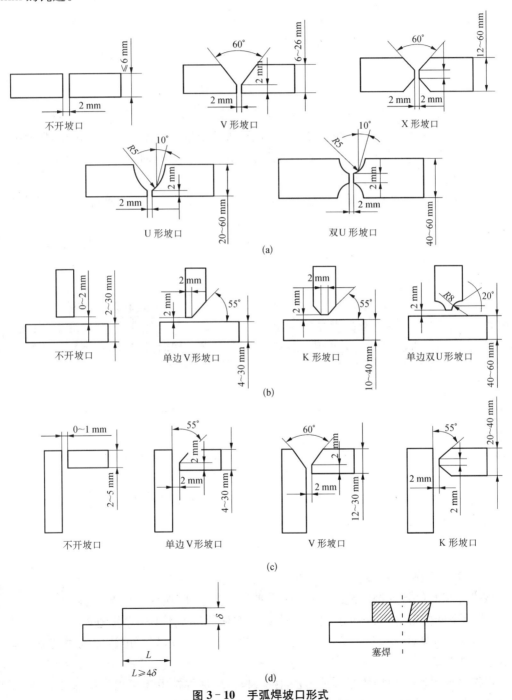

图 3 - 10 手弧焊坡口形式

6. 焊缝的空间位置

焊接时焊缝在空间所处的位置,称为焊接位置。按焊接的易难程度,依次可分为平焊、横焊、立焊、仰焊,如图3-11所示。

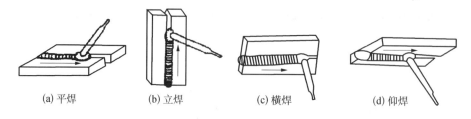

(a) 平焊 (b) 立焊 (c) 横焊 (d) 仰焊

图3-11 焊缝的空间位置

平焊时,操作方便、焊条液滴在重力作用下,垂直向熔池下落,熔池中的熔渣易浮起,气体易排出,金属飞溅少,操作方便,焊透率高,因而焊缝质量易于保证。此外,劳动强度小,生产率也高,故在可能的条件下应尽量将焊缝转动到平焊位置。对于角焊缝,若焊件允许翻转,也应放置为船形位置进行焊接,使之变成平焊。

立焊和横焊熔池金属有滴落趋势,操作难度加大,焊缝成形不好。仰焊时难度就更大。

7. 焊接工艺参数的选择

为了保证焊接接头质量,必须根据工件情况,选择合适的焊接参数。焊接参数主要是指焊条直径、焊接电流和焊接速度等。

(1) 焊条直径

焊条直径主要根据焊件厚度来选取。其次,还要考虑接头形式和焊缝空间位置等因素。如立焊时,不超过5 mm;仰焊、横焊时,不超过4 mm,以控制熔池,防止金属液下坠;角焊缝选用较大的直径,以利于提高生产率。对于多层焊,焊第一层时,应采用较小直径的焊条,以利于焊透。焊条直径的选择见表3-2。

表3-2 焊条直径的选择

焊件厚度/mm	2	3	4～5	6～12	>12
焊条直径 d/mm	2	3.2	3.2～4	4～5	5～6

(2) 焊接电流

焊接电流主要依据焊条直径来选择。对于平焊低碳钢和低合金钢焊件,焊条直径为3～6 mm时,电流可根据经验公式计算:

$$I = (20 \sim 60)d$$

其中,I为焊接电流,单位为A;d为焊条直径,单位为mm。

该式计算的仅是焊接电流的大概范围,实际操作中,应根据焊件厚度、接头形式、焊条种类、焊缝空间位置等因素通过试焊来确定。如横焊和立焊时,焊接电流比平焊应减少10%～15%;仰焊时,应减少15%～20%。用直流电焊接时,焊接电流应比用交流电焊接小10%。

焊接电流是影响焊接质量和速度的主要因素,增加焊接电流可增大熔深和熔宽,提高生产率。但电流过大,容易出现烧穿、咬边等缺陷,同时金属飞溅也较严重。电流太小则引弧困难,熔深、熔宽减少,容易产生未焊透、夹渣和气孔等缺陷。为此,应适当选择焊接电流。

焊接电流的选择见表3-3。

表 3-3　焊接电流的选择

焊条直径 d/mm	1.6	2~2.5	3.2	4~6
系数 K	15~25	20~30	30~40	40~50

（3）焊接速度

焊接速度指单位时间内完成的焊缝长度,焊接速度对焊接质量影响很大,焊接速度应均匀,太快或太慢都会造成焊接缺陷。

焊接速度太快。焊缝高度增加、熔深和宽度减小,焊厚板时,可能未焊透。

焊接速度太慢。焊缝高度、熔深和宽度都增加,焊薄板时,工件易烧穿。

8. 运条手法

（1）直线型运条法

适用于不可坡口的平焊、打底焊或多层多道焊。

（2）直线往复形运条法

适用于薄板焊接和接头间隙较大的焊缝。

（3）锯齿形运条法

用于较厚板的焊接。

（4）月牙形运条法

焊缝余高较大,气孔、夹渣少。

（5）三角形运条法

斜三角形法:T型接头仰焊及有坡口的横焊缝。

正三角形法:开坡口的对接接头和T型接头立焊。

（6）圆圈形运条

正圆圈运条:适用于厚件的平焊可减少气孔的形成。

斜圆圈运条:适用于平角焊、仰焊。

9. 焊接缺陷

在焊接生产中,常见的焊接缺陷有裂缝、未焊透、未熔合、气孔、变形、夹渣、咬边、烧穿等,如图3-12所示。其中未熔合、未焊透和裂缝的危害最大。

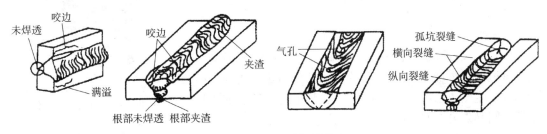

图 3-12　常见的焊接缺陷

3.2.2　气焊

1. 气焊焊接原理

气焊是利用可燃性气体与氧气混合燃烧产生的热量来熔化母材及填充材料(焊丝)而进行金属连接的一种熔化焊方法,如图 3-13 所示。气焊设备及其连接如图 3-14 所示。

气焊设备简单,操作灵活方便,不需电源。但火焰温度较低(最高 3 150℃),生产率低,工件变形大。一般用于焊接厚度在 3 mm 以下的薄钢板、铜、铝等有色金属及合金,钎焊刀具,铸铁焊补。

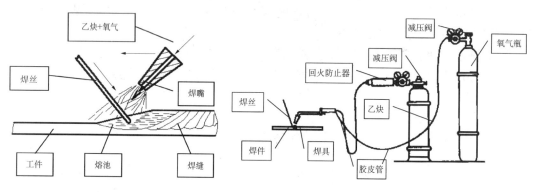

图 3-13　焊接原理图　　　　　　**图 3-14　气焊设备及其连接**

2. 气焊设备和材料

气焊所用设备:乙炔瓶、氧气瓶、减压器、回火防止器和焊炬等。传统的乙炔发生器,因危险性大,一般已不在现场使用。焊接时,乙炔和氧气经减压器、回火防止器、橡胶管输送到焊炬,混合燃烧。

(1) 氧气瓶

氧气瓶是储存氧气的高压容器,常规氧气瓶的压力上限为 15 MPa,容量约为 40 L,漆成天蓝色。

(2) 乙炔瓶

乙炔瓶外形与氧气瓶相似,比氧气瓶矮,漆成乳白色,如图 3-15 所示。瓶内装有浸满丙酮的多孔性填料。乙炔以在丙酮中溶解的状态储存在瓶中。最高压力为 1.52 MPa。

乙炔瓶、氧气瓶均属易燃易爆危险品,应严格按照使用说明书使用。

(3) 回火防止器

气焊时,若乙炔供应不足,或管路、焊嘴阻塞,火焰会沿着乙炔管道向里燃烧,这种现象称为回火。为防止回流火焰蔓延到乙炔发生器或乙炔瓶而引起爆炸,在焊炬与乙炔瓶或乙炔发生器之间必须设有回火防止器。

(4) 减压器

气焊时,输往焊炬的氧气压力只需 0.3~0.4 MPa,乙炔压力 0.12~0.45 MPa。而氧气瓶内的最大压力约 15 MPa,乙炔瓶内的最大压力约为

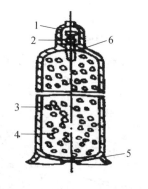

1—瓶帽;2—瓶阀;3—瓶体;
4—多孔性填料;5—瓶座;6—石棉

图 3-15　乙炔瓶

1.5 MPa。减压器如图3-16所示,其作用就是把从氧气瓶和乙炔气瓶输出的气体压力降到所需的工作压力,并使之稳定,以保证火焰稳定燃烧。

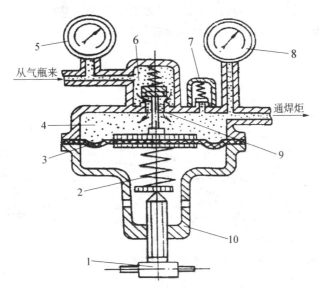

1—调压手柄;2—调压弹簧;3—薄膜;4—低压室;5—高压表;
6—高压室;7—安全阀;8—低压表;9—通道;10—外壳

图3-16　减压器

减压器不工作时,应放松调压弹簧,使活门关闭。工作时,应旋紧调压弹簧,顶开活门,使高压气体进入低压室。低压室内气体压力增大,压迫薄膜及调压弹簧,并带动活门下行,获得所需的稳定工作压力。低压室的氧气压力由低压表读出,瓶内的储气量可由高压表的压力反映。

（5）焊炬

焊炬如图3-17所示,焊炬又称焊枪,它的作用是将乙炔和氧气按所需的比例均匀混合,焊炬有大号、中号、小号及微型四种规格,每种规格又配有3~5个孔径不同的喷嘴,以适应不同厚度焊件的焊接。

通过焊炬上的乙炔阀门和氧气阀门,可以调节火焰的性质及火力大小。

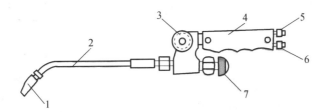

1—焊嘴;2—混合管;3—乙炔阀门;4—把手;5—乙炔管;6—氧气管;7—氧气阀门

图3-17　焊炬

（6）焊丝

焊丝是焊接时作为填充金属与熔化的母材形成焊缝金属的金属丝。一般情况下,焊丝成分应与被焊金属相近,以保证焊缝的机械性能。为防止产生气孔、夹渣等缺陷,焊丝上不能有油脂、锈斑及油漆等污物。

焊低碳钢时,焊丝大都和手工电弧焊的焊芯相同。

焊铸铁时,用含碳、硅较高的铸铁焊丝,以弥补气焊时铸铁中碳、硅的烧损。

焊铜和铜合金时,可用含有少量锡、锰、硅和磷等元素的焊丝,上述元素的加入是为了改善熔化金属的流动性以利于气体逸出和增强焊缝金属的脱氧能力。

焊铝和铝合金时,应尽量选用与母材成分相似的焊丝。

3. 气焊火焰

根据氧气和乙炔混合时的体积之比,可获得三种不同性质的气焊火焰,如图 3-18 所示。

（1）中性焰

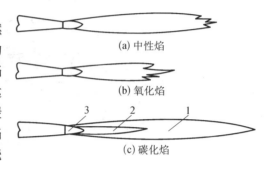

氧气和乙炔的混合比例在 1.1～1.2 时,燃烧所形成的火焰称为中性焰,又称正常焰。它的焰心长约 2～4 mm,可发生耀眼的白炽光,内焰较暗,呈淡橘红色,长度 20 mm 左右,温度可达到 3 150℃,是由氧气和乙炔燃烧生成一氧化碳的一次燃烧区,有还原性。外焰呈淡蓝色,火焰较长,是由一氧化碳和氢气同大气中的氧气燃烧所生成的二氧化碳和水蒸气的再次燃烧区。内焰和焰心间生成的 CO 和 H_2 有还原氧化物作用,而外焰生成的 CO_2 与水蒸气可排开空气,对熔池金属起保护作用。

1—外焰；2—内焰；3—焰心

图 3-18　气焊火焰的种类和构造

焊接时应使熔池及焊丝端部处于焰心前 2～4 mm 的内焰区内,温度最高,且具有还原性。中性焰常用于焊接低碳钢、中碳钢、低合金钢、紫铜、铝合金及镁合金等。

（2）碳化焰

氧气和乙炔的混合比例小于 1.1 时,形成的火焰称作碳化焰。此时,乙炔燃烧不完全,火焰吹力小,整个碳化焰比中性焰长,火焰失去明显轮廓,温度也较低,最高温度仅为 3 000℃。碳化焰中的乙炔过剩,有增碳作用,故只适用于焊接高碳钢、硬质合金等含碳量较高的材料。

（3）氧化焰

氧气和乙炔的混合比例大于 1.2 时,形成的火焰称氧化焰。氧化焰比中性焰燃烧剧烈,火焰吹力大,各部分长均缩短,温度很高,可达 3 000～3 300℃。由于过剩的氧对熔池有氧化作用,仅适用于焊接黄铜和镀锌钢板。因为锌在高温下极易蒸发,采用氧化焰焊接时,会在熔池表面形成氧化锌和氧化铜薄膜,借以抑制锌的蒸发。

3.2.3　气割

1. 气割原理

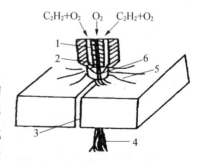

利用火焰将金属预热到燃烧点后,打开压力氧气阀,使高温金属在纯氧中燃烧成熔渣,然后高压氧将其从切口中吹走,从而分离金属的方法。利用乙炔气割时只要把焊炬换为割炬,其余设备与气焊相同。现在随着液化石油气的普及,使用液化气气割的也越来越多。气割示意图如图 3-19 所示。

气割实质上是燃烧,而不是熔化。因此,气割的材料必须具有下列条件:燃点低于熔点;其氧化物的熔点低于

1—割嘴；2—预热嘴；3—切口；
4—氧化渣；5—预热火焰；6—切割氧

图 3-19　气割示意图

燃点,燃烧时能放出大量的热,以供预热;导热性低,预热热量散失少,易达到燃点。

常用金属材料中,只有低碳钢和低合金钢适宜气割。低碳钢的燃点约为 1 350℃,熔点约为 1 500℃,燃烧生成的氧化物熔点约为 1 370℃,燃烧时又能放出大量的热,因此很容易气割。随着钢的含碳量增加,其熔点降低,燃点升高。例如含碳量为 0.7% 的碳钢,其熔点和燃点相当。

2. 割炬

气割的基本设备与气焊一样,只需把焊炬换成割炬。割炬结构如图 3-20 所示,它比焊炬多了一条切割氧(高压氧)通道,焊嘴换成了割嘴。氧和乙炔的混合气体从周围环形或梅花形孔喷出燃烧,预热切口,切割氧则从中间孔道喷出。

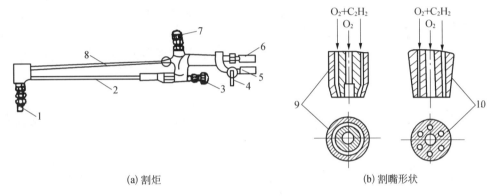

(a) 割炬　　　　　　　　　　　　(b) 割嘴形状

1—割嘴;2—混合气管;3—预热氧气阀;4—乙炔气阀;5—乙炔管接头;
6—氧气管接头;7—切割氧气阀;8—切割氧气管;9—环形割嘴;10—梅花形割嘴

图 3-20　射吸式割炬构造及割嘴形状

3.3　焊接和气割基本操作过程

3.3.1　基本要求

掌握焊接线路连接方法,学会选择焊机和焊条;掌握基本的引弧、运条方法,能平焊对接、角接焊缝;了解仰焊的基本操作方法。

3.3.2　手工电弧焊基本操作

1. 气割焊接前的准备工作

焊接前要根据焊接对象选择好焊接电源和焊条,开好坡口,清理焊接区域的铁锈和油污,将工件可靠地固定,必要时可先用点焊的方法将工件固定。

2. 引弧

引弧就是在焊条和焊件之间引燃稳定的电弧。常用的引弧方法有敲击法与划擦法,如图 3-21 所示。引弧时首先使焊条端部与工件轻敲或划擦,然后迅速提起焊条,使焊条与焊件间保持 2~4 mm 的距离,即可使电弧引燃。引弧时电焊条提起不能太高,否则电弧会熄灭。

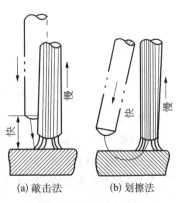

(a) 敲击法　　　(b) 划擦法

图 3-21　引弧方法

焊条提起速度要快,高度也不能过低,否则焊条会黏在工件上。一旦发生黏条,将焊条左右摇动,即可取下。焊条与工件接触而不产生电弧,往往是焊条端部药皮过长,可将其清除后再引弧。

3. 运条

焊接时,焊条有三种运动:沿焊条轴向的送进运动、沿焊缝方向的纵向移动和垂直于焊缝方向的横向摆动。轴向送进影响焊接电弧的长度,纵向移动和横向摆动影响焊接速度和焊接宽度。根据接头形式及焊接位置,可选用不同的运条方法。图 3-22 所示为焊条横向摆动方式。

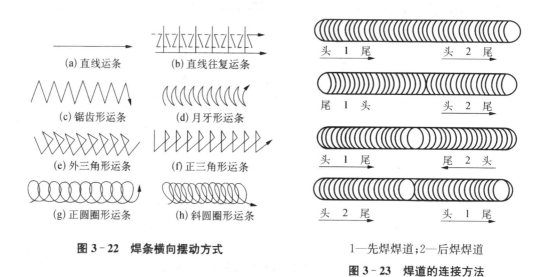

(a)直线运条　　(b)直线往复运条

(c)锯齿形运条　　(d)月牙形运条

(e)外三角形运条　　(f)正三角形运条

(g)正圆圈形运条　　(h)斜圆圈形运条

图 3-22　焊条横向摆动方式

1—先焊焊道;2—后焊焊道

图 3-23　焊道的连接方法

焊接时,焊道与焊道之间应正确地连接,连接方法如图 3-23 所示。

焊条与焊缝两侧焊件平面的夹角应相等,如焊平板对接焊缝,两边均应等于 90°。在焊缝方向上,焊条应向焊条运动方向倾斜 10°～20°,以利于气流把熔渣吹向后面,防止焊缝中产生夹渣。

4. 收弧

焊缝收尾时,为了填满弧坑,要在熔池处做短时间的停留或环形摆动,直到填满弧坑,再慢慢拉断电弧。

5. 焊后清理

焊后要用小榔头和钢丝刷将焊渣和飞溅物及时清理。

3.3.3　气焊基本操作

1. 焊接前准备工作

按要求做好焊接前的准备工作。

2. 点火

先微开氧气阀门,再打开乙炔阀门,点燃火焰。再逐渐开大阀门,将氧气和乙炔调整至所需的比例,得到所需要的火焰。点火过程中如有放炮声,应立即切断气源。切断气源时要先关乙炔阀门,后关氧气阀门。

3. 气焊操作

气焊操作示意图如图 3-24 所示。

一般用左手拿焊丝,右手握焊炬。先用内焰将焊接处预热,形成熔池后,送入焊丝,向熔池内滴入熔滴,并沿着焊道向右或向左进行焊接。

焊件的材料不同,熔化所需的热量及导热性不同,选用的焊嘴的倾斜角也有差别。

焊炬向前移动的速度,应能保证焊件熔化,并保持熔池具有一定大小。

4. 熄火

先关乙炔阀门,后关氧气阀门。

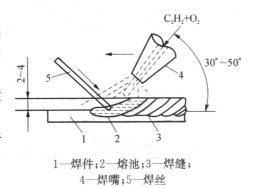

1—焊件;2—熔池;3—焊缝;
4—焊嘴;5—焊丝

图 3-24　气焊操作示意图

3.3.4　气割基本操作

1. 气割前的准备工作

焊接前要清理工作场地的易燃物,将工件可靠地固定,切割部位最好是水平放置,下面应有空隙,以便落下熔渣。调整好乙炔和氧气的压力,并检查有无漏气。

2. 预热

气割前应对气割部位,特别是开始气割部位预热。

3. 割嘴的前进方式

(1)割嘴对切口左右两边必须垂直。

(2)割嘴在切割方向上与工件之间的夹角随厚度而变化。切割薄钢板时,向切割方向后倾约 20°～50°;切割厚度在 5～30 mm 钢板时,割嘴可始终保持与工件垂直;切割厚钢板时,开始时朝切割方向前倾,收尾时后倾均约 5°～10°。中间保持与工件垂直。

(3)割嘴离工件表面的距离不是越近越好,一般可取 3～5 mm。

(4)割嘴前进的速度要均匀,不能太快,也不能太慢,太快了割不透,太慢了割缝金属熔化多,不整齐。

4. 割后清理

气割后要及时分离气割部分,清除熔渣。

3.4　其他焊接方法

3.4.1　气体保护焊

气体保护焊是利用某种特定的气体作为保护介质的一种电弧焊方法。常用的有氩弧焊和二氧化碳气体保护焊。

1. 氩弧焊

氩弧焊示意图如图 3-25 所示,它是以氩气作为保护气体的一种电弧焊方法。它是利用从焊枪喷嘴喷出的氩气流,在焊接区形成连续封闭的气层来保护电极和熔池金属,以免受到空气的有害影响。按电极熔化与否,氩弧焊可分为熔化极氩弧焊和非熔化极氩弧焊两种。前者是以与母材成分相近的焊丝作电极;后者是以不熔化的钨棒作电极,故又称钨极氩弧焊。

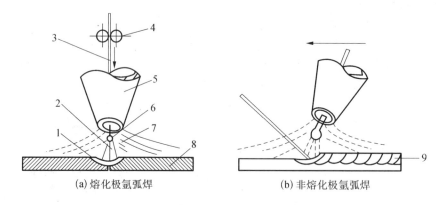

(a) 熔化极氩弧焊　　　　　　(b) 非熔化极氩弧焊

1—熔池；2—电弧；3—焊丝；4—送丝轮；5—喷嘴；6—钨极；7—氩气；8—焊件；9—焊缝

图 3-25　氩弧焊示意图

氩气价格高，因此氩弧焊主要用于不锈钢和易氧化的有色金属焊接，对低碳钢和低合金钢主要用 CO_2 气体保护焊。

2. CO_2 气体保护焊

二氧化碳气体保护焊是以 CO_2 作为保护气体的电弧焊方法，其焊接示意图如图 3-26 和图 3-27 所示。CO_2 气体保护焊是以焊丝作电极，焊丝由送丝机构连续地向熔池送进。CO_2 气体不断由喷嘴喷出，排开空气形成气体保护区。但二氧化碳毕竟不是完全的惰性气体，高温时会部分分解，产生氧化性，而且 CO_2 气体保护焊的表面成形较差，飞溅多。

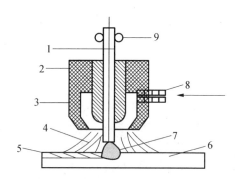

1—焊丝；2—导电嘴；3—喷嘴；4—二氧化碳气体；5—焊缝；6—焊件；7—电弧；8—CO_2 气体入口；9—送丝轮

图 3-26　CO_2 气体保护焊的焊接示意图

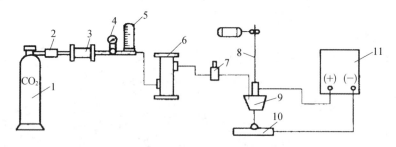

1—CO_2 气瓶；2—预热器；3—高压干燥器；4—减压器；5—流量计；
6—低压干燥器；7—气阀；8—焊丝；9—喷嘴；10—焊件；11—电源控制箱

图 3-27　CO_2 气体保护焊的焊接设备示意图

3.4.2　电阻焊

电阻焊是直接利用电阻热，在焊接处把母材金属熔化，并在压力下使两工件融合的焊接方法。因此，电阻焊的电流非常大。电阻有点焊、缝焊和对焊三种形式，如图 3-28 所示。

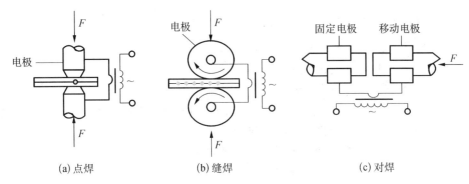

图 3 - 28　电阻焊类型示意图

1. 点焊

点焊在点焊机上完成。点焊机主要由机身、电源(焊接变压器)、上下柱状电极和加压机构组成。点焊时,将工件压紧在两电极之间,然后通电。在两电极之间的工件接触面因电阻热而形成熔核,再断电,在压力下凝固结晶后形成一个焊点。点焊常用于薄板的非密封性焊接,如车箱、壳体等。

2. 缝焊

缝焊又称滚焊,其焊接原理与点焊相同。它是利用旋转的盘状电极代替点焊机的柱状电极来压紧焊件,当盘状电极连续滚动时断续通电,使焊点互相重叠而形成连续致密的焊缝。

3. 对焊

按操作方法不同,对焊可分为电阻对焊和闪光对焊两种。

电阻对焊类似于点焊,将焊件装配成对接接头,先压紧,再接通电源利用电阻热加热至塑性状态,然后施加顶锻力使焊件完全熔合。这种焊接方法操作简单,接头表面光洁,但接头内部易有残留夹杂物,因此焊接质量不高。

闪光对焊在对接接头接触前,先接通电源、然后使其端部逐渐移近,产生强大的局部接触点电流,使端面金属熔化、然后断电,在顶锻力的作用下将焊件焊接在一起。闪光对焊接头内部杂物少,接头质量高,应用广泛。

3.5　小结

焊接是一种用于金属连接的加工工艺,它有多种方法。

(1)电弧焊利用电弧热熔化母材和填充材料实现焊接。该方法应用普遍,适合于各种板厚的黑色金属和有色金属的焊接。

(2)电阻焊采取对零件接头部位施加压力和电阻热的方式实现焊接。在薄板焊接中应用广泛,有很高的生产效率。

(3)气焊和气割是利用气体火焰热量进行金属焊接和切割的方法,在金属结构件的生产中有大量的应用。

3.6　思考题

（1）焊接电弧有几部分组成？正接法和反接法应用于什么场合？

（2）电焊条由哪几部分组成？各起什么作用？

（3）焊件厚度分别为 3 mm、5 mm、12 mm 时，各应选用多粗的焊条直径和多大的焊接电流？焊接电流选择不当时会造成哪些焊接缺陷？

（4）焊条电弧焊在引弧、运条和收尾操作时要注意什么？

（5）气焊的三种火焰各有什么特点？低碳钢、铸铁、黄铜各用哪种火焰进行焊接？

（6）焊条电弧焊的焊件厚度达到多少时才开坡口？坡口的作用是什么？

（7）金属材料要具备哪些条件才能满足氧气-乙炔切割？

（8）举例说明焊条型号和牌号的意义。

（9）为什么焊接接头之间要留有一定间隙或开出坡口？

（10）焊接电流和焊接速度如何选择？

（11）手工电弧焊和气焊各有哪些优缺点？

（12）气割时能不能用焊炬代替割炬？为什么？

（13）详细记录实训过程中所接触到的工件的加工工艺过程和工艺要求。

项目四　铸造加工

学习目标

1. 了解砂型铸造基础知识。
2. 熟悉铸造基本操作过程。
3. 了解铸件常见缺陷及其产生的主要原因。
4. 掌握特种铸造加工过程。

4.1　概述

4.1.1　铸造及砂型铸造的基础知识

铸造是通过制造铸型，熔炼金属，再把金属熔液注入铸型，经凝固和冷却，从而获得所需铸件的成形方法。它是制造具有复杂结构金属件的最灵活的成形方法，如机床床身、发动机气缸体，各种支架、箱体等，如图 4-1 所示。

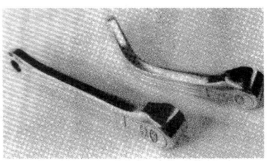

(a) 气缸制品　　　　　　　　　　　　　　　　(b) 支架制品

图 4-1　金属铸造制品

铸造的实质是利用熔融金属的流动性来实现成型。采用铸造方法获得的金属制品称为铸件。用于铸造的金属统称为铸造合金。常用的铸造合金有铸铁、铸钢和铸造有色金属。其中铸铁，特别是灰口铸铁应用得最普遍。铸造是获得零件毛坯的主要方法之一。如图 4-2 所示为套筒砂型铸造工艺过程。

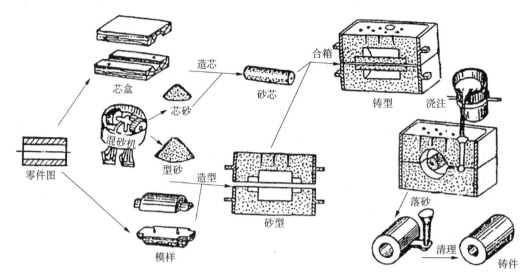

图 4-2　套筒砂型铸造工艺过程示意图

4.1.2　铸造优缺点

1. 优点

（1）可以生产出形状复杂，特别是具有复杂内腔的零件毛坯，如各种箱体、床身、机架等。

（2）铸造生产的适应性广，工艺灵活性大。工业上常用的金属材料均可用来进行铸造，铸件的重量可由几克至几百吨，壁厚可由 0.5 mm 至 1 m 左右。

（3）铸造用原材料大都来源广泛，价格低廉，并可直接利用废机件，故铸件成本较低。

2. 缺点

（1）铸造组织疏松、晶粒粗大，内部易产生缩孔、缩松、气孔等缺陷，因此，铸件的力学性能，特别是冲击韧度低于同种材料的锻件。

（2）铸件质量不够稳定。

4.1.3　铸造实训安全技术要求

铸造生产环境恶劣，实训中要特别注意下列安全事项：

（1）进入车间要穿好工作服、工作鞋、戴好安全帽。

（2）行走中要注意地面的工件和空中的行车。

（3）砂箱堆放要稳固，防止倒塌伤人。

（4）场地要经常保持干净，砂箱和砂子要堆放整齐，留出浇注道路及人行通道。

（5）造型时，不要用嘴吹砂，以免砂粒飞入眼内，搬动或翻转砂箱时，要用力均匀，小心轻放，不要压伤手脚。

（6）浇注工具使用前必须烘干，浇包不能装得太满，浇注时要对准浇口，钢丝绳等应认真检查，不得有裂纹等缺陷。

（7）浇注时，扒渣等工具不得生锈或沾有水分，浇包必须烘干；浇注时，不操作的人员要远离浇包。

（8）剩余铁水不准倒在湿的地方。

（9）接触工件前应清楚是否冷却。

（10）清理铸件时要避免伤人。

4.2　砂型铸造的工艺过程

4.2.1　砂型铸造方法

铸造方法很多,主要可分砂型铸造和特种铸造两大类。传统的型砂制造铸型法劳动强度很大,铸件质量也不稳定。随着科技的进步,现代铸造技术大力发展金属型铸造、熔模铸造、压力铸造和离心铸造等特种铸造技术。

用型砂制造铸型并生产铸件的方法称为砂型铸造。砂型铸造的生产过程如图 4 - 3 所示。砂型铸造适应性很广,铸件的生产数量和形状大小,复杂程度及铸造合金的种类几乎不受限制。因此,尽管砂型铸造生产过程复杂,铸件质量较差,但目前仍是应用广泛的铸造方法。砂型铸造生产的铸件约占铸件总产量的 80％以上。

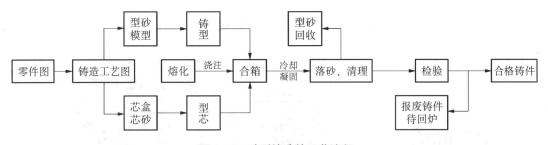

图 4 - 3　砂型铸造的工艺流程

4.2.2　铸造用的工模具

1. 模样和型芯盒

模样和芯盒是制作铸件的模具。模样用来获得铸件的外部形状,芯盒用于制造芯子,以获得铸件的内腔。

模样根据铸件设计,并非零件或铸件本身,一方面,为了补偿金属凝固时的收缩,模样必须加放加工余量和收缩率;另一方面,由于铸造过程的工艺因素,模样有时还要设置一些特殊的结构,如浇注系统、出气棒等。用来制造获得铸件内腔的型芯的模具称为型芯盒,有时型芯也用于获得铸件的外形。

制造模样和型芯盒时,应合理地选择分型面,以便模样能够从铸型中取出;铸件上垂直于分型面的表面应有拔模斜度以便于取出模样;有内腔的铸件,模样在相应位置还应做出型芯头。只有考虑铸造的这些特点,制造出的模样和型芯盒才能保证得到合格的铸件。

图 4 - 4 所示是法兰零件的铸造工艺图及相应的模样图。从图中可见模样的形状和零件图往往是不完全相同的。芯盒结构形式有 3 种,如图 4 - 5 所示。

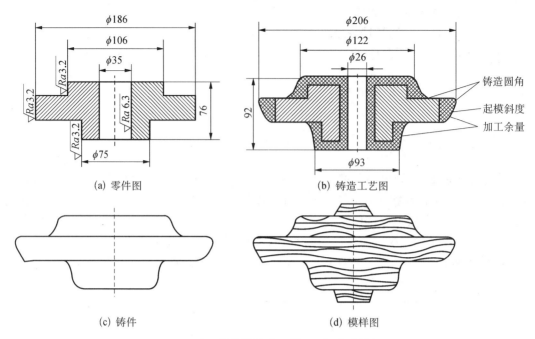

(a) 零件图　　　　　　　　　　(b) 铸造工艺图

(c) 铸件　　　　　　　　　　(d) 模样图

图 4-4　法兰零件的铸造工艺图及相应的模样图

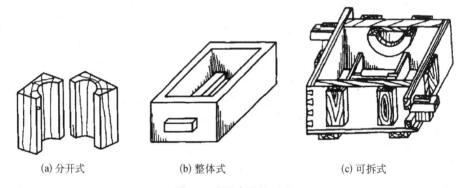

(a) 分开式　　　　(b) 整体式　　　　(c) 可拆式

图 4-5　芯盒结构形式

　　根据所用的材料不同,模样和型芯盒可分为木模、金属模和塑料模三类。木模由于价格低、切削方便、材质轻,在单件小批生产中获得广泛应用。但木模强度和硬度低,容易变形和损坏,使用寿命短,所以在大量生产中多使用强度较高,寿命更长的金属模或塑料模。

2. 常用铸型工具

　　造型工具及辅具包括砂箱、造型工具、修型工具等。图 4-6 所示为手工造型常用工具及用具。

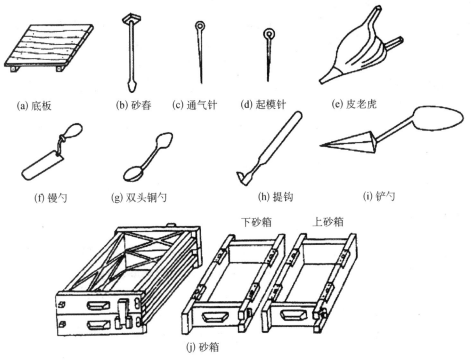

(a) 底板　　(b) 砂舂　　(c) 通气针　　(d) 起模针　　(e) 皮老虎

(f) 镘勺　　(g) 双头铜勺　　　　　　(h) 提钩　　　　(i) 铲勺

下砂箱　　上砂箱

(j) 砂箱

图 4 - 6　手工造型常用工具及用具

4.2.3　铸造用砂

　　砂型铸造的造型材料由原砂、黏结剂、附加物等按一定比例和制备工艺混合而成,它具有一定的物理性能,能满足造型的需要。制造铸型的造型材料称为型砂,制造型芯的造型材料称为芯砂。型(芯)砂的消耗量很大,其质量又直接影响铸件的质量,因此型(芯)砂在铸造生产中起着重要的作用。

　　1. 型(芯)砂的组成

　　型(芯)砂是由原砂、黏结剂、附加材料和水配制而成的。

　　(1) 原砂

　　原砂有山砂、河砂和海砂,主要成分是 SiO_2,其含量愈高,耐火性愈好。

　　(2) 黏结剂

　　黏结剂主要用来在砂粒之间形成黏结膜而使其黏结在一起。常用的黏结剂有黏土、膨润土、桐油、亚麻仁油、水玻璃等。

　　(3) 附加材料

　　常用的附加材料有煤粉和锯木屑。煤粉可以防止铸件黏砂,提高其表面质量。锯木屑可改善型(芯)砂的透气性和退让性,防止铸件产生气孔、变形、裂纹等缺陷。

　　2. 型(芯)砂的分类

　　型(芯)砂根据黏结剂不同,可分为不同的类型,常用的有以下几种。

　　(1) 黏土砂

　　黏土砂是以黏土作为黏结剂的型(芯)砂,如图 4 - 7 所示。黏土砂适应性强,回用性好,而且黏土来源广泛,价格低廉,因此在生产中得到广泛的应用。

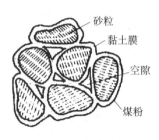

图4-7 黏土砂结构

黏土砂可分为湿型和干型两类。湿型黏土砂用于制作浇注前不经烘干的铸型,它以膨润土作黏结剂,主要用于中小型铸件的造型。干型黏土砂用于制作浇注前需经烘干的铸型,它以普通黏土为黏结剂,用于大型铸件或质量要求较高的中小型铸件的造型或制作型芯。

(2) 水玻璃砂

水玻璃砂是以水玻璃(硅酸钠的水溶液)为黏结剂的型(芯)砂。用水玻璃砂造型制芯后,向其吹入 CO_2 气体,即可使之硬化。

用水玻璃砂制造的铸型和型芯不需烘干,硬化速度快,生产周期短,而且强度高,但其出砂性和回用性差,一般用于中小型铸钢件的生产。

(3) 油砂

油砂是以油类(桐油、亚麻仁油)为黏结剂的型(芯)砂。油砂的干强度高,透气性、退让性好,常用来制造形状复杂的型芯,但油砂的价格高,一般用于重要的场合。

油砂的湿强度很低,必须烘干后才能使用,为防止型芯在搬运、烘烤过程中溃散损坏,一般加入少量黏土以提高其湿强度。

除此之外,根据型砂在造型中的作用又分为面砂、背砂,前者直接形成铸塑一次使用,后者起衬背作用,重复性使用。

3. 造型材料性能和要求

铸件上的许多缺陷与型(芯)砂的性能不适有关,为保证铸件质量,型(芯)砂应具备以下性能。

(1) 强度

强度是指型(芯)砂在外力作用下,不变形、不破坏的能力。型(芯)砂应具有足够的强度,以便于砂型和型芯的制造、装配和搬运,并能承受浇注时液体金属的冲刷和压力。型(芯)砂的强度不足时,容易发生塌箱、冲砂、胀砂等现象,使铸件产生砂眼、夹砂、黏砂等缺陷;如果强度太高,又会阻碍气体的排除和铸件的收缩,使铸件产生气孔、过大的内应力,甚至裂纹等缺陷。

(2) 透气性

透气性是指型(芯)砂在正常紧实后能透过气体的能力。浇注时,型(芯)砂在高温液体金属作用下会产生大量气体,液态金属也会析出一些气体。如果型(芯)砂透气性不好,这些气体不能迅速排除,将会留在铸件内生成气孔。

(3) 耐火性

耐火性是指型(芯)砂在高温液态金属作用下不软化、不熔化的性能。型(芯)砂耐火性不足时,砂粒将被烧熔而黏在铸件表面上形成黏砂缺陷。

(4) 退让性

退让性是指铸件在冷凝时,型(芯)砂可被压缩的能力。型(芯)砂的退让性不足,将使铸件冷却收缩受阻,产生内应力、变形和裂纹等缺陷。型(芯)砂越紧实,退让性越差。

型(芯)砂除具有上述性能外,还应具有良好的可塑性、溃散性、保存性、吸湿性、发气性和回用性等性能。

型(芯)砂的性能可用专门的仪器来测定,也可凭经验手测。合格的型(芯)砂用手测法检验的结果如图 4-8 所示。

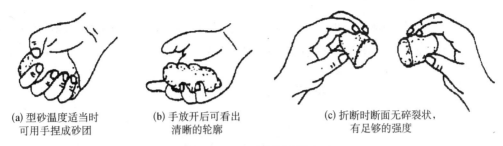

(a) 型砂温度适当时
可用手捏成砂团

(b) 手放开后可看出
清晰的轮廓

(c) 折断时断面无碎裂状,
有足够的强度

图 4-8　手测法检测型砂

4.3　铸造的基本技能操作

4.3.1　基本要求

学习和了解砂型铸造的基本过程,掌握两箱造型的基本方法。

4.3.2　手工造型的工艺流程

造型是用型砂及模样等工艺装备制造铸型的过程,如图 4-9 所示。造型通常分为手工造型和机器造型两大类。手工造型是全部用手工或手动工具紧实的造型方法,其特点是操作灵活,适用性强。因此,在单件小批生产中,特别是不宜用机器造型的重型复杂件,常用此法,但手工造型效率低,劳动强度大。

一个完整的造型工艺过程,应包括准备工作、安放模样、填砂、紧实、起模、修型、合型等主要工序。图 4-10 所示为手工造型的主要工序流程图。

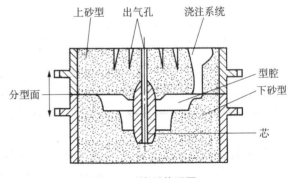

图 4-9　铸型装配图

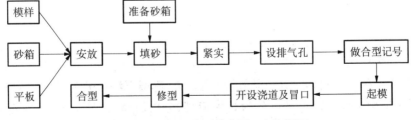

图 4-10　手工造型的主要工序流程图

根据铸造结构、生产批量和生产条件,手工造型常用方法有:整体模造型、分开模造型、挖砂造型、假箱造型和活块造型等。

4.3.3 型(芯)砂的配制

型(芯)砂质量的好坏不但取决于原材料的性能,同时也取决于配比和配制的方法。根据铸件的材料、铸件的复杂程度以及对型(芯)砂的具体性能要求不同,型(芯)砂应选用不同的原材料,并按不同的比例配制。

混砂是在混砂机中进行,常用的混砂机如图4-11所示。

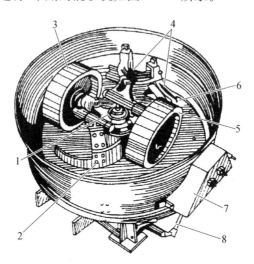

1—主轴;2、4—刮板;3、5—碾轮;6—卸料门;7—防护罩;8—气动拉杆

图 4‑11 碾轮式混砂机

混砂时,按比例加入新砂、旧砂、黏结剂和辅助材料,先进行干混2～3 min,然后加水湿混5～12 min。在混砂机碾轮的碾压和搓揉作用下,各种材料被混合均匀。为了保证型(芯)砂的水分渗透均匀,混好的型(芯)砂通常要储放3～8 h,使用前要用筛子过筛使砂松散。

为了降低生产成本,已使用过的型(芯)砂(旧砂),经过适当处理后可重复使用。通常把型砂分为面砂和背砂,与铸件接触的那一层型砂称为面砂,不直接与铸件接触的型砂称为背砂。面砂的强度、耐火性应较高,而背砂则较低。因此,背砂一般用旧砂,而面砂用专门配制的新砂。

4.3.4 造型方法

用模样在砂箱内制造形成铸件外表面的铸型型腔的过程称为造型。造型是铸造生产过程中最复杂、最主要的工序,对铸件的质量影响极大。实际生产中,由于铸件的大小、形状、材料、批量和生产条件不同,需采用不同的造型方法,造型方法可分为手工造型和机器造型两大类。手工造型按起模特点又可分为整模造型、分模造型、活块造型、三箱造型、挖砂造型等。

1. 整模造型

由一个整体模样进行造型的方法称为整模造型。造型时模样全部放在一个砂箱内,分型面是平面。此方法适用于最大截面在一端,且为平面的铸件。其优点是造型简便,无错箱,但整模造型仅适用于形状简单的铸件。整模造型的过程如图4-12所示。

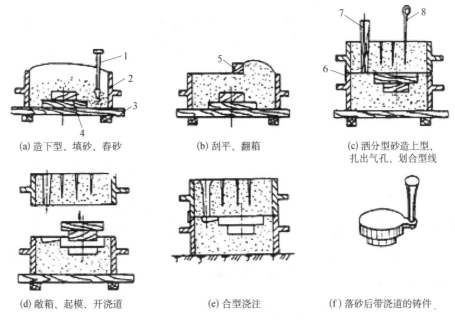

(a) 造下型、填砂、春砂　　(b) 刮平、翻箱　　(c) 洒分型砂造上型、扎出气孔、划合型线

(d) 敞箱、起模、开浇道　　(e) 合型浇注　　(f) 落砂后带浇道的铸件

1—砂春子；2—砂箱；3—底板；4—模样；5—刮板；6—合型线；7—直浇道；8—通气针

图 4－12　整模造型过程

2. 分模造型

两箱分模造型是把模样沿最大截面处分成两半，分别在上、下砂箱内造出型腔的造型方法，分型面也是平面。两箱分模造型的铸型简单，操作方便，是应用最广的造型方法。如果铸件复杂，可采用三箱或多箱分模造型。其造型过程如图 4－13 所示。

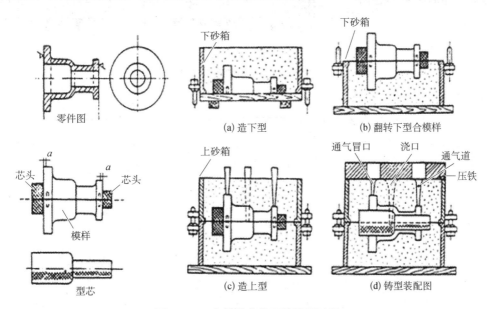

零件图　　(a) 造下型　　(b) 翻转下型合模样

(c) 造上型　　(d) 铸型装配图

图 4－13　套管的分模两箱造型过程

3. 挖砂造型

当铸件的分型面为曲面且模样又不宜分开制造时，可将模样整体置于一个砂箱内造型，

通常为下砂箱。挖砂造型时一定要挖到模样的最大截面处,将下砂型中阻碍起模的型砂全部挖掉,如图 4 - 14 所示。模样为整体模,造型时需挖去阻碍起模的型砂,铸型的分型面是不平分型面,造型麻烦,挖砂操作技术要求较高,生产率低,只适用于单件生产。

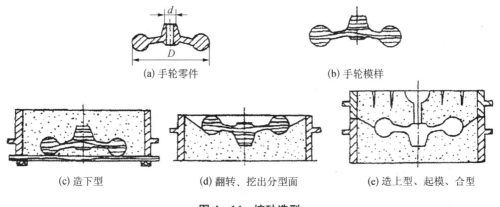

(a) 手轮零件   (b) 手轮模样

(c) 造下型   (d) 翻转、挖出分型面   (e) 造上型、起模、合型

图 4 - 14　挖砂造型

4. 模板和假箱造型

当生产批量大时,可用模板代替平面底板,将模样放置在模板上造型,从而省去挖砂操作。如生产批量不大,可用黏土较多的型砂制作一个高紧实的砂质模板作底板,称为假箱。造型如图 4 - 15 所示。

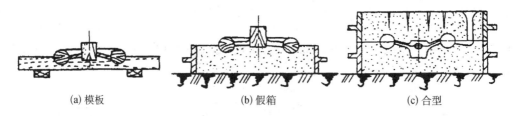

(a) 模板   (b) 假箱   (c) 合型

图 4 - 15　模板和假箱造型

5. 活块造型

将模样上妨碍起模的部分做成可与主体脱离的活块,使用这类模样的造型方法称为活块造型。活块一般用销子或燕尾榫与模样主体连接,取模时,先取出模样主体,然后再取出活块,如图 4 - 16 所示。活块造型生产率低,对操作者的技术要求高,只适合于单件生产。

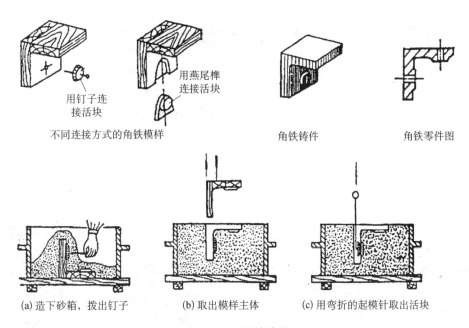

图 4‒16 活块造型

6. 刮板造型

刮板造型通常用于尺寸较大的旋转体零件,刮板造型采用一块与铸件截面形状相适应的副板替代实体模样。造型时,使刮板绕固定的垂直轴旋转,在上、下砂型中刮出与铸件相适应的型腔。刮板造型生产率低,对操作者的技术要求高,铸件尺寸精度也较差,多用于单件生产或小批量生产。皮带轮的刮板造型过程如图 4‒17 所示。

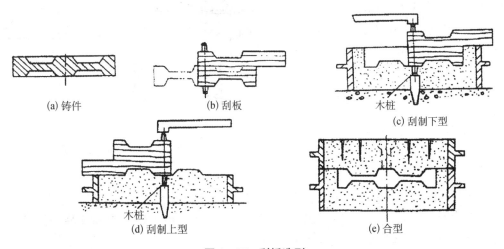

图 4‒17 刮板造型

7. 机器造型

随着现代化大生产的发展,机器造型在大批量生产中已基本取代了手工造型。一般将机器造型定义为机器完成造型过程中的全部工作或至少完成紧砂工作的造型过程。造型机种类很多,如震压式造型机、高压式造型机、射砂造型机等。

机器造型生产率高，铸件质量好，工人劳动强度低，但设备投资大，生产准备周期较长，不适用于造复杂砂型，目前多用于两箱造型的大量生产中。机器造型的实质是用机器代替手工紧砂和起模。造型机的种类很多，目前常用震压式造型机等。如图 4－18 所示为震压式造型机和震压紧砂过程。造型时，把单面模板固定在造型机的工作台上，扣上砂箱，加型砂，如图 4－18(b)所示。当压缩空气进入震实活塞底部时，便将其上的砂箱举起一定的高度，此时排气孔接通，如图 4－18(c)所示，震实活塞连同砂箱在自重的作用下复位，完成一次震实。重复多次直到型砂紧实为止。再使压实气缸进气，如图 4－18(d)所示，压实活塞带动工作台连同砂箱一起上升，与造型机上的压板接触，将砂箱上部较松的型砂压实而完成紧砂的全过程。一般震压式造型机的震动频率为 150～500 次/分钟。

(a) 震压式造型机外形图　(b) 加砂后进气，工作台被举起　(c) 排气口打开，工作台落下　(d) 压实顶部型砂

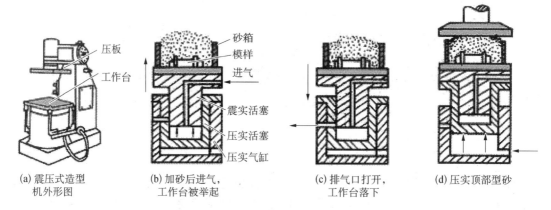

图 4－18　震压式造型机和震压紧砂过程

造型机上大都装有起模装置，常用的有顶箱起模、落模起模、漏模起模和翻转落箱起模等四种。如图 4－19(a)所示为顶箱起模，当砂型紧实后，造型机的四根顶杆同时垂直向上将砂箱顶起而完成起模；图 4－19(b)所示为落模起模，起模时将砂箱托住，模样下落，与砂箱分离，这两种方法均适用于形状简单、高度较小的模样起模。

(a) 顶箱起模　(b) 落模起模

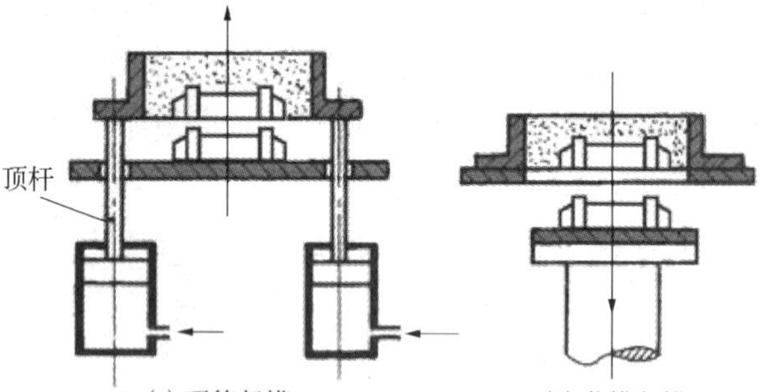

图 4－19　机器造型的起模方法

4.3.5　型芯的制造

型芯的制造方法与砂型造型过程相似，用砂制作的型芯又称砂芯。但型芯主要用来形成铸件的内腔或局部外型，浇注时，型芯受到高温液态金属的冲刷和包围，因此要求型芯有比砂型更高的强度、透气性、耐火性和退让性。

1. 造芯工艺特点

为了保证砂芯的尺寸精度、形状精度、强度、透气性和装配稳定性，造芯时根据砂芯尺寸、复杂程度和装配方案，一般有下列几种加强方法。

(1) 放置型芯骨

型芯中放置型芯骨的目的是提高型芯的强度。小型芯的型芯骨可用铁丝制成，中、大型

芯的型芯骨用铸铁制成。为了吊运方便,往往在型芯骨上做出吊环,如图 4-20 所示。

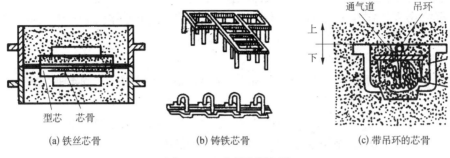

(a) 铁丝芯骨　　　　　　(b) 铸铁芯骨　　　　　　(c) 带吊环的芯骨

图 4-20　芯骨和通气道

(2) 开通气孔

开通气孔以提高型芯的透气性,型芯中通气孔必须与砂型中的排气孔贯通。

(3) 刷涂料

在型芯表面刷涂料用于提高其耐火性和降低表面粗糙度值,防止铸件表面黏砂。

(4) 烘干

烘干砂芯以提高强度和透气性,减少砂芯在浇注时的发气量。

(5) 型芯的定位与固定

型芯在铸型中的定位与固定,主要依靠型芯头。按芯头在铸型中的固定方法不同,型芯头可分为垂直芯头和水平芯头两种,它们都应具有足够的尺寸和适当的形状,以使型芯牢固地固定在砂型中。有些铸件因受结构限制而没有足够的型芯头来支撑型芯时,可采用吊芯或芯撑来固定型芯,浇注时型芯撑熔入铸件,但有时因热量不够,铸件致密性差。

2. 造芯方法

型芯一般是用芯盒制成的,芯盒的空腔形状与铸件的内腔相适应。

(1) 在芯盒中制芯

根据芯盒的结构,制芯方法可以分为下列三种,如图 4-21 所示。

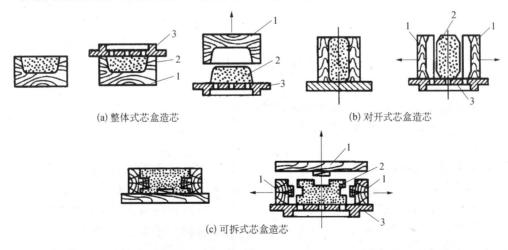

(a) 整体式芯盒造芯　　　　　　　　　(b) 对开式芯盒造芯

(c) 可拆式芯盒造芯

1—芯盒;2—砂芯;3—烘干板

图 4-21　在芯盒中造芯的方法

① 整体式芯盒造芯：用于形状简单的中、小型芯。

② 对开式芯盒造芯：适用于圆形截面的较复杂型芯。

③ 可拆式芯盒造芯：对于形状复杂的中、大型型芯，当用整体式芯盒无法取芯时，可将芯盒分成几块，分别拆去芯盒取出砂芯，并且芯盒的某些部分还可以做成活块。

（2）造芯的一般操作过程

造芯前，应了解对砂芯的工艺要求，如芯头位置、砂芯固定方法、确定通气道形式等，并准备好芯砂、芯骨、吊环及有关操作工具等。

造芯的一般操作过程为：准备芯盒、填砂、舂砂、放芯骨、刮去芯盒上多余的芯砂、扎通气道、把芯盒放在烘干板上、取下芯盒、烘干型芯等。当采用油砂制作型芯时，由于油砂型芯的湿态强度较低，烘干前易变形和下塌，所以制造细长的型芯时，最好将整个型芯先做成两部分型芯，待其烘干后，再将它们黏合成整体型芯。烘干后的型芯在下芯前，需要进行修整，去掉毛边，检验尺寸。

4.3.6 建立浇注系统

1. 浇注系统的组成

浇注系统包括外浇口、直浇道、横浇道、内浇道等，如图 4-22 所示。浇注系统的任务是让液态金属连续平稳均匀地填充铸型型腔，并能调节铸件各部分温度和起到挡渣的作用。若浇注系统不合理，将使铸件容易产生冲砂、砂眼、夹渣、浇不足、气孔和缩孔等缺陷。

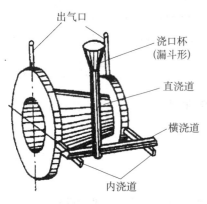

图 4-22 铸件的浇注系统

（1）外浇口

外浇口又称浇口杯，单独制作或直接在铸型中形成，用于接纳浇包流下的液体金属，减少液体金属的冲击，使金属液体平稳地流入浇道，并起挡渣和防止气体卷入的作用。为便于浇注，外浇口多做成漏斗形或盆形，前者用于浇注中小型铸件，后者用于浇注大型铸件。

（2）直浇道

直浇道是连接外浇口和横浇道的垂直通道，有一定的锥度，以便造型时取出浇口棒。液态金属依靠直浇道内高度产生的静压力，连续均匀地填满型腔。通常小型铸件直浇道高出型腔最高处 100~200 mm。

（3）横浇道

横浇道是连接直浇口和内浇口的水平通道，其截面形状多为梯形。一般开在上砂型的分型面以上的位置，横浇道将液体金属分配给各个内浇道并起挡渣作用。

（4）内浇道

内浇道是连接横浇道和型腔的通道，其作用是控制液体金属流入型腔的速度和方向，并调节铸件各部分的温度。内浇道的设置如图 4-23 所示。内浇道的形状、位置和数目，以及导入液流的方向，是决定铸件质量的关键之一。内浇道的截面形状一般为梯形、半圆形或三角形，其位置低于横浇口。内浇口不应开在铸件的重要部位上，其方位应使液体金属顺着型壁流动，避免直接冲击型芯或砂型的突出部分。同时，内浇口的布置应能满足铸件凝固顺序的要求。为使清除浇道时不损坏铸件，在内浇口与铸件的连接处还应带有缩颈，如图 4-24 所示。

对于壁厚均匀、面积较大的铸件,增加内浇口的数目和尺寸,使金属液体均匀分散地进入型腔,避免冷隔和变形。对于壁厚相差较大、收缩大的铸件,内浇口应开在厚壁处,以保证金属液体对铸件的补缩,有利于防止缩孔。

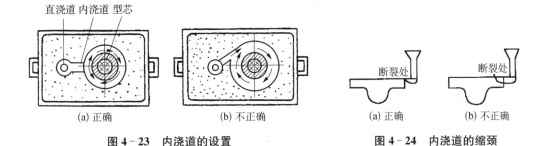

图4-23　内浇道的设置　　　图4-24　内浇道的缩颈

2. 浇注系统的类型

常用的浇注系统按内浇口的注入位置不同可分为以下几种。

（1）顶注式浇口

顶注式浇口开设在铸件顶部,其金属消耗少,补缩作用好,但容易冲坏砂型和产生飞溅,挡渣作用也差。主要用于不太高且形状简单、薄壁的铸件。

（2）底注式浇口

底注式浇口开设在铸件底部,浇注时液体金属流动平稳,不易冲砂和飞溅,但补缩作用较差,不易浇满薄壁铸件,主要用于形状较复杂、壁厚、高度较大的大中型铸件。

（3）中间注入式浇口

中间注入式浇口介于顶注式和底注式之间的一种浇口,开设方便、应用广泛。主要用于一些中型、不很高,但水平尺寸较大的铸件。

（4）阶梯式浇口

阶梯式浇口由于内浇口从铸件底部、中部、顶部分层开设,因而兼有顶注式和底注式浇口的优点,主要用于高大铸件的浇注。

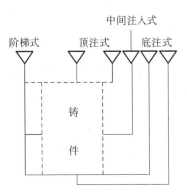

图4-25　常见浇注系统的形式

常见浇注系统的形式如图4-25所示。

3. 冒口和冷铁

（1）冒口

冒口的主要作用是补给铸件液态收缩和凝固收缩时所需的金属液,以避免产生缩孔;并具有排气和集渣的作用。冒口安置在铸件的厚大截面处,一般在顶部。冒口多用在浇注收缩性较大的金属（如钢、球墨铸铁、铝硅合金等）铸件时使用。

（2）冷铁

冷铁是为增大铸件厚大部位冷却速度而安放在铸型内的金属块。它的主要作用是实现顺序凝固防止缩孔和缩松。另外,还具有减小铸件应力和提高铸件表面硬度和耐磨性的作用。冷铁通常用钢或铸铁制成。

铸件的冒口与冷铁如图4-26所示。

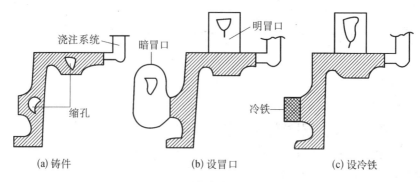

图 4‑26　铸件的冒口与冷铁

4.3.7　合箱

合箱指将铸型的各个部分如砂型、砂芯等组成一个完整铸型的操作过程。合箱质量不高，就会前功尽弃。合箱应使上、下砂型中的型腔对准，避免产生错箱。生产中常用定位销或泥号来防止错箱。上、下砂型还必须紧固，以避免浇注时液体金属将上箱抬起而从分型面溢出（跑火）。

4.3.8　熔炼

熔炼过程中金属不仅仅从固态转化为液态，金属的化学成分也得到优化。熔炼的主要设备有冲天炉、电炉、平炉、转炉等，用得最多的是冲天炉，广泛用于铸铁的熔炼，电炉因费用较高通常用来保温。对铜、铝等低熔点有色金属，为减少金属损耗，一般用坩埚炉熔炼。

4.3.9　浇注

把液体金属浇入铸型的过程称为浇注。浇注工艺是否合理规范，不但影响铸件的质量，而且关系到安全。浇注操作中应严格按规范操作，控制好浇注速度和温度。

1. 浇注使用的工具

浇注常用的工具有挡渣钩和浇包。浇包外层用钢板制成，内层敷衬耐火材料，并在内表面刷上耐火涂料。浇包使用前应烘干，以免降低铁水温度或引起铁水飞溅。常用的浇包有手提端包、抬包和吊包等，如图 4‑27 所示。

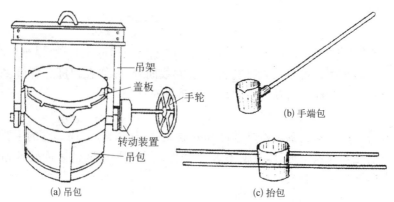

图 4‑27　浇包

2. 浇注前的准备工作

浇注前应做好以下准备工作：

（1）整理场地，无积水，准备好草木灰；

（2）烘干浇包和挡渣钩，并检查是否完好，数量是否足够；

（3）检查铸型装配是否符合要求，浇口、冒口和通气孔是否通畅，清除浇口周围的散砂，以免落入型腔中；

（4）估计好每个铸型需要的铁水量，安排好浇注路线，正确控制金属的流量，保证浇注过程中不断流。

3. 浇注温度和浇注速度

浇注温度太高，铸件收缩大，黏砂严重，晶粒粗大，易产生裂缝。浇注温度太低，铸件又会产生浇不足、冷隔、气孔等缺陷。通常，在保证液体金属充满铸型型腔的前提下，浇注温度应尽可能低一些。铸铁件的浇注温度一般为 1 250～1 380℃，铸钢的浇注温度一般为 1 500～1 550℃。形状复杂的薄壁件取高限，形状简单的厚壁件取低限。

浇注速度要适中，浇注速度太快，金属液对铸型的冲击力太大，浇注时易出现冲砂、跑火等缺陷，还会使气体来不及从铸型中排出而在铸件中生成气孔。浇注速度太慢，又会产生浇不足、冷隔、夹渣等缺陷。浇注速度按铸件的形状大小及壁厚来确定，一般形状复杂的薄壁件要快注，形状简单的厚壁件要慢注。

4. 浇注操作要点

浇注操作要注意以下几点。

（1）放入浇注包的金属液不能太满，应避免熔渣进入浇包，若有熔渣进入浇包，应及时扒除。浇包内的金属液面上应撒草木灰保温，并静置片刻使金属液中的气体和杂质上浮后再行浇注。

（2）浇注时，浇包嘴应对准外浇口，以免飞溅。注意挡渣和保持外浇口充满金属液以防止熔渣和气体进入铸型。要点燃铸型中逸出的气体以减少有害气体对环境的污染。

（3）浇注后，用干砂将浇口和冒口掩盖起来，以减少热辐射，同时起到保温作用。浇包中剩余的铁水应及时倒出，以防止损坏浇包。

4.3.10　铸件的落砂、除芯、清理和时效处理

1. 落砂

将铸件从砂型中取出来的操作称为落砂。落砂时应注意铸件的温度。落砂过早，铸件温度太高，在空气中急冷而在表面产生硬皮，难以加工，而且还会增加铸件内应力，引起变形和裂纹；落砂过晚，铸件的冷却收缩还会受到铸型和型芯的阻碍，形成收缩应力，同样会引起铸件变形和裂纹。一般形状简单，小于 10 t 的铸件，一般在浇注后 0.5～1 h 左右即可落砂。

落砂的方式有手工落砂和机械落砂两种，在大量生产中，一般用落砂机进行落砂。

2. 除芯

除芯是从铸件中去除芯砂和芯骨，可用手工、震动出芯机或水力清砂装置从铸件内腔中清除。

3. 去除浇冒口

中小型的铸铁件浇、冒口一般采用敲击法去除；铸钢件浇冒口采用气割；有色金属铸件采用锯切。

4. 表面清理

表面清理指从落砂后的铸件表面去除黏砂、浇冒口、飞翅和氧化皮等,使铸件外表面达到要求。表面清理多用手动、风动工具,也使用滚筒、喷砂、喷丸等新技术。

5. 时效处理

铸件由于壁厚不均,冷却速度不同,造成各部分收缩不一致而产生内应力,从而使铸件产生变形,甚至出现裂纹。时效处理的主要目的是消除应力,分为自然时效和人工时效。自然时效是把铸件在露天堆放一年以上,使应力自然消除。人工时效一般把铸件加热到 $550\sim600℃$,保温 $2\sim4$ h,然后随炉缓冷。必要时还需高温退火,把铸件加热到 $900\sim950℃$,保温 $2\sim5$ h 后随炉缓冷,可使白口铁中的渗碳体分解成石墨,以消除白口组织,便于加工。

4.4　铸件的常见缺陷

铸造生产的工序繁多,影响质量的因素复杂,常常产生各种缺陷。常见缺陷的特征及产生原因见表 4-1。

表 4-1　常见铸件缺陷的特征及产生原因

类别	缺陷名称和特征		主要原因分析
孔洞	气孔:铸件内部出现的空洞常为梨形,孔的内壁较光滑		(1) 砂型紧实度过高 (2) 型砂太湿,起模,修型时刷水过多 (3) 型芯未烘干或气道堵塞 (4) 浇注系统不正确,气体排不出
	缩孔:铸件厚壁处出现的形状不规则的空洞,孔的内壁粗糙 缩松:铸件截面上细小而分散的缩孔		(1) 浇注系统或冒口设置不正确,无法补缩或补缩不足 (2) 浇注温度过高,金属液收缩过大,无法补缩 (3) 铸件壁厚不均匀,无法补缩 (4) 与金属液化学成分有关,合金元素多时易出现缩松
	砂眼:铸件内部或表面带有砂粒的空洞		(1) 型砂强度不够或局部没舂实,掉砂 (2) 型砂、浇道内散砂未吹净 (3) 合型时砂型局部挤坏,掉砂 (4) 浇注系统不合理,冲坏型腔(芯)
	渣气孔:铸件浇注时的上表面充满熔渣的空洞,常与气孔并存,大小不一,成群集结		(1) 浇注温度太低,熔渣不易上浮 (2) 浇注时没挡住熔化渣 (3) 浇注系统不正确,挡渣作用差
表面缺陷	机械黏砂:铸件表面黏附着一层砂粒和金属的机械混合物,使表面粗糙		(1) 砂型舂得太松,型腔表面不致密 (2) 浇注温度过高,金属液渗透力大 (3) 砂粒过粗,砂粒间间隙过大
	夹砂:铸件表产生的疤状金属突起物。表面粗糙,边缘锐利,在金属和铸件之间夹有一层型砂	金属片状物	(1) 型砂热强度较低,型腔表层受热膨胀后易鼓起或开裂 (2) 型砂局部紧实度过大,水分烘干后易出现脱皮 (3) 内浇道过于集中,使两部砂型烘烤温度过高 (4) 浇注温度过高,浇注速度过慢

续表

类别	缺陷名称和特征		主要原因分析
裂纹	热裂:铸件开裂,裂纹断面严重氧化,呈暗蓝色,外形曲折而不规则 冷裂:裂纹断面不氧化,并发亮,有时轻微氧化,并呈连续直线状	裂纹	(1) 砂(芯)型退让性差,阻碍铸件收缩而引起过大的应力 (2) 浇注系统开设不当,阻碍铸件收缩 (3) 铸件设计不合理,薄厚差别大

4.5　特种铸造

在现代科学技术的推动下,铸造方法取得了突破性发展,使铸件质量和劳动环境有了质的提高。目前常用的特种铸造方法有金属型铸造、离心铸造、熔模铸造、压力铸造等。

4.5.1　金属型铸造

把液态金属浇入金属制成的铸型内以获得铸件的方法称为金属型铸造。铸件表面质量好,精度高,组织致密,力学性能优良,尺寸准确,切削加工量大大减少。金属型可多次浇注,节约了大量型砂和造型工时,提高了劳动生产率。但金属铸型一般用铸铁或钢做成,成本高,制造复杂,因此一般适用于大批量生产的有色金属铸件。

4.5.2　压力铸造

压力铸造是将液态金属在一定压力下快速注入铸型,并在压力下冷却凝固以获得铸件的方法。用于压力铸造的机器称为压铸机。按压铸机压射部分的特征可分为热压式和冷压式。压铸是在高压、快速下进行的,因此提高了液态金属的充型能力,可生产形状复杂的薄壁铸件,而且生产率很高。另外,因其铸型为金属型,故压铸件尺寸精确,表面光洁,机械性能好。但压铸机价格昂贵,铸型结构复杂,铸件容易生成分散的细小气孔。因此,压力铸造主要用于大量生产形状复杂的薄壁有色金属中小型铸件。

4.5.3　离心铸造

离心铸造是将液态金属浇入旋转的铸型中,在离心力作用下成形、凝固的铸造方法。离心铸造在离心铸造机上进行。离心铸造省去型芯和浇注系统,铸型采用金属型或砂型均可。它既可绕垂直轴旋转(称为立式离心铸造),如图 4-28(a)所示,又可绕水平轴旋转(称为卧式离心铸造),如图 4-28(b)所示。离心铸造时,液态金属在离心力作用下

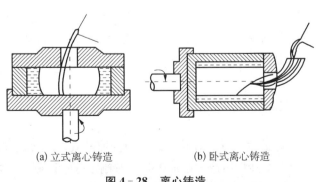

(a) 立式离心铸造　　　　　(b) 卧式离心铸造

图 4-28　离心铸造

结晶凝固,因此可获得无缩孔、气孔、夹渣的铸件,而且组织细密,机械性能好。但离心铸造铸出的筒形铸件内孔尺寸不准确,表面有较多气孔、夹杂,因此需增加内孔加工余量。目前,离心铸造主要用于生产空心旋转体零件如铸管、铜套、双金属滑动轴承等。

4.5.4 熔模铸造

熔模铸造是依靠可熔性的模样制造整体型壳。一般先制造蜡模,将蜡模修整后焊在蜡制浇注系统上,即得到蜡模组。然后,把蜡模组浸入用水玻璃和石英粉配制的涂料中,硬化结壳,然后融化蜡模而流出型壳,形成了没有分型面的铸型型腔。为了排除型壳中的残余挥发物,提高型壳强度,还需将其放在 850~950℃ 的炉内焙烧。焙烧好的型壳置于铁箱中,周围填以干砂,制成砂箱,然后进行浇注。熔模铸造过程如图 4-29 所示。

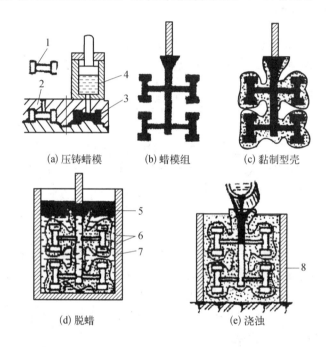

1—母模;2—压型;3—蜡模;4—压铸;5—蜡液;6—热水;7—容器;8—砂箱

图 4 - 29 熔模铸造

熔模铸造可生产形状非常复杂的铸件,适应性强,铸件的尺寸精度高,表面粗糙度低。但熔模铸造工艺过程复杂,生产周期长,成本高,且不能生产大型铸件。因此,熔模铸造主要用于制造熔点高、形状复杂及难加工的小型碳钢和合金钢铸件。

4.6 小结

铸造生产方法分砂型铸造和特种铸造,砂型铸造应用最为广泛。

(1)砂型铸造主要加工工艺有制模、造型(制芯)、熔炼、浇注、落砂、清理和检验。

(2)造型分手工造型和机器造型两大类,应用较多的手工造型方法有两箱造型、挖砂造型、假箱造型、活块造型和刮板造型。

（3）金属熔炼是提供铸造用铁液的关键工艺，冲天炉熔炼是通过炉料的组成以及金属炉料与焦炭之间的冶金反应得到化学成分合乎规范要求的铁液。

（4）铸造生产工艺繁多，如果原、辅材料使用出现差错，操作程序设计或执行不当，则铸件易产生各种缺陷。

4.7 思考题

（1）造型和制芯的材料有哪些？各有何特点？

（2）零件、铸件、模样和型腔的形状和尺寸是否完全一样？为什么？

（3）型芯固定有哪些方法？

（4）造型方法主要有哪些？简述其特点及应用。

（5）造型中应如何选择分型面？

（6）熔炼就是将金属融化，这一定义对不对？为什么？

（7）浇注系统由哪些部分组成？各部分有何作用？如何正确开设内浇口？

（8）冒口和冷铁在铸造过程中有何作用？怎样正确安置冒口和冷铁？

（9）能不能用型砂代替芯砂进行造芯？为什么？

（10）如何识别缩孔、气孔和砂眼？如何防止这些缺陷的产生？

（11）针对手工造型实训中涉及的铸件，分别讲述整体模造型、分开模造型、挖砂造型、假箱造型、活块造型的操作过程。

（12）详细记录实训过程中所接触到的工件的加工工艺过程和加工要求。

项目五　锻造与冲压加工

5.1　概述

锻压是锻造和冲压的总称,属于金属压力加工生产方法的一部分。

金属的锻造一般是在加热状态下,将金属坯料放在锻造设备的砧铁与模具之间,施加冲击力或静压力获得毛坯或零件的方法。

冲压是利用冲模使金属板料产生塑性变形或分离,而获得零件或毛坯的工艺方法。

5.1.1　锻造的种类

(1) 根据在不同的温度区域进行的锻造,针对锻件质量和锻造工艺要求的不同,可分为冷锻、温锻、热锻三个成型温度区域。原本这种温度区域的划分并无严格的界限,一般地讲,在有再结晶的温度区域的锻造叫热锻,不加热在室温下的锻造叫冷锻。

(2) 根据坯料的移动方式,锻造可分为自由锻、镦粗、挤压、模锻、闭式模锻、闭式镦锻。

(3) 根据锻模的运动方式,锻造又可分为摆辗、摆旋锻、辊锻、楔横轧、辗环和斜轧等方式。摆辗、摆旋锻和辗环也可用精锻加工。

锻造成型常见的方法有自由锻、模型锻造和板料冲压,见表5-1。

表 5-1　锻压分类

类型	简图	特点	适用场合及发展趋势
自由锻		用自由锻锤或压力机和简单工具;一般在加热状态下使坯料成形	单件、小批量生产外形简单的各种规格毛坯,如轧辊、主轴等;以及钳工、锻工用的简单工具,也适用于修配场合 趋势:锻件大型化,提高内在质量,操作机械化

续表

类型	简图	特点	适用场合及发展趋势
模锻	上模 坯料 下模 开式模锻	用模锻锤或压力机和锻模；一般在加热状态下使坯料成形	批量生产，小型毛坯（如汽车的曲轴、连杆、齿轮等）和日用五金工具（如扳手等） 趋势：精密化、少切削，如精密模锻齿轮，可直接锻造出 8～9 级精度的齿形
板料冲压	凸模(冲头) 压板　坯料 凹模 拉深	用剪床，冲床和冲模；一般在常温状态下使用板料分离或兼成形	批量生产成品，如钢、铝制的碗、杯、锅、勺等和电气仪表、汽车等工业领域用的零件或毛坯，如汽车外壳、机箱等 趋势：自动化、精密化；精密冲裁尺寸公差可达 0.01 mm 之内，粗糙度 Ra 为 $3.6～0.2\ \mu m$

5.1.2　锻造的特点和生产过程

1. 特点

(1) 改善金属的内部组织，提高金属的力学性能；

(2) 具有较高的劳动生产率；

(3) 适应范围广，锻件的质量小至不足 1 千克，大至数百吨；既可进行单件、小批量生产，又可进行大批量生产；

(4) 采用精密模锻可使锻件尺寸、形状接近成品零件，因而可以大大地节省金属材料和减少切削加工工时；

(5) 不能锻造形状复杂的锻件。

2. 生产过程

锻造生产主要过程：坯料加热→受力成形→冷却→热处理。

5.1.3　坯料加热

1. 加热的目的

金属坯料锻造前，为提高其塑性，降低变形抗力，使金属在较小的外力作用下产生较大的变形，必须对金属坯料加热。锻造前对金属坯料进行加热是锻造工艺过程中的一个重要环节。一般说来，随温度升高，金属材料的塑性提高，但加热温度太高，会使锻件质量下降，甚至成为废品，所以必须将坯料加热到一定的温度范围再开始锻打工作。这样用较小的锻打力就能使坯料产生较大的变形，完成锻件的加工。

2. 锻造温度范围

金属的温度高，塑性好、变形抗力小，容易变形。金属锻造时，允许加热到的最高温度称为始锻温度，停止锻造的温度称为终锻温度。始锻温度过高会使坯料产生过热、过烧、氧化、脱碳等缺陷，造成废品，始锻温度一般低于熔点 100～200℃。锻造过程中，坯料温度不断下降，塑性也随之下降，变形抗力增大，当降到一定温度时，不仅变形困难，而且容易开裂，此时必须停止锻造，重新加热后再锻。金属的始锻温度和终锻温度之间温度间隔称为金属的锻造温度范围。金属的锻造温度范围越大，可以减少加热次数，提高生产率，降低成本。锻造温度范围取决于坯料金属的种类和化学成分。几种常见的金属材料的锻造温度范围见表 5-2。

表5-2　常见的金属材料的锻造温度范围

材料种类	始锻温度/℃	终锻温度/℃	锻造温度范围/℃
低碳钢	1 200～1 250	800	400～450
中碳钢	1 150～1 200	800	350～400
合金结构钢	1 100～1 150	850	250～300
铝合金	450～500	350～380	100～120
铜合金	800～900	650～700	150～200

锻造时材料的温度可以用仪表测得,也可用传统方法,根据坯料的颜色(火色)来估算,其对应关系见表 5-3。

表5-3　碳钢的加热温度与其火色的对应关系

加热温度/℃	1 300	1 200	1 100	900	800	700	600 以下
火色	黄白	淡黄	黄	淡红	樱红	暗红	赤红

加热过程中,如控制不当,容易产生加热缺陷,常见的缺陷和应对措施见表 5-4。

表5-4　加热缺陷及其防止措施

缺陷名称	定义	后果	减少和防止措施
氧化和脱碳	金属加热时,介质中的氧、二氧化碳和水等与金属反应生成氧化物的过程 加热时,由于气体介质和钢铁表层碳的作用,使表层含碳量降低的现象	坯料在火焰炉中加热时,通常一次加热火耗约占坯料重量的2%～3%,当脱碳层厚度大于工件加工余量时,能降低表面的硬度和强度,严重时会导致工件报废	快速加热 减少过剩空气量 采用少氧化、无氧化加热 采用少装的操作方法 在钢材表面涂保护层
过烧和过热	过烧为加热温度超过始锻温度过多,使晶粒边界出现氧化及熔化的现象 过热为由于加热温度过高或高温下保温时间过长引起晶粒粗大的现象	过烧坯料无法锻造 过热组织可以通过锻打或热处理细化	控制正确的加热温度、保温时间和炉气成分
裂纹	大型或复杂的锻件,塑性差或导热性差的锻件,在较快的加热速度或过高装炉温度下,因坯料内外温度不一致而造成开裂	内部细小裂纹在锻打中有可能焊合,表面裂纹在拉应力作用下进一步扩展导致报废	严格控制加热速度和装炉温度

3. 加热设备

(1) 手锻炉

最简单的加热设备为手锻炉(又称明火炉),如图 5-1 所示,它将坯料直接置于固体燃料(焦炭或煤)上,利用固体燃料燃烧的火焰对坯料进行加热。它的结构简单,砌造容易,使用简便,可以局部加热,但其加热温度不均,温度难以掌握,加热质量差,燃料消耗高,劳动生产率低。主要适于手工锻和小型空气锤上自由锻加热毛坯使用。

（2）反射炉

一般锻造车间普遍使用反射炉，如图5-2所示。反射炉是以烟煤为燃料，在燃烧室中燃烧，火焰越过火墙对金属进行加热的炉子。反射炉主要由燃烧室、加热室、鼓风装置、换热器及烟道、烟囱等组成。设备简单、燃料价格低廉、加热适应性强、炉膛温度均匀、费用低，但劳动条件差、加热速度慢、加热质量不易控制，因此，反射炉仅适用于中小批量的锻件。

1—灰坑；2—火沟槽；3—鼓风机；
4—炉算子；5—后炉门；6—烟囱

图5-1　手锻炉的结构示意图

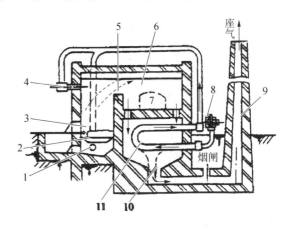

1—一次送风管；2—水平炉；3—燃烧室；
4—二次送风管；5—火墙；6—加热室；
7—装出料炉门；8—鼓风机；9—烟囱；
10—烟道；11—换热器

图5-2　反射炉的结构示意图

（3）其他炉

此外还有油炉、煤气炉和电炉等，见表5-5。这些加热设备加热效果较好，但成本高。

表5-5　工业锻造炉

炉型			简图	特点及应用场合
燃料炉	室外炉	煤气炉 重油炉	1—烧嘴；2—烟道	加热较迅速，加热质量一般，适于加热大型单件坯料或成批中、小型坯料
电炉	特型炉	电阻炉	1—踏杆；2—炉门；3—炉口； 4—电热体；5—加热室	加热温度、炉气成分易控制，加热质量较好，结构简单，适合于加热要求较高的坯料
		中频、工频炉	1—坯料；2—线圈	感应线圈形状根据坯料形状而制作，加热迅速、效率高、加热质量好，适于加热批量大、质量要求高的中、小型特定形状坯料

4. 坯料的加热缺陷和防治办法

由于加热控制不当,金属坯料在加热的过程中会产生多种缺陷,常见加热缺陷见表 5-6。

表 5-6　常见加热热缺陷

名称	原　因	危　害	防止(减小)措施
氧化	坯料加热时表面金属与氧化性气体发生氧化反应,俗称火耗	造成金属的烧损;降低锻件精度和表面质量;减小模具寿命	在高温区减少加热时间,控制炉气成分,达到少或无氧化加热
脱碳	坯料表面的碳粉被氧化,俗称脱碳	降低表面机械性能,降低硬度,表面产生龟裂	
过热	加热温度过高,停留时间过长,导致金属晶粒粗大	降低锻件力学性能,金属塑性减小,脆性增大。	控制加热温度,减小高温加热时间
过烧	加热温度接近材料的熔点,造成晶粒界面氧化甚至熔化	塑性变形能力完全消失,一锻即碎,只得报废	
开裂	坯料表里温差太大,组织变化不匀,导致材料内应力过大	坯料产生内部裂纹,坯料报废	对于高碳钢或大型坯料,开始加热时应缓慢升温

5.1.4　锻件冷却

锻件冷却是锻造工艺过程中必不可少的工序。生产中由于锻后冷却不当,常使锻件翘曲,表面硬度升高,甚至产生裂纹。为保证锻件质量,锻后的锻件常用的冷却方法有以下几种:

1. 空冷

即锻完后将锻件置于空气中冷却,但不应放在潮湿或有强烈气流的地方。对于低、中碳钢及低合金钢的中小型锻件一般采用空冷方式。

2. 坑冷

锻件放在填有砂子、石灰、炉灰等保温材料的坑中冷却,冷却速度较慢。适于高合金钢和塑性较差的中型锻件。对于碳素工具钢可先冷至 650～700℃,然后再进行坑冷。

3. 炉冷

将锻后的锻件立即放入 500～700℃ 的加热炉中,随炉冷却。这是一种最缓慢的冷却方法,适合于中碳钢及低合金钢的大型锻件和高合金钢的重要零件。

一般情况下,钢中含碳量及合金元素的含量越高,体积越大。形状越复杂,冷却速度应该越缓慢。

5.1.5　锻造实训安全操作规程

(1) 进入车间实训时,要穿好工作服,戴好防护用品。袖口要扎紧,衬衫要系入裤内。不得穿凉鞋、拖鞋、高跟鞋、背心、裙子和戴围巾进入车间。

(2) 严禁在车间内追逐、打闹、喧哗、阅读与实训无关的书刊等。

(3) 应在指定的工位上进行实训。未经允许,其他机床、工具或电器开关等均不得乱动。

(4) 随时检查锤柄是否松动,锤头、砧子及其他工具是否有裂纹或其他损坏现象。

(5) 锻打前必须正确选用夹持工具,钳口必须与锻件毛坯的形状和尺寸相符合,否则在锤击时,因夹持不紧容易造成毛坯飞出。

（6）手工自由锻时,负责打锤的学生要听从负责掌钳学生或指导老师的指挥,互相配合,以免伤人。

（7）取出加热的工件时,要注意观察周围人员情况,避免工件烫伤他人。不可直接用手或脚去接触金属料,以防烫伤。严禁用烧红的工件与他人开玩笑,避免造成人身伤害事故。

（8）切断料头时,在飞出方向不应站人。

（9）清理炉子,取放工件应关闭电源后进行。

（10）当天实训结束后,必须清理工具和设备,打扫工作现场的卫生。

5.2　机械自由锻造

机械自由锻造是使用机器设备,使坯料在设备上、下两砧之间各个方向不受限制而自由变形,以获得锻件的方法。

5.2.1　自由锻常用设备

自由锻设备有空气锤、蒸汽-空气锤和水压机等,分别适合小、中和大型锻件的生产。其中空气锤使用灵活,操作方便,是生产小型锻件最常用的自由锻设备。空气锤的规格是用落下部分的质量来表示,一般为 50~1 000 kg。

1. 空气锤

（1）空气锤的结构如图 5-3(a)所示,由锤身、压缩缸、工作缸、传动机构、操纵机构、落下部分及砧座等组成。空气锤的公称规格是以落下部分的质量来表示的。落下部分包括了工作活塞、锤杆、锤头和上抵铁。例如 65 kg 空气锤,是指其落下部分质量为 65 kg,而不是指它的打击力。

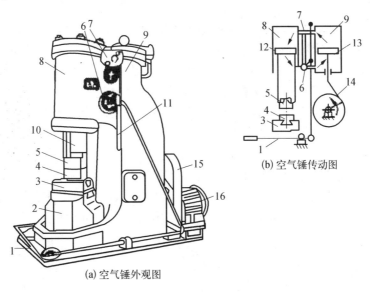

(a) 空气锤外观图

(b) 空气锤传动图

1—踏杆;2—砧座;3—砧垫;4—下抵铁;5—上抵铁;6、7—旋阀;8—工作缸;
9—压缩缸;10—锤头;11—手柄;12、13—活塞;14—曲柄连杆;15—减速机构;16—电动机

图 5-3　空气锤的结构和工作原理

（2）空气锤的工作原理如图 5-3（b）所示，电动机通过减速机构带动连杆，使活塞在压缩缸内作上、下往复运动。活塞上升时，将压缩空气经上旋阀压入工作缸的上部，推动活塞连同锤杆及上砧铁向下运动打击锻件。通过踏杆和手柄操作上、下旋阀，可使锤头完成悬锤、压锤、连续打击、单次打击、空转等动作。空气锤工作时振动大，噪声也大。

（3）空气锤的操作：先接通电源，启动空气锤后通过手柄或脚踏杆，操纵上下旋阀，可使空气锤实现空转、锤头悬空、连续打击、压锤和单次打击五种动作，以适应各种加工需要。

① 空转（空行程）。当上、下阀操纵手柄在垂直位置，同时中阀操纵手柄在"空程"位置时；压缩缸上、下腔直接与大气连通，压力一致，由于没有压缩空气进入工作缸，锤头不进行工作。

② 锤头悬空。当上、下阀操纵手柄在垂直位置，将中阀操纵手柄由"空程"位置转至"工作"位置时，工作缸和压缩缸的上腔与大气相通。此时，压缩活塞上行，被压缩的空气进入大气；压缩活塞下行，被压缩的空气由空气室冲开止回阀进入工作缸的下腔，使锤头上升，置于悬空位置。

③ 连续打击（轻打或重打）。中阀操纵手柄在"工作"位置时，驱动上、下阀操纵手柄（或脚踏杆）向逆时针方向旋转使压缩缸上、下腔与工作缸上、下腔互相连通。当压缩活塞向下或向上运动时，压缩缸下腔或上腔的压缩空气相应地进入工作缸的下腔或上腔，将锤头提升或落下。如此循环，锤头产生连续打击。打击能量的大小取决于上、下阀旋转角度的大小，旋转角度越大，打击能量越大。

④ 压锤（压紧锻件）。当中阀操纵手柄在"工作"位置时，将上、下阀操纵手柄由垂直位置向顺时针方向旋转 45°，此时工作缸的下腔及压缩缸的上腔和大气相连通。当压缩活塞下行时，压缩缸下腔的压缩空气由下阀进入空气室，并冲开止回阀经侧旁气道进入工作缸的上腔，使锤头压紧锻件。

⑤ 单次打击。单次打击是通过变换操纵手柄的操作位置实现的。单次打击开始前，锤处于锤头悬空位置（即中阀操纵手柄处于"工作"位置），然后将上、下阀的操纵手柄由垂直位置迅速地向逆时针方向旋转到某一位置再迅速地转到原来的垂直位置（或相应地改变脚踏杆的位置）这时便得到单次打击。打击能量的大小随旋转角度而变化，转到 45°时单次打击能量最大。如果将手柄或脚踏杆停留在倾斜位置（旋转角度≤45°），则锤头作连续打击。故单次打击实际上只是连续打击的一种特殊情况。

2. 蒸汽-空气锤

蒸汽-空气锤也是靠锤的冲击力锻打工件，如图 5-4 所示。蒸汽-空气锤自身不带动力装置，另需蒸汽锅炉向其提供具有一定压力的蒸汽，或空气压缩机向其提供压缩空气。其锻造能力明显大于空气锤，一般为 500～5 000 kg，常用于中型锻件的锻造。

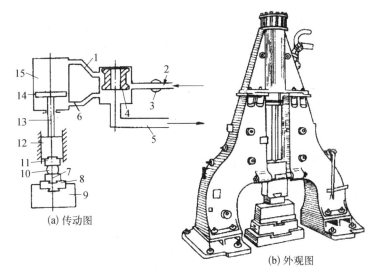

(a) 传动图

(b) 外观图

1—上气道;2—进气道;3—节气阀;4—滑阀;
5—排气管;6—下气道;7—下砧;8—砧垫;9—砧座;10—坯料;
11—上砧;12—锤头;13—锤杆;14—活塞;15—工作缸

图 5 - 4 双柱拱式蒸汽-空气锤

3. 水压机

大型锻件需要在液压机上锻造,水压机是最常用的一种,如图 5 - 5 所示。水压机不依靠冲击力,而靠静压力使坯料变形,工作平稳,因此工作时震动小。不需要笨重的砧座;锻件

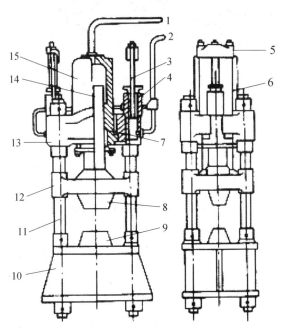

1、2—管道;3—回程柱塞;4—回程缸;5—回程横梁;6—拉杆;7—密封圈;8—上砧;
9—下砧;10—下横梁;11—立柱;12—活动横梁;13—上横梁;14—工作柱塞;15—工作缸

图 5 - 5 水压机

变形速度低,变形均匀,易将锻件锻透,使整个截面呈细晶粒组织,从而改善和提高了锻件的力学性能,容易获得大的工作行程并能在行程的任何位置进行锻压,劳动条件较好。但由于水压机主体庞大,并需配备供水和操纵系统,故造价较高。水压机的压力大,规格为500～12 500 t,能锻造1～300 t的大型重型坯料。

5.2.2　自由锻常用工具

根据工具的功能可分为以下几类,如图5-6所示。

(1) 夹持工具:如圆钳、方钳,槽钳、抱钳、尖嘴钳、专用型钳等。

(2) 切割工具:剁刀、剁垫、刻棍等。

(3) 变形工具:如压铁、摔子、压肩摔子、冲子、垫环(漏盘)等。

(4) 测量工具:如钢直尺、内外卡钳等。

(5) 吊运工具:如吊钳、叉子等。

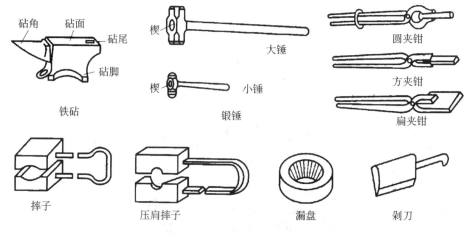

图5-6　自由锻常用工具

5.2.3　自由锻工序

1. 基本工序

锻造的基本工序是使金属坯料产生一定程度的塑性变形,以得到所需形状、尺寸或改善材质性能的工艺过程。它是锻件成形过程中必需的变形工序,如镦粗、拔长、弯曲、冲孔、切割、扭转和错移等。实际生产中最常用的是镦粗、拔长和冲孔三个工序。自由锻基本工序的定义、操作要点和应用见表5-7。

表5-7　自由锻基本工序的定义、操作要点和应用

名称		定义	简图	名称	定义	简图
镦粗	完全镦粗	降低坯料高度,增加截面面积	上砧 坯料 下砧	扩孔	将已有孔扩大(用冲头)	扩孔冲头 坯料 漏盘

续表

名称		定义	简图	名称	定义	简图
镦粗	局部镦粗	局部减少坯料高度，增加截面面积	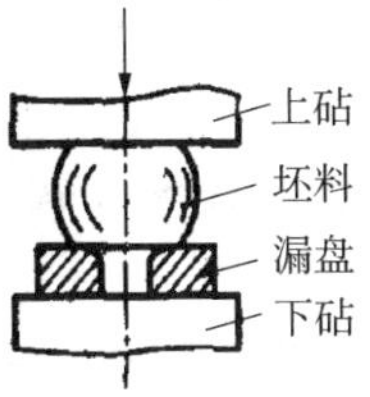 上砧 坯料 漏盘 下砧	扩孔	将已有孔扩为大孔(用马架)	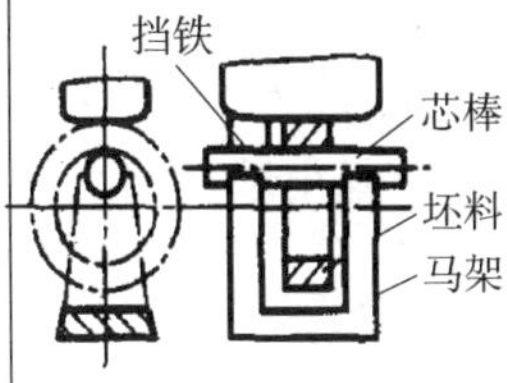 挡铁 芯棒 坯料 马架
拔长(延伸)		减少坯料截面面积，增加长度	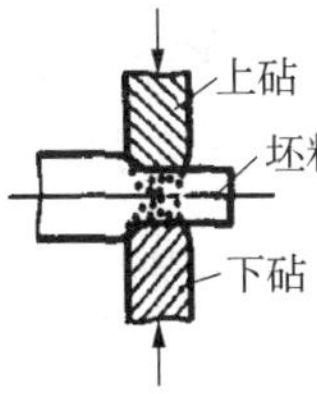 上砧 坯料 下砧	切割	用切刀等将坯料分成部分，或局部分离或全部切离	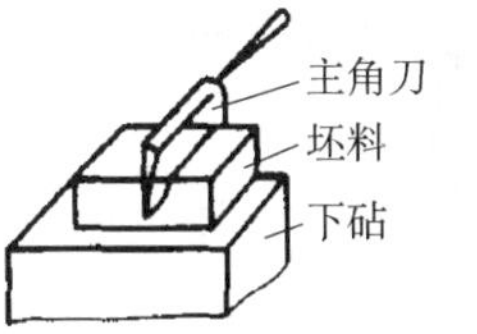 主角刀 坯料 下砧
冲孔		在坯料上锻制通孔	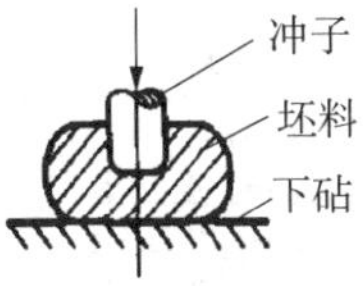 冲子 坯料 下砧	弯曲	改变坯料轴线形状	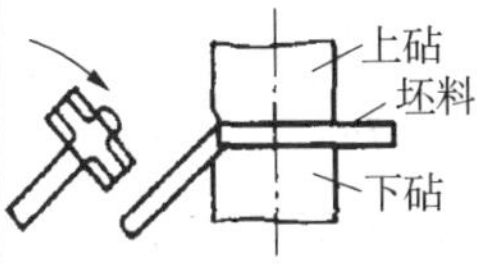 上砧 坯料 下砧

2. 辅助工序

辅助工序是为基本工序操作方便而进行的预先变形工序，如压钳口、压肩、钢锭倒棱等。

3. 修整工序

修整工序是用以减少锻件表面缺陷而进行的工序，如校正、滚圆、平整等。

5.2.4　自由锻工艺规程的制定

1. 设计锻件图

锻件图是编制锻造工艺、设计工具、指导生产和验收锻件的主要依据，也是联系其他后续加工工艺的重要技术资料，它是根据零件图考虑了加工余量，锻件公差、锻造辅料、检验试样及工艺卡头等绘制而成。

（1）余块

自由锻造只能锻制形状简单的锻件，当零件上带有凹槽、台阶、凸肩、法兰和内孔时（图 5-7），必须进行适当的简化，以便于锻造。余块就是为简化锻造工艺而多留的一部分金属。但锻件增加余块后，必然使金属的消耗量和切削加工量增加，因而是否增加余块，应根据零件形状、尺寸、锻造技术和成本综合考虑。

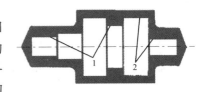

1—余块；2—锻件余量

图 5-7　锻件余量及余块

（2）加工余量

自由锻造的精度和表面质量较差，一般需进一步切削加工，所以零件上的加工表面应留有切削加工余量，以保证锻件经切削加工后能达到零件所需要的尺寸精度和表面粗糙度。

（3）锻件公差

锻件实际尺寸与公称尺寸所允许的锻造偏差称为锻件公差。锻件需要加工或不加工的地方均需要规定公差,其大小根据锻件形状、尺寸、生产条件、技术水平等确定,一般约为加工余量的1/3~1/4,具体数值可查锻工手册。

2. 坯料质量计算

(1)确定坯料质量

自由锻所用坯料的质量为锻件的质量与锻造时各种金属消耗的质量之和,可用下式表示:

$$坯料重量 = 锻件重量 + 氧化损失 + 截料损失$$

(2)确定坯料尺寸

根据塑性加工过程中体积不变原则和采用的基本工序类型(如拔长、镦粗等)的锻造比、高度与直径之比等计算出坯料横截面积、直径或边长等尺寸。典型锻件的锻造比见表5-8。

表 5-8 典型锻件的锻造比

锻件名称	计算部位	总锻造比	锻件名称	计算部位	总锻造比
碳素钢轴 合金钢轴	最大截面	2.0~2.5 2.5~3.0	模块	最大截面	≥3.0
热轧辊 冷轧辊	辊身	2.5~3.0 3.5~5.0	汽轮机转子 发电机转子	轴身	3.5~6.0
船用轴	法兰 轴身	≥1.5 ≥3.0	汽轮机叶轮 涡轮盘	轮毂 轮缘	4.0~6.0 6.0~8.0
水轮机空心轴	法兰 轴身	≥1.5 ≥2.5	航空用大锻件	最大截面	6.0~8.0
曲轴	曲拐 轴颈	≥2.0 ≥3.0			

3. 拟订锻造工序

自由锻造采用的工序,是根据锻件的结构、形状和工序特点来决定的。

4. 选择锻造设备及确定锻造温度及冷却方式

锻造设备是根据锻件的质量、尺寸和形状来选择的。锻造设备确定后,根据锻件的材料种类和形状尺寸确定加热或冷却规范和加热设备,最后编制成锻件工艺卡片。

5.3 胎模锻造

胎模按其结构可分为摔模、扣模、套模、垫模、合模和漏模等,见表5-9。

表 5-9 胎模结构

分 类	简 图	说 明
摔模		模具主要由上下摔子组成,锻造时锻件在上、下摔子中不断旋转使其产生径向锻造,锻件无毛刺,无飞边。主要用于圆轴、杆、叉类锻件

分　类	简　图	说　明
套模	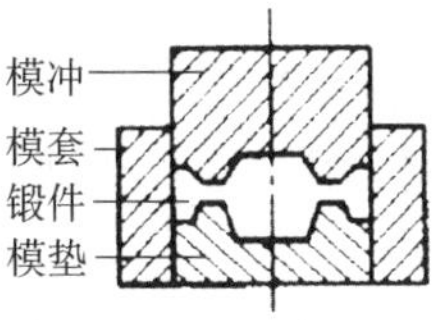 模冲 模套 锻件 模垫	模具由模套、模冲、模垫组成。套模是一种闭式胎模，锻造时不产生飞边。主要用于圆轴、圆盘类锻件
垫模	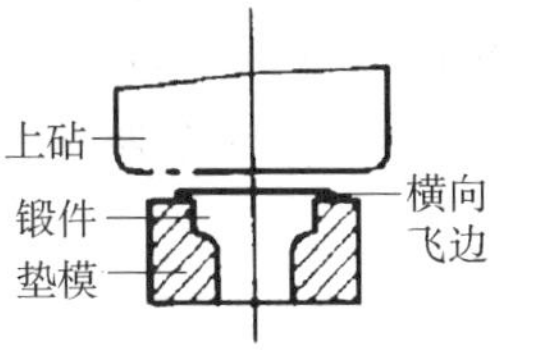 上砧 锻件　　横向飞边 垫模	模具只有下模，而上模由锤砧代替，锻造时产生横向飞边。主要用于圆盘、圆轴及法兰盘锻件
合模	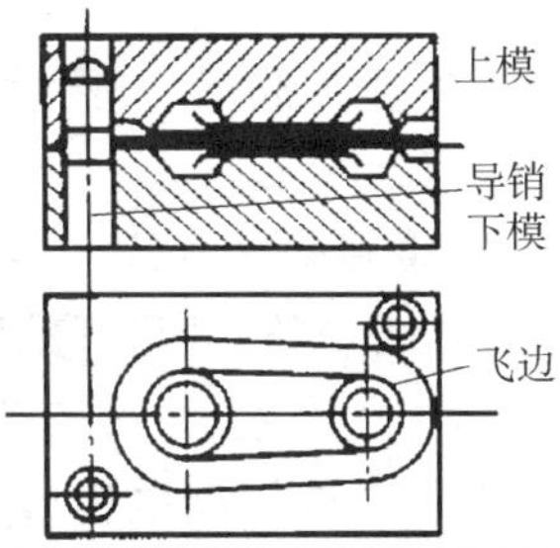 上模 导销 下模 飞边	模具由上、下模及导向装置构成，合模锻造时沿分模面产生横向飞边。主要用于形状较复杂的非回转锻件
漏模	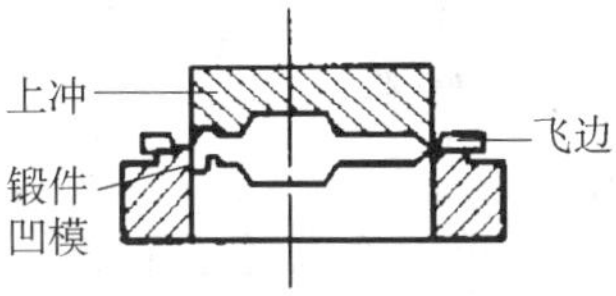 上冲　飞边 锻件 凹模	模具由冲头、凹模及定位导向装置构成。主要用于切除锻件的飞边、连皮或冲孔

胎模锻造与自由锻造相比。生产效率较高，锻件形状和尺寸精度高，减少了加工余量和余块，节约了金属；与模锻相比，胎模锻造简便、成本低、不需昂贵的模锻设备，通用性强，但生产效率低，精度比模锻差，胎模寿命短，工人劳动强度大。因此，胎模锻适用于中、小批量生产，无模锻设备的小型工厂应用较多。

5.4　冲压

冲压加工是金属压力加工方法之一，它是建立在金属塑性变形的基础上，在常温下利用冲模和冲压设备对材料施加压力，使其产生塑性变形或分离，从而获得一定形状、尺寸和性能的工件。这种方法通常是在冷态下进行的，所以又称为冷冲压。所用板料厚度一般不超过 6 mm。

5.4.1　冲压基本知识

用于冲压加工的材料应具有较高的塑性。常用的有低碳钢、铜、铝及其合金，此外非金属板料也常用于冲压加工，如胶木、云母、石棉板和皮革等。冲压具有如下特点：

（1）冲压加工是少切屑、无切屑加工方法之一，是一种能、低耗、高效的加工方法，因而制品的成本较低。

（2）冲压件的尺寸公差由模具保证，具有"一模一样"的特征所以产品质量稳定。

（3）冲压加工可以加工壁薄、重量轻、形状复杂、表面质量好、刚性好的工件。例如：汽车外壳、仪表外壳等。

（4）冲压生产靠压力机和模具完成加工过程，生产率高，操作简便，易于实现机械化与自动化。用普通压力机进行冲压加工，每分钟可达几十件，用高速压力机生产，每分钟可达数百件，上千件。

由于冲压加工具有上述突出的优点，所以在批量生产中得到了广泛的应用，在汽车、拖拉机、电机、仪表和日用品的生产中，已占据十分重要的地位，据粗略统计，在电子产品中冲压件（包括钣金件）的数量约占工件总数的 85% 以上，在飞机、各种枪弹与炮弹的生产中，冲压件所占的比例也是相当大的。

5.4.2 冲压实训安全操作规程

（1）实验前检查压床运动部分（如导轨、轴承等）是否加注了润滑油，然后启动压床检查离合器、制动器是否正常。

（2）先关闭电门，待压床部分停止运转后，方可开始安装并调整模具。

（3）安装调整完后，用手搬动飞轮试冲两次。经老师检查合格，才可开动压床。

（4）开动压床前，其他人离开压床工作区，拿走工作台上的杂物，才可启动电门。

（5）压床开动后，由一人进行送料及冲压操作，其他人不得按动电钮或脚踩脚踏开关扳，并且不能将手放入压床工作区或用手触动压床的运动部分。

（6）工作时，禁止冲裁重叠板料，随时从工作台上清除废料，清除时要用工具，绝对禁止用手，如遇工件卡住时，立即停止电动机并及时清除障碍。

（7）工作时，禁止将手伸入冲模，离合器接通后，不得再去变动冲模上的毛坯位置。

（8）作浅拉深时，注意材料清洁，并加润滑油。

（9）不要将脚经常搁置于脚踏板上，以防不慎踏下踏板，发生事故。

（10）发现压床有异常声音或机构失灵，应立即关闭电源开关，进行检查。

（11）操作时要思想集中，严禁边谈边做，并且要互相配合，确保安全操作。

（12）爱护压床，冲模、工具、量具和仪器。

（13）实验完毕后，脱开离合器，关闭电源，将模具和压床擦拭干净，整理就绪。

5.4.3 冲压设备及工具

1. 冲床

冲床是冲压加工的基本设备。常用的冲床有开式双柱冲床，如图 5-8 所示。电动机通过 V 带减速系统带动大带轮转动，踩下踏板后，离合器闭合并带动曲轴旋转，再经过连杆带动滑块沿导轨做上下往复运动，进行冲压加工。如果将踏板踩下后立即抬起，滑块冲压一次后，便在制动器的作用下，停止在最高位置，如果踏板不抬起，滑块就进行连续冲压。

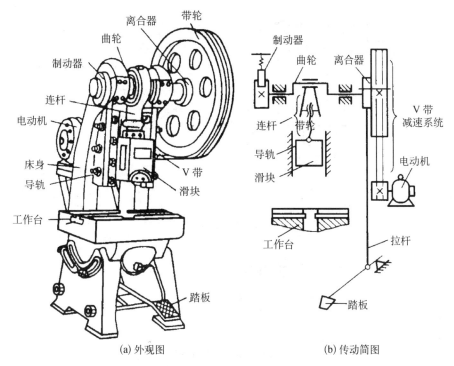

(a) 外观图　　　　　　　　　　(b) 传动简图

图 5-8　开式双柱冲床

2. 剪板机

用剪切方法使板料分离的机器称为剪板机，又称剪床。它是下料的基本设备，如图 5-9 所示。

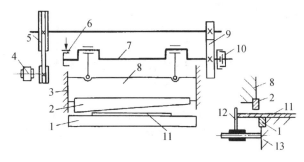

1—下刀刃；2—上刀刃；3—导轨；4—电动机；5—带轮；6—制动器；7—曲轴；
8—滑块；9—齿轮；10—离合器；11—板料；12—挡铁；13—工作

图 5-9　剪床结构与剪切示意图

3. 冲模

冲模是使板料分离或变形的工具。冲模一般分为上模和下模两部分，上模用模柄固定在冲床滑块上，下模用螺栓固定在工作台上。冲模分简单冲模、连续冲模和复合冲模三种。

（1）简单模

在冲床的冲压过程中只完成一道工序的冲模称为简单模，简单模结构及工作示意图如图 5-10 所示。它适用于小批量生产。

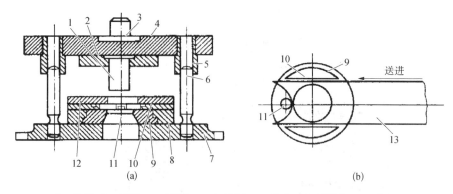

1—凸模；2—压板；3—模柄；4—上模板；5—导套；6—导柱；7—下模板；
8—压板；9—凹套；10—导料板；11—定位销；12—卸料板；13—条料

图 5 - 10　简单模的结构及工作示意图

（2）复合模

在冲床的一次冲程中，同时完成数道冲压工序的模具称为复合模。如图 5 - 11 所示的冲模可同时完成下料和拉深两道工序。

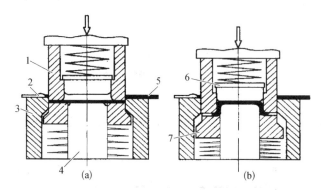

1—凸凹模；2—定位销；3—落料凹模；4—拉深凸模；5—条料；6—顶出器；7—拉深压板

图 5 - 11　复合模的结构及工作示意图

（3）连续模

在冲床的一次冲压过程中，在模具的不同部位同时完成多道冲压工序的模具称为连续模，如图 5 - 12 所示。连续模有利于实现自动化，生产效率高，但是模具精度要求高，成本也高。

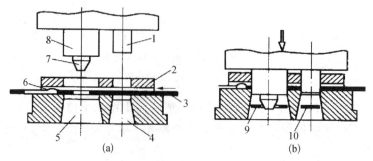

1—冲孔凸模；2—导板（卸料板）；3—条料；4—冲孔凹模；
5—落料凹模；6—定位销；7—导正销；8—落料凸模；9—冲裁件；10—废料

图 5 - 12　连续模的结构及工作示意图

5.4.4　冲压基本工序及操作

冲压基本工序分为分离工序和变形工序两类。分离工序包括切断、冲裁(落料和冲孔)等工序。变形工序包括弯曲、拉深、翻边、成形等工序。各工序的特点和应用见表5-10。

表5-10　板料冲压主要工序

工序名称		定义	简图	应用举例
分离工序	剪裁	用剪床或冲模沿不封闭的曲线或直线切断		用于下料或加工形状简单的平板零件,如冲制变压器的矽钢片芯片
	落料	用冲模沿封闭轮廓曲线或直线将板料分离,冲下部分是成品,余下部分是废料		用于需进一步加工工件的下料,或直接冲制出工件,如平板型工具板头
	冲孔	用冲模沿封闭轮廓曲线或直线将板料分离,冲下部分是废料,余下部分是成品		用于需进一步加工工件的前工序,或冲制带孔零件,如冲制平垫圈孔
变形工序	弯曲	用冲模或折弯机,将平直的板料弯成一定的形状		用于制作弯边、折角和冲制各种板料箱柜的边缘
	拉深	用冲模将平板状的坯料加工成中空形状,壁厚基本不变或局部变薄		用于冲制各种金属日用品(如碗、锅、盆、易拉罐身等)和汽车油箱等
	翻边	用冲模在带孔平板工件上用扩孔方法获得凸缘或把平板料的边缘按曲线或圆弧弯成竖直的边缘		用于增加冲制件的强度或美观
	卷边	用冲模或旋压法,将工件竖直的边缘翻卷		用于增加冲制件的强度或美观,如做铰链

5.4.5 冲压件缺陷分析

常见冲压件缺陷及产生原因见表 5-11。

表 5-11 常见冲压件缺陷及产生原因

缺陷名称	产生原因
毛刺	冲裁间隙过大或过小,刃口不锋利或啃伤等
翘曲	冲裁间隙过大,材质不均,材料有残余内应力等
弯曲裂纹	材料塑性差,弯曲线与纤维组织方向平行,弯曲半径过小等
皱纹	相对厚度小,拉深系数过小,间隙过大压边力过小,压边圈表面磨损严重
拉深裂纹和断裂	拉深系数过小,间隙过小,凹模或压料面局部磨损,润滑不够,圆角半径过小
表面划痕	凹模表面磨损严重,间隙过小,凹模或润滑不干净
拉深件壁厚不均	润滑不够,间隙过大或过小

5.4.6 冲压模具的结构分析与拆装实验

通过拆装冲压模具,并对其结构进行分析,目的是了解实际生产中各种冲压模具的结构、组成及模具各部分的作用,了解冲压模具凸、凹模的一般固定方式,并掌握正确拆装冲压模具的方法。

(1) 工具、量具及模具的准备

单工序冲模、单工序拉深模和复合模若干套,每套模具最好配有相应的成形零件,以便对照零件分析模具的工作原理和结构。

拆装用具(锤子、铜棒、扳手及螺丝刀等)、量具(直尺、游标卡尺及塞尺等)以及煤油、棉纱等清洗用辅料。

(2) 拆装内容及步骤

① 打开上、下模,认真观察模具结构,测量有关调整件的相对位置(或做记号),并拟定拆装方案,经指导人员认可后方可进行拆装工作。

② 按所拟拆装方案拆卸模具。注意某些组件是过盈配合,最好不要拆卸,如凸模与凸模固定板、上模座与模柄、模座与导柱、导套等。

③ 对照实物画出模具装配图(草图),标出各零件的名称,如图 5-13 所示。

④ 观察模具与成形零件,分析模具中各零件的材料、热处理要求和在模具中的作用,见表 5-12。

⑤ 画出所冲压的工件图,如图 5-13 所示中的"冲件简图"。

⑥ 观察完毕将模具各零件擦拭干净、涂上机油,按正确装配顺序装配好。

⑦ 检查装配正确与否后,在冲床上安装和调整冲模,并试冲出冲压件。

⑧ 整理清点拆装用工具。

(3) 实验报告要求

① 画出一副模具的装配草图和工作零件零件图;注明模具各主要零件的名称、所用材料、热处理要求和用途。

② 模具结构分析

分析工件图；

分析模具的结构特点；

说明模具的动作过程。

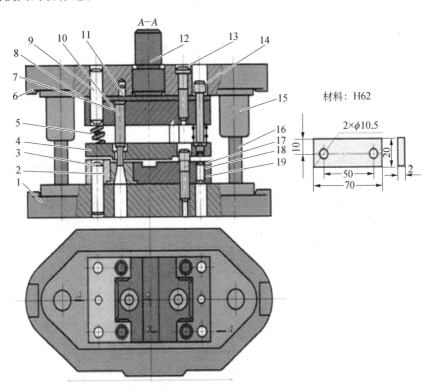

1—下模座；2—凹模；3—定位板；4—弹压卸料板；
5—弹簧；6—上模座；7、18—固定板；8—垫板；9、11、19—定位销钉；
10—凸模；12—模柄；13、14、17—螺钉；15—导套；16—导柱

图 5 - 13　冲孔模

表 5 - 12　冲孔模中各零件的材料、热处理要求和作用

序号	零件名称	材料	热处理及硬度要求	零件在模具中的作用
1	下模座	HT200		安装导柱、凹模、固定板等
2	凹模	Cr12MoV	淬火、回火 58～62HRC	冲压的工作零件
3	定位板	45	淬火、回火 30～40HRC	对冲压件定位
4	弹压卸料板	45	淬火、回火 30～40HRC	卸料用途
5	弹簧	65Mn	淬火、中温回火	对卸料板产生卸料推力
6	上模座	HT200		安装导套、模柄、凸模固定板等
7、18	固定板	45	淬火、回火 30～40HRC	分别固定凸模和凹模
8	垫板	45	淬火、回火 30～40HRC	支承作用
9、11、19	销钉	35	淬火、回火 30～40HRC	对固定板、垫板起定位作用

续表

序号	零件名称	材料	热处理及硬度要求	零件在模具中的作用
10	凸模		淬火、回火 58～62HRC	冲压的工作零件
12	模柄	Q235		与冲床的滑块连接
13、14、17	螺钉	45		紧固固定板等
15	导套	20	渗碳、58～62HRC	导向作用
16	导柱	20	渗碳、58～62HRC	导向作用

5.5　小结

本项目主要教会学生掌握锻压知识和操作技能,锻压包括锻造和冲压两大类。

(1)锻造是将金属坯料放在砧铁或模具之间,施加锻造力以获得毛坯或零件的方法。锻件的生产过程主要包括下料、加热、锻打成形、冷却、热处理等。锻造可分为自由锻造,胎模锻造和模型锻造等。

(2)冲压是利用装在冲床上的冲模,使金属板料产生塑性变形或分离,以获得零件的方法。冲压包括冲裁、拉伸、弯曲、成形和胀形等,属于金属板料成形。

5.6　思考题

(1)锻造前金属坯料加热的作用是什么? 加热温度是不是愈高愈好?

(2)什么叫锻造温度范围? 常用钢材的锻造范围大约是多少?

(3)什么叫拔长? 什么叫镦粗? 锻件的墩歪、墩料及夹层是怎样产生的?

(4)冲孔前,一般为什么都要进行镦粗? 一般的冲孔件(除薄锻件外)为什么都采用双面冲孔的方法?

(5)空气锤的"三不打"指的是什么?

(6)弯曲件的裂纹是如何产生的? 减少或避免弯曲裂纹的措施有哪些?

(7)拉深件产生拉裂和皱折的原因是什么? 防止拉裂和皱折的措施有哪些?

(8)与铸造相比,锻造在成形原理、工艺方法、特点和应用上有何不同?

(9)详细记录实训过程中所接触到的工件的加工工艺过程和加工要求。

项目六　车削加工

学习目标

1. 了解车床的用途。
2. 了解车工的基本知识。
3. 熟悉车床的组成。
4. 熟悉车刀的组成。
5. 了解车削加工方法的工艺特点及加工范围。

6.1　概述

　　车削加工就是在车床上利用工件的旋转运动和刀具的进给运动来改变毛坯形状和尺寸,把它加工成符合图样要求的零件。

　　机加工实训是实训老师在车工实训场地现场教学,学生通过对车床操作、加工,制作针对性项目练习。以达到学习车工专业基础知识技能、技巧、加工方法的一个基础性机械加工工种。

　　车削加工就其基本的工作内容来说。可以车削外圆,车端面,切断和切槽、钻孔、铰孔、车削各种螺纹,车削内外圆锥面,车成形面,滚压及绕弹簧等如图 6-1 所示。因此,在机械制造工业中,车床是应用最广泛的金属切削加工机床之一。

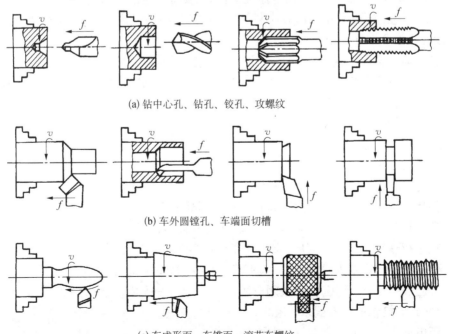

(a) 钻中心孔、钻孔、铰孔、攻螺纹

(b) 车外圆镗孔、车端面切槽

(c) 车成形面、车锥面、滚花车螺纹

图 6-1　车削主要加工范围

6.1.1　车床种类

车床的种类很多,主要有卧式车床、转塔车床、立式车床、多刀车床、自动及半自动车床、仪表车床、数控车床等。一般车床加工的公差等级为 IT10~IT8,表面粗糙度可达 Ra 6.3~0.8 μm。随着生产的发展,高效率、自动化和高精度的车床不断出现,为车削加工提供了广阔的前景,但卧式车床仍是各类车床的基础。

6.1.2　车工实训安全操作规程

1. 车床安全操作规程

(1) 工作时应穿好工作服,戴袖套;女生应戴工作帽,将长发塞入帽子里;夏季禁止穿裙子、短裤、凉鞋上机操作。

(2) 工作时,头不能离工件太近,以防铁屑飞入眼中;为防止切屑飞散,必须戴防护眼镜。

(3) 工作时,必须集中精力,注意手、身体和衣服不能靠近旋转的工件和卡盘等。

(4) 工件车刀必须装夹牢固,否则会飞出伤人。卡盘必须装有保险装置。装夹好工件后,卡盘扳手必须立即从卡盘上取下。

(5) 凡装卸工件、更换刀具、测量加工表面及变速时,必须先停车。

(6) 车床运转,不得用手去摸工件表面。严禁用棉纱擦抹转动的工件。应使用专用铁钩清除切屑,绝不允许用手直接清除。

(7) 在车床上操作严禁戴手套。

(8) 毛坯棒料从主轴孔尾端伸出不得太长。伸出长时应使用料架或挡板,以防伤人。

(9) 不准用手去刹住旋转着的卡盘。

(10) 不准随意拆装机床零件及电器设备,以免发生危险。

(11) 工作中若发现机床电气设备有故障,应及时上报,由专业人员检修。未修复不能使用。

2. 砂轮机安全操作规程

(1) 使用砂轮机前应戴好一切防护用品,女工应戴好帽子。

(2) 注意检查螺帽是否松动,砂轮有无裂纹等现象,防护罩是否固紧可靠,使用前必须等砂轮转动正常后,再开始使用。

(3) 操作者不能正对砂轮操作,应适当站在侧边;不能一次二人同时使用一个砂轮,在刃磨时,应戴好防护镜。

(4) 砂轮机禁止磨铜、铝、铅、木质等物。

(5) 砂轮机只作刃磨刀具使用,不能刃磨其他物件。

(6) 使用时用力要适当,不能用力过猛,以免爆炸伤人。

(7) 严禁在开动时打扫卫生,更不准砂轮作切断棉纱、下料等用。

(8) 在进行砂轮的电气修理后,应认真检查砂轮机的安全装置。

(9) 砂轮机应指定专人管理,任何人不得随意拆卸砂轮机的安全装置。

(10) 离开砂轮机或不用时,应关闭电源。

3. 电气火灾抢救的一般要求

(1) 断电灭火

① 发生电气设备和线路失火时,应切断电源灭火。

② 在切断电源时应采用正确的方法,将电线剪断时,应用带绝缘手柄钳子,一根一根的剪断。

③ 在切断电源后,确保无电后可采用一般的方法灭火。

（2）带电灭火

在电气火灾中,往往遇到设备线路带电,又不能及时停电,为了防止事故扩大,必须带电灭火。带电灭火可采用以下方法:

① 二氧化碳、四氧化碳、二氟一氯、一溴甲烷、二溴二氟等干性灭火机。

② 干燥的砂子。

③ 禁止使用水及泡沫灭火机。

4. 安全文明实训要求

（1）开车前检查车床各部分机构及防护设备是否完好。各手柄是否灵活,位置是否正确。检查各注油孔,并进行润滑,然后使主轴空转 1～2 min,先待车床运转正常后才能使用。

（2）主轴变速必须先停车,变换进给箱手柄要在低速进行。为保持丝杆的精度除车削螺纹外,不得用丝杆做进给运动。

（3）刀具、量具及工具等的放置要稳妥、整齐、合理。有固定位置,便于操纵时取用,用后放回原处。主轴箱盖上禁止放任何物品。

（4）工具箱内应分类摆放物件。精度高的应放置稳妥,重物放下层,轻物放上层,不可随意乱放,以免损坏。

（5）正确使用和爱护量具。保持清洁,用后擦净,涂油,放入盒内。

（6）不允许在卡盘上及床身导轨上敲击,床面上不准放置物品。装夹较重工件时,应用木板保护床面。

（7）车刀磨损后应及时刃磨,不允许使用不锋利的车刀继续车削,以免影响工件及机床精度。

（8）精加工是应做好防锈处理。

（9）使用切削液之前,应在床身上涂润滑油。

（10）保持工作场所清洁、整齐,避免杂物堆放,防止绊倒。

6.2　卧式车床

6.2.1　卧式车床的编号

车工实训常有的卧式车床有 C6132、C6136、C6140 等几种型号,现以 C6132 的编号为例介绍:通常按 GB/T 15375—94《金属切削机床型号编制方法》规定,按类、组、型三级编成不同的型号。

如 C6132 车床,其字母与数字的含义如下:

32——机床主参数代号(车床能加工工件最大直径的 1/10,即最大直径为 320 mm);

1——机床系别代号(普通卧式车床型);

6——机床组别代号(落地及卧式车床组);

C——机床类别代号(车床类)。

6.2.2 卧式车床的组成部分

卧式车床的组成部分有：床身、床头箱（也叫主轴箱）、进给箱（也叫送进箱）、光杠、丝杠、溜板箱、刀架、尾架及床腿等。图 6-2 所示是 C6132 车床的示意图。

床身：是车床的基础零件，用以联接各主要部件并保证各个部件之间有正确的相对位置。床身上的导轨，用以引导刀架和尾架相对于床头箱进行正确的移动。

床头箱：内装主轴和主轴变速机构。电动机的运动经 V 带传动传给床头箱，通过变速机构使主轴得到不同的转速。主轴又通过传动齿轮带动挂轮旋转，将运动传给进给箱。

主轴：为空心结构，如图 6-3 所示。前部外锥面安装附件（如卡盘等）来夹持工件，前部内锥面用来安装顶尖，细长孔可穿入棒料。

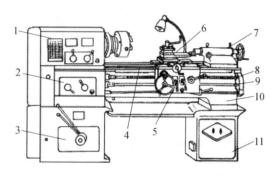

1—主轴箱；2—进给箱；3—变速箱；4—导轨；
5—溜板箱；6—刀架；7—尾座；8—丝杠；
9—光杠；10—床身；11—前后床脚

图 6-2 C6132 卧式车床

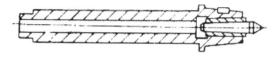

图 6-3 C6132 车床主轴结构示意图

挂轮箱：装在床身的左侧。其上装有变换齿轮（挂轮），它把主轴的旋转运动传递给进给箱，调整挂轮箱上的齿轮，并与进给箱内的变速机构相配合，可以车削出不同螺距的螺纹，并满足车削时对不同纵、横向进给量的需求。

进给箱：内装进给运动的变速机构，可按所需要的进给量或螺距调整其变速机构，改变进给速度。

光杠、丝杠：将进给箱的运动传给溜板箱。自动走刀用光杠，车削螺纹用丝杠。

操纵杆：是车床的控制机构的主要零件之一。在操纵杆的左端和溜板箱的右侧各装有一个操纵手柄，操作者可方便的操纵手柄以控制车床主轴的正转、反转或停车。

溜板箱：是车床进给运动的操纵箱。它可将光杠传来的旋转运动变为车刀需要的纵向或横向直线运动，也可操纵对开螺母使刀架由丝杠直接带动车削螺纹。

刀架：是用来夹持车刀使其作纵向、横向或斜向进给运动，由大刀架、横刀架、转盘、小刀架和方刀架组成。如图 6-4 所示。

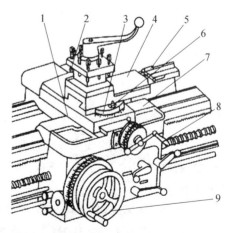

1—中滑板；2—方刀架；3—转盘；
4—小滑板；5—小滑板手柄；6—螺母；
7—床鞍；8—中滑板手柄；9—床鞍手轮

图 6-4 C6132 车床刀架结构

大拖板：与溜板箱联接，带动车刀沿床身导轨作纵向移动。

中滑板：带动车刀沿大刀架上面的导轨作横向移动。

转盘：与横刀架用螺栓紧固。松开螺母，便可在水平面内扳转任意角度。

小刀架(也叫小拖板)：可沿转盘上面的导轨作短距离移动。将转盘扳转若干角度后，小刀架带动车刀可作相应的斜向移动。

方刀架：用于装卡刀具，可同时安装四把车刀。

尾架：安装于床身导轨上。在尾架的套筒内装上顶尖可用来支承工件，也可装上钻头、铰刀在工件上钻孔、铰孔。

床身：是精度要求很高的带有导轨(山形导轨和平导轨)的一个大型基础部件，用以支承和连接车床的各个部件，并保证各部件在工作时有准确的相对位置。床身由纵向的床壁组成，床壁间有横向筋条用以增加床身刚性。床身固定在左、右床腿上。

床脚：前后两个床脚分别与床身前后两端下部连为一体，用以支撑安装在床身上的各个部件。同时，通过地脚螺栓和调整垫块使整台车床固定在工作场地上，通过调整，能使床身保持水平状态。

6.2.3　卧式车床的传动系统

1. 车床的主运动系统

C6132 车床主轴共有 12 种转速，范围为 45～1 980 r/min。

2. 车床的进给传动系统

车床作一般进给时，刀架由光杠经过溜板箱中的传动机构来带动。为适应各种不同的加工要求，车床的进给量能做相应的改变。进给箱通过左端的挂轮与床头箱相联接，对于每一组挂轮，进给箱都可相应变化 20 种不同的进给量。

C6132 车床进给量的范围：

纵向进给量：$f_纵 = 0.06～3.34$ mm/r。

横向进给量：$f_横 = 0.04～2.45$ mm/r。

加工螺纹时，车刀的纵向进给运动由丝杠带动溜板箱上的对合螺母，拖动刀架来实现。

C6136 车床主轴共有 8 种转速，范围为 42～980 r/min。

C6136 车床对于每一组挂轮，进给箱可变化 12 种进给量。进给量的范围：

纵向进给量：$f_纵 = 0.043～2.37$ mm/r。

横向进给量：$f_横 = 0.038～2.1$ mm/r

C6140 车床主轴共有 24 种转速，从 10～1 400 r/min。

C6140 车床对于每一组挂轮，进给箱可变化 64 种进给量。进给量的范围：

纵向进给量：$f_纵 = 0.08～1.59$ mm/r。

横向进给量：$f_横 = 0.004～0.795$ mm/r

6.3　车床附件及工件安装

车床主要用于加工回转表面。安装工件时，应该使要加工表面回转中心和车床主轴的中心线重合，以保证工件位置准确；同时还要把工件卡紧，以承受切削力，保证工作时安全。在车床上常用的装卡附件有三爪卡盘、四爪卡盘、顶尖、中心架、跟刀架、心轴、花盘和弯板等。

6.3.1　三爪卡盘

三爪卡盘是车床上最常用的附件,三爪卡盘构造如图 6-5 所示。它主要由外壳体、三个卡爪、三个小锥齿轮、一个大锥齿轮等零件组成。

当转动小锥齿轮时,可使与它相啮合的大锥齿轮随之转动,大锥齿轮的背面的平面螺纹就使三个卡爪同时缩向中心或张开,以夹紧不同直径的工件。由于三个卡爪同时移动并能自行对中(对中精度约为 0.05~0.15 mm),故三爪卡盘适于快速夹持截面为圆形、正三边形、正六边形的工件。三爪卡盘还附带三个"反爪",换到卡盘体上即可夹持直径较大的工件,如图 6-5(c)所示。

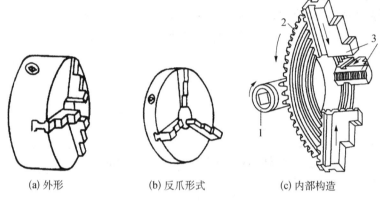

(a) 外形　　　　　　　(b) 反爪形式　　　　　　(c) 内部构造

1—小锥齿轮;2—大锥齿轮;3—卡爪

图 6-5　三爪自定心卡盘构造

·C6132 车床三爪卡盘和主轴的联接如图 6-6 所示。主轴前部的外锥面和卡盘的锥孔配合,起定心作用,键用来传递扭矩,螺母将卡盘锁紧在主轴上。安装时,要擦干净主轴的外锥面和卡盘的锥孔,在床面上垫以木板,防止卡盘掉下来砸坏床面。

安装工件时,应该使要加工表面回转中心和车床主轴的中心线重合,以保证工件位置准确;同时还要把工件卡紧,以承受切削力,保证工作时安全。在车床上常用的装卡附件有三爪卡盘、四爪卡盘、顶尖、中心架、跟刀架、心轴、花盘和弯板等。

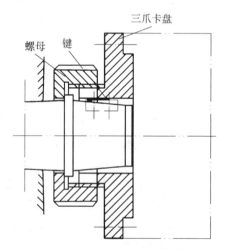

图 6-6　三爪卡盘和主轴联接

6.3.2　四爪卡盘

四爪卡盘外形如图 6-7 所示。它的四个卡爪通过四个调整螺杆独立移动,因此用途广泛。它不但可以安装截面是圆形的工件,还可以安装截面是方形、长方形、椭圆或其他不规则形状的工件,在圆盘上车偏心孔也常用四爪卡盘安装。此外,四爪卡盘较三爪卡盘的夹紧力大,所以也用来安装较重的圆形截面工件。如果把四个卡爪各自调头安装到卡盘体上,起到"反爪"作用,即可安装较大的工件如图 6-7(a)所示。

由于四爪卡盘的四个卡爪是独立移动的,在安装工件时须进行仔细的找正工作。一般用划针盘按工件外圆表面或内孔表面找正,也常按预先在工件上划的线找正如图6-7(b)所示。若零件的安装精度要求很高,三爪卡盘不能满足安装精度要求,也往往在四爪卡盘上安装。此时,须用百分表找正如图6-7(c)所示,安装精度可达0.01 mm。

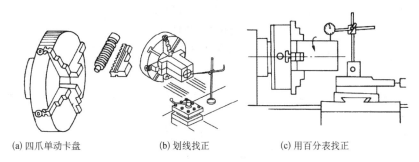

　　(a) 四爪单动卡盘　　　　　　(b) 划线找正　　　　　　(c) 用百分表找正

图6-7　四爪单动卡盘及其找正

6.3.3　顶尖

在车床上加工轴类工件时,往往用顶尖来安装工件,如图6-8所示。把轴架在前后两个顶尖上,前顶尖装在主轴锥孔内,并和主轴一起旋转,后顶尖在尾架套筒内,前后顶尖就确定了轴的位置。将卡箍卡紧在轴端上,卡箍的尾部伸入到拨盘的槽中,拨盘安装在主轴上(安装方式与三爪卡盘相同)并随主轴一起转动,通过拨盘带动卡箍即可使轴转动。

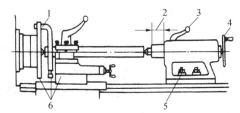

1— 拧紧卡箍;2—调整套筒伸出长度;3—锁紧套筒;
4—调节工件与顶尖松紧;5—将尾架固定;
6—刀架移至车削行程左端,用手转动拨盘,检查是否会碰撞

图6-8　用双顶尖安装零件

常用的顶尖有固定顶尖和活顶尖两种,其形状如图6-9所示。前顶尖用固定顶尖。在高速切削时,为了防止后顶尖与中心孔由于摩擦发热过大而磨损或烧坏,常采用活动顶尖。活顶尖的准确度不如固定顶尖高,故一般用于轴的粗加工或半精加工。轴的精度要求比较高时,后顶尖也应使用死顶尖,但要合理选择切削速度。

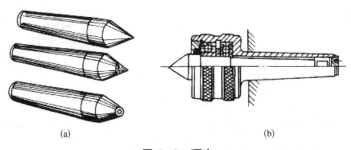

　　　　　(a)　　　　　　　　　　　　　　(b)

图6-9　顶尖

用顶尖安装轴类工件的步骤如下：

（1）在轴的两端打中心孔

中心孔的形状如图6-10所示，有普通和带保护锥面两种。

中心孔的60°锥面和顶尖60°锥面相配合。前面的小圆孔是为了保证顶尖与锥面紧密地接触，此外还可以存留少量的润滑油。120°保护锥面是防止60°的锥面被碰坏而不能与顶尖紧密地接触。另外，也便于在顶尖上加工轴的端面。

中心孔多用中心钻在车床上或钻床上钻出，在加工之前一般先把轴的端面车平。

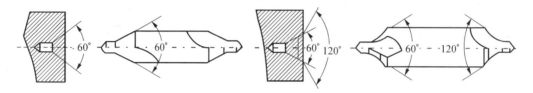

图6-10　用中心钻钻出的中心孔

（2）安装校正顶尖

顶尖是借尾部锥面与主轴或尾架套筒锥孔的配合而装紧的，因此安装顶尖时，必须先擦净配合面，然后用力推紧。否则装不牢或装不正。

校正时，把尾架移向床头箱，检查前后两个顶尖的轴线是否重合。如果发现不重合，则必须将尾架体作横向调节，使之符合要求。

对于精度要求较高的轴，加工前只凭眼睛观察来对准顶尖是不行的。要边加工、边度量、边调整，否则会出现轴被加工成锥体。

（3）安装工件

首先在轴的一端安装卡箍，如图6-11所示，稍微拧紧卡箍的螺钉。另一端的中心孔涂上黄油。但如用活动顶尖，就不必涂黄油。对于已加工表面，装卡箍时应该垫上一个开缝的小衬套或包上薄铁皮以免夹伤工件。轴在顶尖上安装的步骤如图6-12所示。

在顶尖上安装轴类工件，由于两端都是锥面定位，其定位的准确度比较高，即使多次装卸与调头，零件的轴线始终是两端锥孔中心的连线，即保持轴的中心线位置不变。因而，能保证在多次安装中所加工的各个外圆面有较高的同轴度。

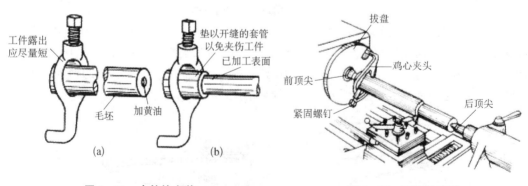

图6-11　卡箍的安装　　　　　　**图6-12　顶尖的安装**

6.3.4　中心架与跟刀架

当轴类零件的长度与直径之比较大（$L/d>10$）时，即为细长轴。细长轴的刚性不足，为防止在切削力作用下轴产生弯曲变形,必须用中心架或跟刀架作为辅助支承。较长的轴类零件在车端面、钻孔或车孔时,无法使用后顶尖,如果单独依靠卡盘安装,势必会因工件悬伸过长使安装刚性很差而产生弯曲变形,加工中产生振动,甚至无法加工,此时,必须用中心架作为辅助支承。使用中心架或跟刀架作为辅助支承时,都要在工件的支承部位预先车削出定位用的光滑圆柱面,并在工件与支承爪的接触处加机油润滑。

中心架上有三个等分布置并能单独调节伸缩的支承爪。使用时,用压板、螺钉将中心架固定在床身导轨上,且安装在工件中间,然后调节支承爪。首先调整下面两个爪,将盖子盖好固定,然后调整上面一个爪。调整的目的是使工件轴线与主轴轴线重合,同时保证支承爪与工件表面的接触松紧适当。图6-13所示是利用中心架车外圆,工件的右端加工完毕后调头再加工另一端。加工长轴的端面和轴端的孔时,可用卡盘夹持轴的一端,用中心架支承轴的另一端,中心架多用于加工阶梯轴。

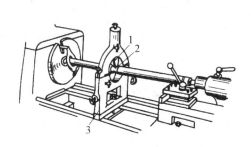

1—可调节支承爪;2—预先车出的外圆面;
3—中心架

图6-13　中心架的使用

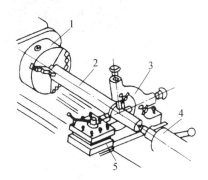

1—三爪自定心卡盘;2—零件;
3—跟刀架;4—尾座;5—刀架

图6-14　跟刀架的使用

跟刀架上一般有两个能单独调节伸缩的支承爪,而另外一个支承爪用车刀来代替。两支承爪分别安装在工件的上面和车刀的对面。加工时,跟刀架的底座用螺钉固定在床鞍的侧面,跟刀架安装在工件头部,与车刀一起随床鞍作纵向移动。每次走刀前应先调整支承爪的高度,使支承爪与预先车削出用于定位的光滑圆柱面保持松紧适当的接触。配置了两个支承爪的跟刀架,安装刚性差,加工精度低,不适宜作高速切削。另外还有一种具有三个支承爪的跟刀架。它的安装刚性较好,加工精度较高,并适宜高速切削。使用中心架或跟刀架时,必须先调整尾座套筒轴线与主轴轴线的同轴度。中心架用于加工细长轴、阶梯轴、长轴端面、端部的孔,跟刀架则适合于车削不带台阶的细长轴,如图6-14所示。

应用跟刀架或中心架时,工件被支承部分应是加工过的外圆表面,并要加机油润滑。工件的转速不能很高,以免工件与支承爪之间摩擦过热而烧坏或磨损支承爪。

6.3.5　心轴

盘套类零件在卡盘上加工时,其外圆、孔和两个端面无法在一次安装中全部加工完。如果把零件调头安装再加工,往往无法保证零件的径向跳动(外圆与孔)和端面跳动(端面与孔)的要求。因此需要利用已精加工过的孔把零件装在心轴上,再把心轴安装在前后顶尖之间来加工外圆或端面。

心轴种类很多,常用的有圆柱体心轴(图6-15)和锥度心轴(图6-16)。

如图 6-15 所示,2 为圆柱体心轴,其对中准确度较前者差。工件 1 装入后加上垫圈 4,用螺母 3 锁紧。其夹紧力较大,多用于加工盘类零件。用这种心轴,工件的两个端面都需要和孔垂直,以免当螺母拧紧时,心轴弯曲变形。

如图 6-16 所示,1 为锥度心轴,锥度一般为 1:2 000～1:5 000。工件 2 压入后靠摩擦力与心轴固紧。这种心轴装卸方便,对中准确,但不能承受较大的切削力。多用于精加工盘套类零件。

盘套类零件用于安装心轴的孔,应有较高的精度,一般为 IT9～IT7,否则零件在心轴上无法准确定位。

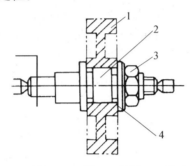 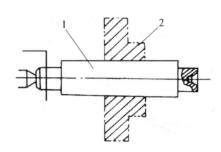

1—零件;2—心轴;3—螺母;4—垫片   1—心轴;2—零件

图 6-15 圆柱心轴安装零件图   **图 6-16 圆锥心轴安装零件图**

6.3.6 花盘、弯板及压板、螺栓

在车床上加工形状不规则的大型工件,为保证加工平面与安装平面的平行;或加工外圆、孔的轴线与安装平面的垂直,可以把工件直接压在花盘上加工。花盘是安装在车床主轴上的一个大圆盘,盘面上的许多长槽用以穿放螺栓,如图 6-17 所示。花盘的端面必须平整,且跳动量很小。用花盘安装工件时,需经过仔细找正。

有些复杂的零件要求孔的轴线与安装面平行,或要求孔的轴线垂直相交时,可用花盘、弯板安装工件,如图 6-17(b)所示。弯板要有一定的刚度和强度,用于贴靠花盘和安放工件的两

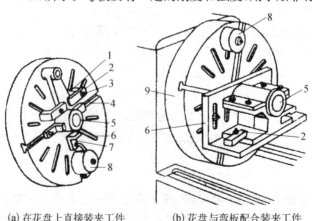

(a) 在花盘上直接装夹工件   (b) 花盘与弯板配合装夹工件

1—垫铁;2—压板;3—压板螺钉;4—T 形槽;
5—工件;6—弯板;7—可调螺钉;8—配重铁;9—花盘

图 6-17 花盘装夹工件

个面应有较高的垂直度。弯板安装在花盘上要仔细地进行找正,工件紧固于弯板上也须找正。

　　用花盘或花盘、弯板安装工件,由于重心常偏向一边,需要在另一边上加平衡铁予以平衡,以减小旋转时的振动。

6.4　车刀

6.4.1　车刀的组成

　　车刀是由刀头(切削部分)和刀杆(夹持部分)所组成。车刀的切削部分是由三面、二刃、一尖所组成,即"一点二线三面",如图 6-18 所示。

6.4.2　车刀的刃磨

　　一把车刀用钝后,必须重新刃磨(指整体车刀与焊接车刀),以恢复车刀原来的形状和角度。车刀是在砂轮机上刃磨的。磨高速钢车刀或磨硬质合金车刀的刀体部分用氧化铝砂轮(白色),磨硬质合金刀头用碳化硅砂轮(绿色)。车刀刃磨的步骤如图 6-19 所示。

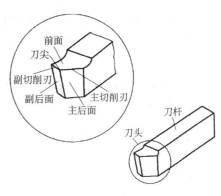

图 6-18　车刀组成

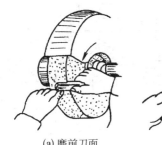 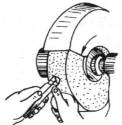  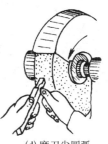

(a) 磨前刀面　　　　(b) 磨主后刀面　　　　(c) 磨副后刀面　　　　(d) 磨刀尖圆弧

图 6-19　刃磨外圆车刀的一般步骤

磨前刀面:目的是磨出车刀的前角 γ_o 及刃倾角 λ_s;

磨主后刀面:目的是磨出车刀的主偏角 κ_r 和主后角 α_o;

磨副后刀面:目的是磨出车刀的副偏角 κ_r' 和副后角 α_o';

磨刀尖圆弧:在主刀刃与副刀刃之间磨刀尖圆弧,以提高刀尖强度和改善散热条件。

刃磨车刀的姿势及方法:

　　(1) 人站立在砂轮机的侧面,以防砂轮碎裂时,碎片飞出伤人;

　　(2) 两手握刀的距离放开,两肘夹紧腰部,以减小磨刀时的抖动;

　　(3) 磨刀时,车刀要放在砂轮的水平中心,刀尖略向上翘约 3°~8°,车刀接触砂轮后应作左右方向水平移动。当车刀离开砂轮时,车刀需向上抬起,以防磨好的刀刃被砂轮碰伤;

　　(4) 磨后刀面时,刀杆尾部向左偏过一个主偏角的角度;磨副后刀面时,刀杆尾部向右偏过一个副偏角的角度;

　　(5) 修磨刀尖圆弧时,通常以左手握车刀前端为支点,用右手转动车刀的尾部。

6.4.3　车刀的材料

1. 对车刀材料的性能要求

（1）高硬度刀具材料的硬度必须高于工件材料的硬度,常温硬度一般在 60HRC 以上。

（2）高强度(主要指抗弯强度)刀具材料应能承受切削力和内应力,不致崩刃或断裂。

（3）足够的韧性刀具材料应能承受冲击和振动,不致因脆性而断裂或崩刃。

（4）高耐热性是指刀具材料在高温下保持较高的硬度、强度、韧性和耐磨性的性能。它是衡量刀具材料切削性能的重要指标。

（5）良好工艺性及经济性为了能方便地制造刀具,刀具材料应具备可加工性、可刃磨性、可焊接性及可热处理性等,同时刀具选材应尽可能满足资源丰富、价格低廉的要求。

2. 常用的车刀材料

目前常用的刀具材料有碳素工具钢、合金工具钢、高速钢、硬质合金、人造聚晶金刚石及立方氮化硼等,高速钢和硬质合金是两类应用广泛的车刀材料。

6.4.4　车刀的种类

车刀按用途可分为外圆车刀、端面车刀、切断刀、成形车刀、螺纹车刀和车孔刀等,如图 6-20 所示。虽然车刀的种类及形状多种多样,但其组成、角度、刃磨基本相似。

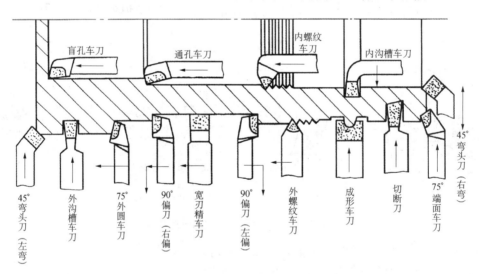

图 6-20　车刀种类

车刀按结构分类,有整体式、焊接式、机夹式和可转位式四种型式,如图 6-21 所示。

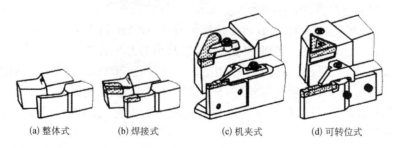

(a) 整体式　　(b) 焊接式　　(c) 机夹式　　(d) 可转位式

图 6-21　车刀的型式

各类车刀的结构类型、特点与用途见表 6 - 1。

表 6 - 1　车刀结构类型、特点与用途

名称	简图	特点	适用场合
整体式	图 6 - 21(a)	用整体高速钢制造,刃口可磨得锋利	小型车床或车有色金属
焊接式	图 6 - 21(b)	焊接硬质合金刀片,结构紧凑,使用灵活	各类车刀
机夹式	图 6 - 21(c)	避免焊接产生裂纹、应力等缺陷,刀杆利用率高,刀片可集中刃磨	外圆、端面、镗孔、切断、螺纹车刀等
可转位式	图 6 - 21(d)	避免焊接刀缺点,刀片可快速转位,断屑稳定,可使用涂层刀片	大、中型车床、数控机床、自动线加工外圆、端面、镗孔等

车刀主要由刀杆和刀片组成。刀杆的规格有刀杆厚度 h、宽度 b 和长度 L 三个尺寸。刀杆厚度 h 有 16 mm、20 mm、25 mm、32 mm、40 mm 等;刀杆长度 L 有 125 mm、150 mm、170 mm、200 mm、250 mm 等。刀杆截面形状为矩形或方形,一般选用矩形。刀杆厚度 h 按机床中心高选择,常用车刀刀杆截面尺寸见表 6 - 2。当刀杆厚度尺寸受到限制时,可加宽为方形,以提高其刚性。刀杆长度一般按刀杆厚度的 6 倍左右选择。

表 6 - 2　常用车刀刀杆截面尺寸

机床中心高/mm	150	180~200	260~300	350~400
方刀杆截面 h^2/mm^2	16^2	20^2	25^2	30^2
矩形刀杆截 $h \times b/mm^2$	20×12	25×16	30×20	40×25

6.4.5　焊接车刀

焊接车刀是由刀片和刀杆通过镶焊连接成一体的车刀。一般刀片选用硬质合金,刀杆用 45 钢。根据被加工零件的材料、工序图、使用车床的型号、规格选用焊接车刀。选择时,应考虑车刀型式、刀片材料与型号、刀杆材料与规格及刀具几何参数等。硬质合金焊接刀片的型式和尺寸由一个字母和三位数字组成,字母和第一位数字代表刀片的型式,后两位数字表示刀片的主要尺寸。例如,

刀片形状相同、有不同尺寸规格时,在硬质合金焊接刀片标记的数字后加字母 A;用于左切刀的型式时,再加标字母 L。

国家标准 GB 5244—1985,GB 5245—1985 中规定了常用的刀片形状。选样刀片形状主要依据是车刀的用途及主、副偏角的大小。图 6 - 22 所示为常用的刀片形状。

选择焊接片尺寸时,主要考虑的是刀片长度,一般为切削宽度的 1.6~2 倍。车槽车刀的刃宽不应大于工件槽宽。切断车刀的宽度 B,可根据工件的直径 d 估算,经验公式为

$$B = 0.64 \sqrt{d}。$$

(a) A1 型直头车刀、弯头外圆车刀、内孔车刀、宽刃车刀 　(b) A2 型端面车刀、端面车刀、内孔车刀(盲孔) 　(c) A3 型90°偏刀、端面车刀 　(d) A4 型直头外圆、端面车刀、内孔车刀

(e) A5 型直头外圆车刀、内孔车刀(通孔) 　(f) A6 型内孔车刀(通孔) 　(g) B1 型燕尾槽刨刀 　(h) B2 型圆弧成形车刀

(I) C1 型螺纹车刀 　(j) C3 型切断车刀、车槽车刀等 　(k) C4 型带轮车槽刀 　(l) D1 型直头外圆车刀、内孔车刀

图 6‑22　常用焊接刀片型式

6.4.6　可转位车刀

如图 6‑23 所示,可转位车刀由刀片、刀垫、刀杆及杠杆、螺钉等组成。刀片上压制出断屑槽。周边经过精磨,刃口磨钝后可方便地转位换刃,不需重磨。

可转位车刀刀片形状、尺寸、精度、结构等在国标 GB 2076—1987～GB 2081—1997 中已有详细规定。可转位车刀刀片的标记用 10 个号位表示,其标记方法示例如图 6‑24 所示。

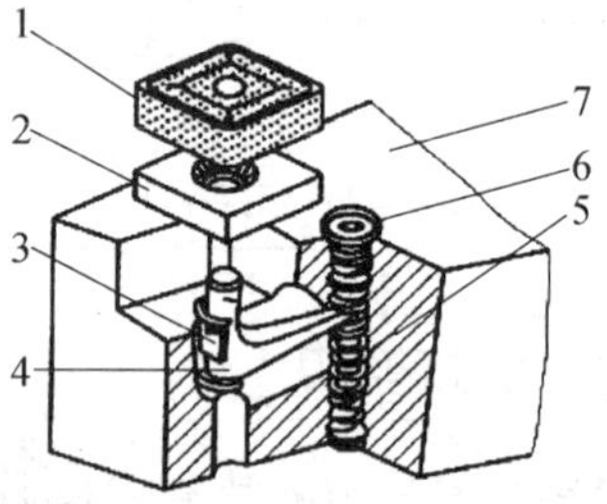

(1) 号位 1:表示刀片形状。常用的刀片形状及其使用特点如下。

1—刀片;2—刀垫;3—卡簧;4—杠杆;5—弹簧;6—螺钉;7—刀杆

图 6‑23　可转位车刀的组成

① 正三角形(T):多用于刀尖角小于90°的外圆、端面车刀。其刀尖强度较差,只宜采用较小的切削用量;

② 正方形(S):刀尖角等于 90°,通用性广,可用于外圆、端面、内孔、倒角车刀;

③ 有副偏角的三角形(F):刀尖角等于 82°,多用于偏头车刀;

④ 凸三角形(W):刀尖角等 80°,刀尖强度、寿命比正三角形刀片好,应用面较广;

⑤ 菱形刀片(V、D):适合用于仿形、数控车床刀具;

⑥ 圆刀片(R):适合于加工成形曲面或精车刀具。

(2) 号位 2:表示刀片后角,其中 N 型刀片后角为 0°,使用最广泛。

(3) 号位 3:表示刀片尺寸精度等级,共有 11 级。其中 U 为普通级,M 为中级,其余 A、F、G……均为精密级。

(4) 号位 4:表示刀片结构类型,其中:

A——带孔无屑槽型,用于不需断屑的场合;

N——无孔平面型,用于不需断屑的上压式;

R——无孔单面槽型,用于需断屑的上压式;

M——带孔单面槽型,一般均使用此类,用途最广;

G——带孔双面槽型,可正反使用,提高刀片利用率。

(5) 号位 5、6:表示刀刃长度与刀片厚度,由刀杆尺寸标准选择。刀片轮廓形状的基本参数用内切圆直径 d 表示。d 的尺寸系列是:5.56 mm、6.35 mm、9.25 mm、12.7 mm、15.875 mm、19.05 mm、22.225 mm、25.4 mm。切削刃长度由内切圆直径与刀尖角计算得到。

(6) 号位 7:表示刀尖圆弧半径,由刀具几何参数选定。

(7) 号位 8:表示刃口形状,F——锐刃,E——钝圆刃,T——倒棱刃,S——钝圆加倒棱刃。

(8) 号位 9:表示切削方向,R——右切,L——左切,N——左、右均能切。

(9) 号位 10:表示断屑槽型与宽度。

刀片标记举例:SNUM150612 - V4 表示正方形、零后角、普通级精度、带孔单面 V 形槽型刀片,刃长 15.875 mm。厚度 6.35 mm,刀尖圆弧半径1.2 mm,断屑槽宽 4 mm。

可转位车刀形式有外圆、端面、内孔、螺纹车刀等。选用方法与焊接车刀相似,可参照国标 GB/T 5343.1—1993 及 GB/T 14297—1993 或有关刀具样本选购;可按用途选择结构和刀片类型,按机床中心高或刀架尺寸选择相应刀杆尺寸规格。

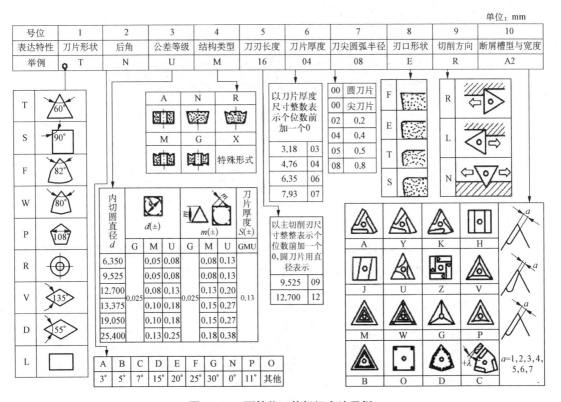

图 6 - 24　可转位刀片标记方法示例

6.4.7 车刀的安装

车刀安装在方刀架上,刀尖一般应与车床中心等高。此外,车刀在方刀架上伸出的长短要合适,垫刀片要放得平整,车刀与方刀架都要锁紧如图 6-25 所示。

车刀使用时必须正确安装。车刀安装的基本要求如下:

(1) 车刀的悬伸长度要尽量缩短,以增强其刚性。一般悬伸长度约为车刀厚度的 1~1.5 倍,车刀下面的垫片要尽量少,以 1~3 片为宜,且与刀架边缘对齐,一般用两个螺钉交替锁紧车刀。

(2) 车刀一定要夹紧,至少用两个螺钉平整压紧。否则车刀崩出,后果不堪设想。

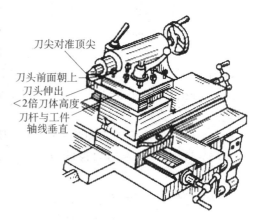

刀尖对准顶尖
刀头前面朝上
刀头伸出
<2倍刀体高度
刀杆与工件轴线垂直

图 6-25 车刀的安装

(3) 车刀刀尖应与工件旋转轴线等高,否则,将使车刀工作时的前角和后角发生改变,如图所示。车外圆时,如果车刀刀尖高于工件旋转轴线,则使前角增大,后角减小,这样加大了后面与工件之间的摩擦;如果车刀刀尖低于工件旋转轴线,则使后角增大,前角减小,这样切削的阻力增大,切削不顺畅;刀尖不对中,当车削至端面中心时会留有凸头,若使用硬质合金车刀时,有可能导致刀尖崩碎。如图 6-26 所示

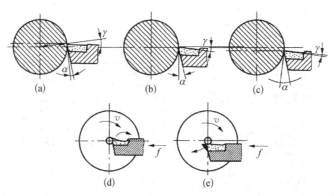

图 6-26 刀尖对中心线位置

(4) 车刀刀杆中心线应与进给运动方向垂直,如图 6-27 所示。否则将使车刀工作时的主偏角和副偏角发生改变。主偏角减小,进给力增大;副偏角减小,加剧摩擦。

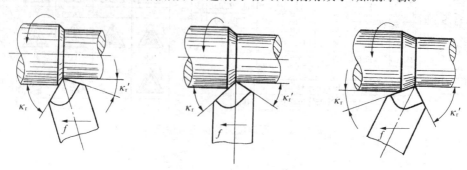

图 6-27 刀杆中心线位置

6.5　车床操作

6.5.1　刻度盘及刻度盘手柄的使用

在车削工件时，要准确、迅速地掌握切深，必须熟练地使用横刀架和小刀架的刻度盘。

横刀架的刻度盘紧固在丝杠轴头上，横刀架和丝杠螺母紧固在一起。当横刀架手柄带着刻度盘转一周时，丝杠也转一周，这时螺母带着横刀架移动一个螺距。所以横刀架移动的距离可根据刻度盘上的格数来计算：

刻度盘每转一格横刀架移动的距离＝丝杠螺距/刻度盘格数（mm）

例如：C6132 车床横刀架丝杠螺距 4 mm。横刀架的刻度盘等分为 200 格，故每转 1 格横刀架移动的距离为 4/200＝0.02 mm。

刻度盘转一格，刀架带着车刀移动 0.02 mm。由于工件是旋转的，所以工件上被切下的部分是车刀切深的两倍，也就是工件直径改变了 0.04 mm。圆形截面的工件，其圆周加工余量都是对直径而言的，测量工件尺寸也是看其直径的变化，所以我们用横刀架刻度盘进刀切削时，通常将每格读作 0.04 mm。

加工外圆时，车刀向工件中心移动为进刀，远离中心为退刀。而加工内孔时，则刚好相反。

进刻度时，如果刻度盘手柄转过了头，或试切后发现尺寸不对而将车刀退回时，由于丝杠与螺母之间有间隙，刻度盘不能直接退回到所要的刻度，应按图 6-28 所示的方法纠正。

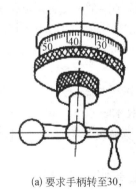 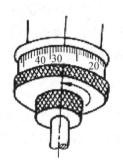 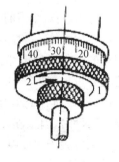

(a) 要求手柄转至30，　　　　(b) 错误：直接退至30　　　　(c) 正确：反转约一圈后，
但摇过头成40　　　　　　　　　　　　　　　　　　　　再转至所需位置30

图 6-28　手柄摇过头后的纠正方法

小刀架刻度盘的原理及其使用和横刀架相同。小刀架刻度盘主要用于控制工件长度方向的尺寸。与加工圆柱面不同的是小刀架移动了多少，工件的长度尺寸就改变了多少。

6.5.2　切削用量

切削用量是指切削速度 v_c、进给量 f（或进给速度 v_f）、背吃刀量 a_p 三者的总称，也称为切削用量三要素。它是调整刀具与工件间相对运动速度和相对位置所需的工艺参数。

1. 切削速度 v_c

切削刃上选定点相对于工件的主运动的瞬时速度。计算公式如下：

$$v_c = (\pi d_w n)/1000$$

式中 v_c——切削速度（m/s）；d_w——工件待加工表面直径（mm）；n——工件转速（r/s）。

在计算时应以最大的切削速度为准，如车削时以待加工表面直径的数值进行计算，因为此处速度最高，刀具磨损最快。

2. 进给量 f

工件或刀具每转一周时，刀具与工件在进给运动方向上的相对位移量。进给速度 v_f 是指切削刃上选定点相对工件进给运动的瞬时速度。

$$v_f = f_n$$

式中 v_f——进给速度（mm/s）；n——主轴转速（r/s）；f——进给量（mm）。

3. 背吃刀量 a_p

通过切削刃基点并垂直于工作平面的方向上测量的吃刀量。根据此定义，如在纵向车外圆时，其背吃刀量可按下式计算：

$$a_p = (d_w - d_m)/2$$

式中 d_w——工件待加工表面直径（mm）；d_m——工件已加工表面直径（mm）。

6.5.3 粗车与精车的切削用量

粗车的目的是尽快地从工件上切去大部分加工余量，使工件接近最后的形状和尺寸。粗车要给精车留有合适的加工余量，而精度和表面质量要求都很低。在生产中，加大切深对提高生产率最有利，而对车刀的寿命影响又最小。因此，粗车时要优先选用较大的切深。其次根据可能，适当加大进给量，最后确定切削速度。切削速度一般采用中等或中等偏低的数值。

粗车的切削用量推荐：

背吃刀量 a_p：取 2～4 mm；进给量 f：取 0.15～0.4 mm/r；

切速 v_c：硬质合金车刀切钢可取 50～70 m/min，切铸铁可取 40～60 m/min。

粗车铸件时，因工件表面有硬皮，如切深很小，刀尖反而容易被硬皮碰坏或磨损，因此，第一刀切深应大于硬皮厚度。

选择切削用量时，还要看工件安装是否牢靠。若工件夹持的部分，长度较短或表面凹凸不平时，切削用量也不宜过大。

粗车给精车（或半精车）留的加工余量一般为 0.5～2 mm，加大切深对精车来说并不重要。精车的目的是要保证零件的尺寸精度和表面粗糙度的要求。

精车的公差等级一般为 IT8～IT7，其尺寸精度主要是依靠准确地度量、准确地进刻度并加以试切来保证的。因此操作时要细心、认真。

精车时表面粗糙度 Ra 的数值一般为 3.2～1.6 μm，其保证措施主要有以下几点：

（1）选择的车刀几何形状要合适。当采用较小的主偏角 κ_r 或副偏角 κ_r'，或刀尖磨有小圆弧时，都会减小残留面积，使 Ra 值减小。

（2）选用较大的前角 γ。并用油石把车刀的前刀面和后刀面打磨的光一些，亦可使 Ra 值减小。

（3）合理选择精车时的切削用量。生产实践证明，较高的切速（v_c＝100 m/min 以上）或较低的切速（v_c＝6 m/min 以下）都可以获得较小的 Ra 值。但采用低速切削生产率低，一般只有在精车小直径的工件时使用。选用较小的切深对减小 Ra 值较为有利，但背吃刀量过小（a_p＜0.03～0.05 mm），工件上原来凹凸不平的表面可能没有完全切除掉，也达不到满意的效果。采用较小的进给量可使残留面积减小，因而有利于减小 Ra 值。

精车的切削用量推荐：

背吃刀量 a_p 取 0.3～0.5 mm（高速精车）或 0.05～0.10 mm（低速精车）；进给量 f 取 0.05～0.2 mm/r；用硬质合金车刀高速精车时，切速 v_c 取 100～200 m/min（切钢）或 60～100 m/min（切铸铁）。

（4）合理地使用切削液也有助于降低表面粗糙度。低速精车钢件时使用乳化液，低速精车铸铁件时常用煤油作为切削液。

为了提高工件表面加工质量，精车前应用油石仔细打磨车刀的前、后刀面。精车切削用量的选择应遵循如下原则：选用较小的切削深度和进给量，选用适当的切削速度，合理使用切削液。表 6-3 为精车切削用量的参考值。

表 6-3　精车切削用量

		切削深度（mm）	进给量（mm/r）	切削速度（m/min）
车铸铁件		0.10～0.15		60～70
车钢件	高速	0.30～0.50	0.05～0.20	100～120
	低速	0.05～0.10		3～5

6.5.4　试切的方法与步骤

工件在车床上安装以后，要根据工件的加工余量决定走刀次数和每次走刀的切深。半精车和精车时，为了准确地定切深，保证工件加工的尺寸精度，只靠刻度盘来进刀是不行的。因为刻度盘和丝杠都有误差，往往不能满足半精车和精车的要求，这就需采用试切的方法。试切的方法与步骤如图 6-29 所示。

1. 试切

试切是精车的关键，为了控制背吃刀量，保证零件径向的尺寸精度，开始车削时，应先进行试切。试切的方法与步骤：

第一步，如图 6-29(a)、(b)所示，开车对刀，使刀尖与零件表面轻微接触，确定刀具与零件的接触点，作为进切深的起点，然后向右纵向退刀，记下中滑板刻度盘上的数值。注意对刀时必须开车，因为这样可以找到刀具与零件最高处的接触点，也不容易损坏车刀。

第二步，如图 6-29(c)、(d)、(e)所示，按背吃刀量或零件直径的要求，根据中滑板刻度盘上的数值进切深，并手动纵向切进 1～3 mm，然后向右纵向退刀。

第三步，如图 6-29(f)所示，进行测量。如果尺寸合格，就按该切深将整个表面加工完；如果尺寸偏大或偏小，就重新进行试切，直到尺寸合格。试切调整过程中，为了迅速而准确地控制尺寸，背吃刀量需按中滑板丝杠上的刻度盘来调整。

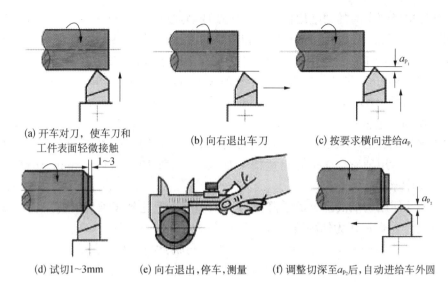

(a) 开车对刀, 使车刀和工件表面轻微接触　　(b) 向右退出车刀　　(c) 按要求横向进给a_{P_1}

(d) 试切1~3mm　　(e) 向右退出, 停车, 测量　　(f) 调整切深至a_{P_2}后, 自动进给车外圆

图 6-29　试切方法

2. 切削

经试切获得合格尺寸后, 就可以扳动自动走刀手柄使之自动走刀。每当车刀纵向进给至末端距离 3~5 mm 时, 应将自动进给改为手动进给, 以避免行程走刀超长或车刀切削卡盘爪。如需再切削, 可将车刀沿进给反方向移出, 再进切深进行车削。如不再切削, 则应先将车刀沿切深反方向退出, 脱离零件已加工表面, 再沿进给反方向退出车刀, 然后停车。

3. 检验

零件加工完后要进行测量检验, 以确保零件的质量。

6.5.5　车床安全操作流程

（1）开车前：① 检查机床各手柄是否处于正常位置。② 传动带、齿轮安全罩是否装好。③ 进行加油润滑。

（2）安装工件：① 工件要夹正, 夹牢。② 工件安装、拆卸完毕随手取下卡盘扳手。③ 安装、拆卸大工件时, 应该用木板保护床面。

（3）安装刀具：① 刀具要垫好、放正、夹牢。② 装卸刀具时和切削加工时, 切记先锁紧方刀架。③ 装好工件和刀具后, 进行极限位置检查。

（4）开车后：① 不能改变主轴转速。② 不能度量工件尺寸。③ 不能用手触摸旋转着的工件；不能用手触摸切屑。④ 切削时要戴好防护眼镜。⑤ 切削时要精力集中, 不许离开机床。

（5）下班时：① 擦净机床、清理场地、关闭电源。② 擦拭机床时要防止刀尖、切削等物划伤手, 并防止溜板箱、刀架、卡盘、尾架等相碰撞。

（6）若发生事故：① 立即停车, 关闭电源。② 保护好现场。③ 及时向有关人员汇报, 以便分析原因, 总结经验教训。

6.6　车削加工

6.6.1　车外圆和台阶

外圆车削是车削加工中最基本,也是最常见的工作。外圆车削主要有以下几种,如图6-30所示。

尖刀主要用于粗车外圆和车没有台阶或台阶不大的外圆。

弯头刀用于车外圆、端面、倒角和有45°斜面的外圆。

偏刀的主偏角为90°,车外圆时径向力很小,常用来车有垂直台阶的外圆和车细长轴。

车高度在5 mm以下的台阶时,可在车外圆同时车出,如图6-30(a)所示。为了使车刀的主切刃垂直于工件的轴线,可在先车好的端面上对刀,使主切刃和端面贴平。

为使台阶长度符合要求,可用钢尺确定台阶长度,如图6-30(b)所示。车削时先用刀尖刻出线痕,以此作为加工界限。这种方法不很准确,一般线痕所定的长度应比所需的长度略短,以留有余地。

车高度在5 mm以上的台阶时,应分层进行切削如图6-30(c)示。

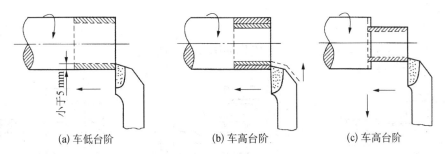

(a) 车低台阶　　　　　(b) 车高台阶　　　　　(c) 车高台阶

图6-30　车台阶面

6.6.2　车端面

常用的端面车刀和车端面的方法,如图6-31所示。

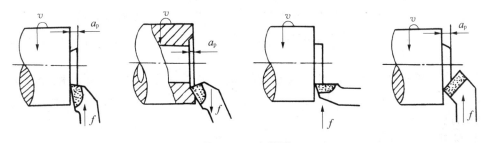

图6-31　车端面

车端面时应注意以下几点:

(1) 车刀的刀尖应对准工件中心,以免车出的端面中心留有凸台,如图6-32示。

(2) 偏刀车端面,当切深较大时,容易扎刀。而且到工件中心时是将凸台一下子车掉的,因此也容易损坏刀尖。弯头刀车端面,凸台是逐渐车掉的,所以车端面用弯头刀较为有利。

（3）端面的直径从外到中心是变化的，切削速度也在改变，不易车出较低的粗糙度，因此工件转速可比车外圆时选择的高一些。为降低端面粗糙度，可由中心向外切削。

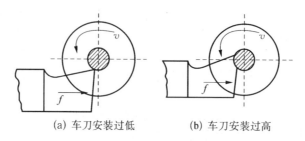

(a) 车刀安装过低　　　　(b) 车刀安装过高

图 6-32　车端面时车刀的安装

（4）车直径较大的端面，若出现凹心或凸肚时，应检查车刀和方刀架是否锁紧，以及大刀架的松紧程度。为使车刀准确地横向进给而无纵向松动，应将大刀锁紧在床面上，此时可用小刀架调整切深。

6.6.3　孔加工

车床上可以用钻头、镗刀、扩孔钻和铰刀进行钻孔、镗孔、扩孔和铰孔。

1. 镗孔

镗孔是锻出、铸出或钻出的孔的进一步加工。镗孔可以较好地纠正原来孔轴线的偏斜，可作粗加工、半精加工与精加工。镗孔工作如图 6-33 所示。

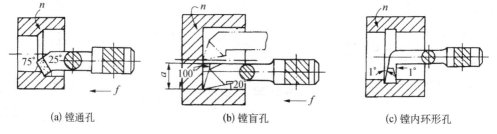

(a) 镗通孔　　　　　　(b) 镗盲孔　　　　　　(c) 镗内环形孔

图 6-33　在车床上车孔

镗不通孔或台阶孔时，当镗刀纵向进给至末端时，需作横向进给加工内端面，以保证内端面与孔轴线垂直。镗刀杆应尽可能粗些。安装镗刀时，伸出刀架的长度应尽量小。刀尖装得要略高于主轴中心，以减少颤动和扎刀现象。此外，如刀尖低于工件中心，也往往会使镗刀下部碰坏孔壁。

镗刀刚性较差，容易产生变形与振动，镗孔时往往需要较小的进给量 f 和背吃刀量 a_p，进行多次走刀，因此生产率较低。但镗刀制造简单，大直径和非标准直径的孔加工都可使用，通用性强。

2. 钻孔、扩孔、铰孔

在车床上进行孔加工，若工件上无孔，需用钻头钻出孔来。钻孔的公差等级为 IT10 以下，表面粗糙度为 $Ra12.5\ \mu m$，多用于粗加工孔。

扩孔是用扩孔钻作钻孔后的半精加工，公差等级可达 IT10～IT9，表面粗糙度为 $Ra6.3$～$3.2\ \mu m$。扩孔的余量与孔径大小有关，约为 0.5～2 mm。

铰孔是用铰刀作扩孔后或半精镗孔后的精加工。铰孔的余量一般为 0.1～0.2 mm，公差

等级一般为 IT8～IT7,表面粗糙度为
Ra 1.6～0.8 μm。在车床上加工直径
较小而精度和表面粗糙度要求较高的
孔,通常采用钻、扩、铰的方法。

　　在车床上钻孔如图 6‐34 所示
(扩孔、铰孔与钻孔相似),工件旋转,
钻头只作纵向进给,这一点与钻床上
钻孔是不同的。

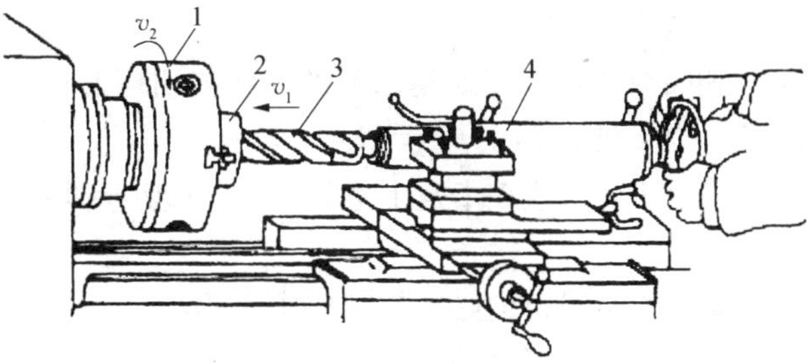

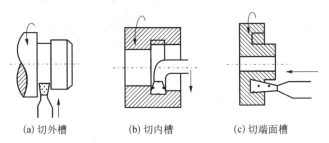

1—三爪卡盘;2—工件;3—麻花钻;4—尾架

图 6‐34　在车床上钻孔

　　锥柄钻头,装入尾架套筒内(用于
安装顶尖),如果钻头的锥柄号数小,可加过渡套筒。柱柄钻头则卡于钻卡头中,钻卡头再装
入尾架套筒内。

　　在车床上钻孔、扩孔或铰孔时,要将尾架固定在合适的位置,用手摇尾架套筒进行进给。

　　钻孔必须先车平端面。为了防止钻头偏斜,可先用车刀划一个坑或先用中心钻钻中心
孔作为引导。钻孔时,应加冷却液。

6.6.4　切槽与切断

1. 切槽操作

　　切槽使用切槽刀。切槽和车端面很相似。切槽刀如同右偏刀和左偏刀并在一起同时车
左、右两个端面,如图 6‐35 所示。

　　(1) 切窄槽时,主切削刃宽度等于槽宽,在横向进刀中一次切出。

　　(2) 切宽槽时,主切削刃宽度可小于槽宽,在横向进刀中分多次切出。

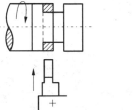

(a) 切外槽　　　　　(b) 切内槽　　　　　(c) 切端面槽

图 6‐35　切槽刀及切断刀

　　切削 5 mm 以下窄槽,可以主切刃和槽等宽,一次切出。切削宽槽时可按图 6‐36 所示
的方法切削。

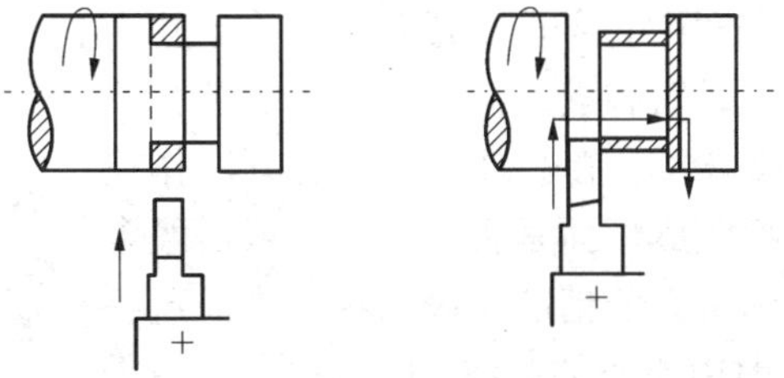

(a) 第一、二次横向进给　　　(b) 最后一次横向进给后,
　　　　　　　　　　　　　　　　再以纵向进给车槽底

图 6‐36　切宽槽

2. 切断操作

切断要用切断刀。切断刀的形状与切槽刀相似,但因刀头窄而长,很容易折断。切断时应注意以下几点:

(1) 切断一般在卡盘上进行,工件的切断处应距卡盘近些。避免在顶尖安装的工件上切断。

(2) 切断刀刀尖必须与工件中心等高,否则切断处将剩有凸台,且刀头也容易损坏。切断刀伸出刀架的长度不要过长。

(3) 要尽可能减小主轴以及刀架滑动部分的间隙,以免工件和车刀振动,使切削难以进行。

(4) 用手进给时一定要均匀,即将切断时,须放慢进给速度,以免刀头折断。

6.6.5　车锥度

车锥度的方法有四种:小刀架转位法(图 6‐37)、锥尺加工法(也叫靠模法)、尾座偏移法和样板刀法(也叫宽刀法,图 6‐38)和尾座偏移法(图 6‐39)。这里仅介绍小刀架转位法。

如图 6‐37 所示,根据零件的锥角 2α,将小刀架扳转 α 角,即可加工。这种方法操作简单,能保证一定的加工精度,而且还能车内锥面和锥角很大的锥面,因此应用较广。但由于受小刀架行程的限制,并且不能自动走刀,所以适于加工短的圆锥工件。

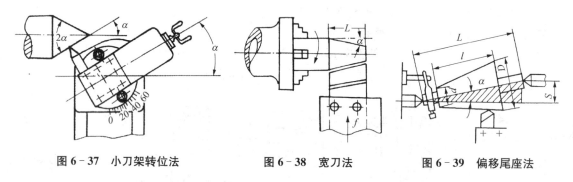

图 6‐37　小刀架转位法　　　　　图 6‐38　宽刀法　　　　　图 6‐39　偏移尾座法

6.6.6　车成形面

有些零件如手柄、手轮、圆球等,它们的表面不是平直的,而是由曲面组成,这类零件的表面叫作成形面(也叫特形面)。下面介绍三种加工成形面的方法。

1. 用普通车刀车削成形面

如图 6‐40 所示。首先用外圆车刀把工件粗车出几个台阶,然后双手控制车刀依纵向和横向的综合进给车掉台阶的峰部,得到大致的成形轮廓,用精车刀按同样的方法作成形面的精加工,再用样板检验成形面是否合格。一般需经多次反复度量修整,才能得到所需的精度及表面粗糙度。这种方法操作技术要求较高,但由于不要特殊的设备,生产中仍被普遍采用,多用于单件、小批生产。

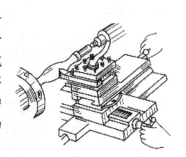

图 6‐40　双手控制法车成形面

2. 用成形刀车成形面

车成形面的成型刀的刀刃是曲线,与零件的表面轮廓相一致,如图 6-41 所示。成形车刀的刀刃不能太宽,刃磨出的曲线形状也不十分准确,因此常用于加工形状比较简单、形面不太精确的成形面。

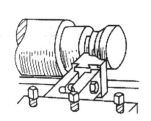

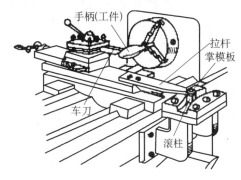

图 6-41　成形刀法车削成形面　　　　图 6-42　靠模法

3. 用靠模车成形面

图 6-42 所示表示用靠模加工手柄的成形面。此时刀架的横向滑板已经与丝杠脱开,其前端的拉杆上装有滚柱。当大拖板纵向走刀时,滚柱即在靠模的曲线槽内移动,从而使车刀刀尖也随着作曲线移动,同时用小刀架控制切深,即可车出手柄的成形面。这种方法加工成形面,操作简单,生产率较高,因此多用于成批生产。当靠模的槽为直槽时,将靠模扳转一定角度,即可用于车削锥度。

6.6.7　车螺纹

螺纹种类有很多,按牙型分三角形、梯形、方牙螺纹等数种。按标准分有公制和英制螺纹。公制三角形螺纹牙型角为 $60°$,用螺距或导程来表示;英制三角形螺纹牙型角为 $55°$,用每英寸牙数作为主要规格。各种螺纹都有左旋、右旋、单线、多线之分,其中以公制三角形螺纹即普通螺纹应用最广。普通螺纹以大径、中径、螺距、牙型角和旋向为基本要素,是螺纹加工时必须控制的部分。在车床上能车削各种螺纹,现以车削普通螺纹为例予以说明。

1. 螺纹车刀及安装

车刀的刀尖角度必须与螺纹牙型角(公制螺纹为 $60°$)相等,车刀前角等于零度。车刀刃磨时按样板刃磨,刃磨后用油石修光。安装车刀时,刀尖必须与零件中心等高。调整时,用对刀样板对刀,保证刀尖角的等分线严格地垂直于零件的轴线。

2. 车削螺纹操作

在车床上车削单头螺纹的实质就是使车刀的纵向进给量等于零件的螺距。为保证螺距的精度,应使用丝杠与开合螺母的传动来完成刀架的进给运动。车螺纹要经过多次走刀才能完成,在多次走刀过程中,必须保证车刀每次都落入已切出的螺纹槽内,否则,就会发生"乱扣"现象。当丝杠的螺距 P_s 是零件螺距 P 的整数倍时,可任意打开合上开合螺母,车刀总会落入原来已切出的螺纹槽内,不会"乱扣"。若不为整数倍时,多次走刀和退刀时,均不能打开开合螺母,否则将发生"乱扣"。车外螺纹操作步骤:

(1) 开车对刀,使车刀与零件轻微接触,记下刻度盘读数,向右退出车刀,如图 6-43(a)所示。

(2) 合上开合螺母,在零件表面上车出一条螺旋线,横向退出车刀,停车,如图 6-43(b)所示。

（3）开反车使车刀退到零件右端,停车,用钢直尺检查螺距是否正确,如图6-43(c)所示。

（4）利用刻度盘调整背吃刀量,开车切削,如图6-43(d)所示。

（5）刀将车至行程终了时,应做好退刀停车准备,先快速退出车刀,然后停车,开反车退回刀架,如图6-43(e)所示。

（6）再次横向切入,继续切削,如图6-43(f)所示。

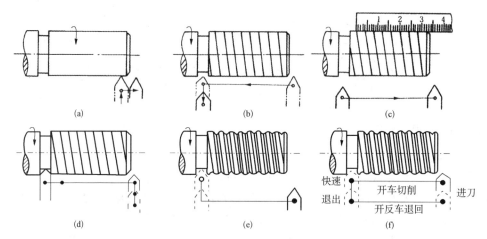

图 6-43　车削外螺纹操作步骤

3. 车螺纹的进刀方法

（1）直进刀法:用中滑板横向进刀,两切削刃和刀尖同时参加切削。直进刀法操作方便,能保证螺纹牙型精度,但车刀受力大,散热差,排屑难,刀尖易磨损。此法适用于车削脆性材料、小螺距螺纹或精车螺纹。

（2）斜进刀法:用中滑板横向进刀和小滑板纵向进刀相配合,使车刀基本上只有一个切削刃参加切削,车刀受力小,散热、排屑有改善,可提高生产率。但螺纹牙型的一侧表面粗糙度值较大,所以在最后一刀要留有余量,用直进法进刀修光牙型两侧。此法适用于塑性材料和大螺距螺纹的粗车。

不论采用哪种进刀方法,每次的切深量要小,而总切深度由刻度盘控制,并借助螺纹量规测量。测量外螺纹用螺纹环规,测量内螺纹用螺纹塞规。

根据螺纹中径的公差,每种量规有通规,止规(塞规一般做在一根轴上,有通端、止端)。如果通规或通端能旋入螺纹,而止规或止端不能旋入时,则说明所车的螺纹中径是合格的。螺纹精度不高或单件生产且没有合适的螺纹量规时,也可用与其相配件进行检验。

4. 注意事项

（1）调整中、小滑板导轨上的斜铁,保证合适的配合间隙,使刀架移动均匀、平稳。

（2）若由顶尖上取下零件测量时,不得松开卡箍。重新安装零件时,必须使卡箍与拨盘保持原来的相对位置,并且须对刀检查。

（3）若需在切削中途换刀,则应重新对刀。由于传动系统存在间隙,对刀时应先使车刀沿切削方向走一段距离,停车后再进行对刀。此时移动小滑板使车刀切削刃与螺纹槽相吻合即可。

（4）为保证每次走刀时,刀尖都能正确落在前次车削的螺纹槽内,当丝杠的螺距不是零件螺距的整数倍时,不能在车削过程中打开开合螺母,应采用正反车法。

（5）车削螺纹时严禁用手触摸零件或用棉纱擦拭旋转的螺纹。

6.6.8　滚花

滚花是用滚花刀挤压零件,使其表面产生塑性变形而形成花纹。花纹一般有直纹和网纹两种,滚花刀也分直纹滚花刀和网纹滚花刀。如图6-44所示,滚花前,应将滚花部分的直径车削得比零件所要求尺寸大些,然后将滚花刀的表面与零件平行接触,且使滚花刀中心线与零件中心线等高。在滚花开始进刀时,需用较大压力,待进刀一定深度后,再纵向自动进给,这样往复滚压1~2次,直到滚好为止。此外,滚花时零件转速要低,通常还需充分供给冷却液。

花纹有直纹和网纹两种,滚花刀也分直纹滚花刀[图6-45(a)]和网纹滚花刀[图6-45(b)、(c)]。滚花是用滚花刀来挤压工件,使其表面产生塑性变形而形成花纹。滚花的径向挤压力很大,因此加工时,工件的转速要低些。需要充分供给冷却润滑液,以免研坏滚花刀和防止细屑滞塞在滚花刀内而产生乱纹。

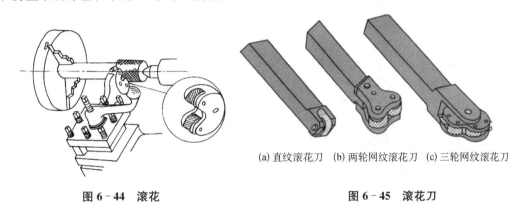

(a) 直纹滚花刀　(b) 两轮网纹滚花刀　(c) 三轮网纹滚花刀

图6-44　滚花　　　　　　　　　　图6-45　滚花刀

6.7　车削加工示例

6.7.1　轴销的车削加工

加工图6-46所示的轴销。材料为45钢,单件生产。

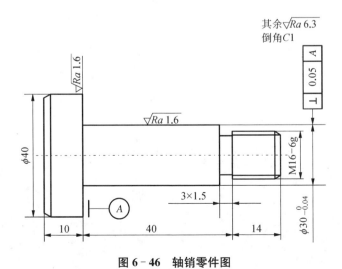

图6-46　轴销零件图

车削步骤见表 6 - 4。

表 6 - 4　轴销零件车削步骤

序号	加工内容	加工简图	刀具
1	用三爪自定心卡盘夹持工件车端面		45°弯头车刀
2	粗车外圆面至 $\phi 40$ mm,轴向尺寸 67 mm		90°偏刀
3	粗车外圆至 $\phi 31$ mm,轴向尺寸为 54 mm		90°偏刀
4	车螺纹外圆至 $\phi 16$ mm,轴向尺寸为 14 mm		
5	车退刀槽,轴向尺寸为 14 mm		切槽刀
6	倒角 $1 \times 45°$		45°弯头车刀
7	车 M16 螺纹		螺纹车刀
8	精车外圆至 $\phi 30_{-0.04}^{0}$ mm,轴向尺寸为 40 mm		90°偏刀

续表

序号	加工内容	加工简图	刀具
9	调头,用铜皮包在 $\phi 30_{-0.04}^{0}$ mm 外圆上,端面与三爪自定心卡盘靠平,夹紧后车另一端面,保证尺寸为 10 mm		45°弯头车刀
10	倒角 $1 \times 45°$		45°弯头车刀
11	检验		

6.7.2　变速箱输出轴的车削加工

图 6-47 所示为变速箱输出轴,材料为 40Cr,热处理:T215,单件小批生产。试设计其车削加工工艺过程。

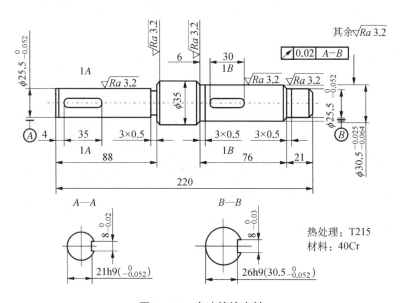

图 6-47　变速箱输出轴

1. 加工分析

分析图 6-47 所示可知,外圆 $\phi 30.5_{-0.064}^{-0.025}$ mm 对外圆 A,B 轴心线的径向跳动公差为 0.02 mm。为达到这一要求,须采用两顶尖装夹的加工方法。毛坯尺寸为 $\phi 38 \times 240$ mm,可用中心架辅助支承来截取长度和车端面、钻中心孔。粗车可采用一夹一顶方式装夹。

2. 加工步骤及方法

加工步骤及方法见表 6-5。

(1) 车端面采用 45°,YT15 硬质合金车刀。

粗车切削用量为 $v_c = 100$ m/min,$a_p = 1.5 \sim 3.5$ mm,$f = 0.2 \sim 0.6$ mm/r。

（1）精车切削用量为 $v_c=100\sim120$ m/min，$a_p=0.2\sim1$ mm，$f=0.1\sim0.2$ mm/r。

（2）车外圆采用 90°或 45°偏刀，车台阶使用 90°偏刀。

粗车时采用 YT15 硬质合金车刀，切削用量为 $v_c=100$ m/min，$a_p=2\sim4$ mm，$f=0.3\sim0.6$ mm/r。

半精车时采用 YT15 硬质合金车刀，切削用量为 $v_c=100\sim120$ m/min，$a_p=1\sim2$ mm，$f=0.2\sim0.4$ mm/r。

精车时采用 YT30 硬质合金车刀，切削用量为 $v_c=120\sim130$ m/min，$a_p=0.1\sim0.3$ mm，$f=0.1\sim0.2$ mm/r。

（3）切槽采用高速钢车刀时，切削用量为 $v_c=20\sim30$ m/min，$f=0.05\sim0.1$ mm/r。

3. 尺寸检验

外圆尺寸用千分尺检测；台阶长度用深度尺检测；同轴度误差用百分表在两顶尖间检测。

表 6-5　输出轴加工步骤及方法

序号	工种	工步	加工内容
1	热处理		调质 215HBS
2	车	1	三爪卡盘夹住毛坯外圆，伸出长度 < 40 mm
		2	车端面
		3	钻 $\phi2.5$ mm A 型中心孔
3	车		一端夹住，一端顶住
		1	车外圆 $\phi35$mm 至尺寸
		2	粗车外圆 $\phi25.5$ mm$^{~0}_{-0.052}$ 至 $\phi26.5$mm，长度为 88 mm
		3	粗车 $\phi30.5$ mm$^{-0.025}_{-0.061}$ 至 $\phi31.5$mm
		4	切槽 3 mm×1mm 至尺寸，保持 $\phi35$mm 长度为 35 mm
		5	倒角
4	车		调头，一端夹住，一端搭中心架
		1	车端面，取总长尺寸 220 mm
		2	粗车外圆 $\phi25.5$ mm$^{~0}_{-0.052}$ 至 $\phi26.5$mm，长度为 21 mm
		3	切槽 3 mm×1mm 至尺寸
		4	钻 $\phi2.5$ mm A 型中心孔
5	车		工件装夹在两顶尖中间，并使用鸡心夹
		1	精车外圆 $\phi25.5$ mm$^{~0}_{-0.052}$ 至尺寸
		2	倒角
6	车		调头，按序号 5 装夹方法装夹
		1	精车外圆 $\phi30.5$ mm$^{-0.025}_{-0.054}$ 至尺寸
		2	精车外圆 $\phi25.5$ mm$^{~0}_{-0.052}$ 至尺寸
		3	倒角

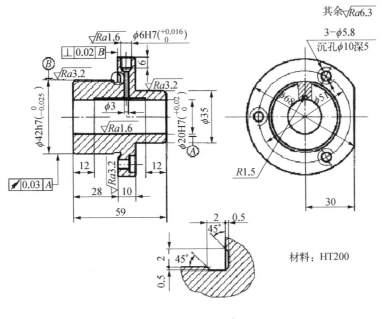

图 6-48 定位套

6.7.3 定位套的车削加工

图 6-48 所示为定位套。材料为 HT200,单件小批生产。试设计其车削加工工艺过程。

1. 加工分析

图样要求 ϕ42h7 外圆表面对 ϕ20H7 孔轴心线的径向跳动公差为 0.03 mm,单件加工可在一次装夹中完成。多件加工可采用心轴,以工件内孔为定位基准,装夹在心轴上车削外圆、台阶,以保证工件的位置精度。

2. 加工直线形油槽的方法

将磨好的 R 1.5 mm 的锋钢油槽刀头,嵌入内孔车刀杆前端的方孔中。使工件处于静止状态(变速手柄拨到低速位置)。用床鞍手轮把油槽车刀头摇到孔中油槽位置。向主轴箱方向缓慢均匀移动至所需长度尺寸。重复上述动作,加工到尺寸要求。

3. 加工步骤

(1) 用三爪卡盘夹住 ϕ35 mm 毛坯外圆车端面;车外圆 ϕ68 mm 至尺寸;粗车 ϕ42h7 外圆至 ϕ43 mm,长 28 mm 至 $27^{+0.8}_{+0.5}$ mm;倒角。

(2) 用三爪卡盘夹住 ϕ43 mm 外圆车端面;总长 59 mm 至尺寸;车外圆 ϕ35 mm 至尺寸,ϕ68 mm 的长度 10 mm 至 $10^{+0.5}_{+0.3}$ mm;倒角;钻孔 ϕ18 mm;车孔至 ϕ19.8 mm;孔口倒角;铰孔 ϕ20H7 至尺寸;车内油槽 R 1.5 mm 至尺寸;用砂布去毛刺。

(3) 以工件孔定位,装夹在心轴上车削精车 ϕ42h7 至尺寸,并车出台阶面,长度 28 mm、10 mm 至尺寸;车外圆端面沟槽至尺寸;倒角。

(4) 检查先用量具检查各尺寸精度,再将工件外圆 ϕ42h7 放在检验 V 型铁上,检查工件位置精度。

6.7.4　阶梯轴的车削加工

图 6-49 所示为一阶梯轴,材料为 45 钢,对该零件在 CA6140 车床上实施车削加工。

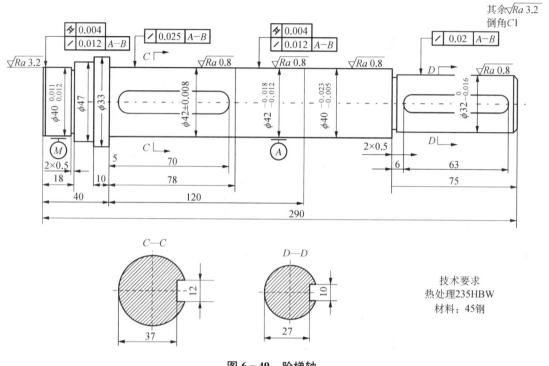

图 6-49　阶梯轴

1. 零件技术要求分析

该零件材料为 45 钢,采用 $\phi56\text{mm}\times292\text{mm}$ 热轧圆钢,热处理调质至 235HBW。两处外圆 $\phi40^{+0.018}_{+0.002}$,安装滚动轴承,圆柱度公差为 0.004 mm,跳动公差为 0.012 mm,外圆 $\phi42\pm0.008$ mm 与 $\phi32^{0}_{-0.016}$ mm 上有键槽,安装传动件,跳动公差分别为 0.025 mm 与 0.02 mm,外圆 $\phi40^{-0.025}_{-0.05}$ mm 与配合件有相对运动;外圆表面粗糙度为 Ra 0.8 μm;槽 2 mm×0.3 mm 为磨削外圆时砂轮越程槽。

该阶梯轴外圆公差等级为 IT6 和 IT7,形位精度为 6 级和 7 级,表面粗糙度均为 Ra 0.8 μm,车削加工后要磨削加工才能达到图样要求。

图样上没有标注中心孔,但该零件较长,精度要求较高,在车削时需钻中心孔作为工艺基准保证零件精度。

2. 加工工艺方案拟定

(1) 合理选择装夹方式

根据轴类零件的形状、大小和加工数量不同,选择不同的装夹方法。用四爪单动卡盘夹紧力大,但找正费时,用于装夹大型或形状不规则的较短工件;三爪自定心卡盘装夹工件方便,但夹紧力不大,用于装夹外形规则、较短的中小型工件;两顶尖装夹工件方便,不需找正,装夹精度高,但刚度较差,影响切削用量的提高,用于轴类工件的精车;一夹一顶装夹工件较安全方便,装夹刚度较高,能承受较大进给力,但装夹精度受卡盘精度影响,广泛用于轴类工件的粗车和半精车。本例工件车后还需磨削,因此,采用一夹一顶装夹工件为宜。

（2）准确控制径向尺寸

用试切法控制径向尺寸，是单件小批量轴类零件常用的方法。开动车床，移动床鞍和中滑板，使车刀刀尖接触工件，中滑板刻度盘对零，转动刻度盘，利用刻度盘控制背吃刀量，试切长度约 2 mm，向右移动床鞍，退出车刀，测量试切外圆尺寸，根据测量值调整背吃刀量。

车刀移动的背吃刀量 a_p 与刻度盘转过的格数 N 的关系为：

$$N = a_p/k$$

式中，N——刻度盘转过的格数；

a_p——背吃刀量（mm）；

k——中滑板刻度盘转过一格中滑板移动的距离 mm，刻度盘等分 100 格，横向进给丝杠导程为 5 mm，刻度盘转过一格时，中滑板移动 5 mm/100＝0.05 mm。

车 $\phi53_{-0.05}^{\ 0}$ mm 外圆时，刀尖接触毛坯外圆，背吃刀量 $a_p = (d_w - d_m)/2 = (56-53)/2 = 1.5$ (mm)，中滑板刻度盘转过的格数为 $N = a_p/k = 1.5/0.05 = 30$ 格。

试切，测量后纠正刻度盘格数，将刻度盘调至零位。车削其他外圆同理。

（3）控制好长度尺寸

以已加工面为基准，用金属直尺量出台阶长度尺寸，开机，用刀尖刻出线痕。移动床鞍和中滑板，刀尖与工件端面相擦，将床鞍刻度调到零位，车刀靠近刻线痕再看刻度值。本例中刀尖与工件端面相擦，将床鞍刻度调到零位，车削 $\phi42_{+0.35}^{+0.40}$ mm 外圆至床鞍刻度盘 290－40＝250 格停止机动进给，车削 $\phi42_{+0.35}^{+0.40}$ mm 外圆至床鞍刻度盘 250－78＝172 格停止机动进给。

（4）正确使用车刀，合理选择车削用量

车削阶梯轴工件，通常使用 90°外圆车刀。本例可对 90°车刀前刀面磨倒棱，倒棱宽度为 0.3 mm，倒棱角为－5°，可增加切削刃强度，刀尖处磨 R 0.5 mm 刀尖圆弧，可增加刀尖强度，前刀面磨断屑槽，可有效断屑。粗车时，车刀装夹工作角度可取 85°～90°，精车时取 93°。

车削用量：切削速度 $v_c = 80$ m/min，背吃刀量 $a_p = 3$ mm～5 mm，进给量 $f = 0.5$ mm/r。

（5）正确使用量具和中心架

按测量工件尺寸选择千分尺规格，擦净测量面，检查零位线是否对准。测量时，需将两测量面与工件垂直，转动棘轮并轻微摆动，棘轮发出嗒嗒声时，读出工件尺寸。

较长零件一夹一顶车外圆，调头车端面、钻中心孔时，需用中心架支承，以保证中心孔轴线与车床主轴轴线同轴度。中心架使用方法：三爪自定心卡盘夹持工件 15～20 mm，用百分表找正工件，中心架固定在轴端的导轨上。开动车床，工件转速为 150～200 r/min，调整支承爪，与工件轻微接触时，用紧固螺钉固定支承爪。

（6）加工路线拟定

车各外圆、端面、车槽、倒角；铣键槽；钳工去毛刺；磨外圆。

3. 加工步骤

（1）操作前检查、准备

润滑并检查车床：根据车床润滑系统图加油润滑；检查车床各手柄是否在规定位置；调整中、小滑板间隙松紧适当。

准备车刀：45°车刀、90°车刀和车槽刀装夹在刀架上，保证刀尖与工件中心等高，刀柄中心与主轴轴线垂直。钻夹头装中心钻 A 2.5 mm，钻夹头柄擦净后用力插入尾座套筒内。

准备量具：金属直尺、游标卡尺、外径千分尺、百分表。

（2）车右端面、钻中心孔

三爪自定心卡盘夹 $\phi56$ mm 外圆，车右端面，钻中心孔 A 2.5 mm。

（3）车右端面各外圆

一夹一顶装夹，卡盘夹 $\phi56$ mm 外圆，回转顶尖顶右端中心孔。

车 $\phi53$ mm 至 $\phi53_{-0.05}^{0}$ mm，长 270 mm，车 $\phi42\pm0.008$ mm 至 $\phi42_{+0.35}^{+0.40}$ mm，长 250 ± 0.5 mm，车 $\phi40_{+0.002}^{+0.018}$ mm 和 $\phi40_{+0.025}^{+0.040}$ mm 至 $\phi40_{+0.35}^{+0.40}$ mm，控制 $\phi40_{+0.35}^{+0.40}$ mm 长 78 ± 0.3 mm，车 $\phi32_{-0.016}^{0}$ mm 至 $\phi32_{+0.35}^{+0.40}$ mm，长 75 ± 0.3 mm；车砂轮越程槽 2 mm×0.5 mm；倒钝 0.5 mm×45°，右端倒角 C 1.2。

（4）车左端面、钻中心孔

一夹一搭装夹，三爪自定心卡盘夹 $\phi32_{+0.35}^{+0.40}$ mm，中心架支承 $\phi53_{-0.05}^{0}$ mm 外圆找正外圆跳动误差不大于 0.05 mm；车左端面，控制总长尺寸 290 ± 0.5 mm 和长度尺寸 40 ± 0.3 mm；钻中心孔 A 2.5 mm。

（5）车左端各外圆

一夹一顶装夹，三爪自定心卡盘夹右端 $\phi32_{+0.35}^{+0.40}$ mm 外圆，回转顶尖顶左端中心孔，找正 $\phi32_{+0.35}^{+0.40}$ mm，外圆跳动误差不大于 0.05 mm；车 $\phi47$ mm 至 $\phi47\pm0.1$ mm，控制 $\phi53_{-0.05}^{0}$ mm 长 10 ± 0.2 mm；车 $\phi40_{+0.002}^{+0.018}$ mm 至 $\phi40_{+0.35}^{+0.40}$ mm，长 18 ± 0.2 mm；车砂轮越程槽 2 mm×0.5 mm；倒钝 0.5 mm×45°，左端倒角 C 1.2。

6.7.5　齿轮坯的车削加工

图 6-50 所示为一齿轮坯零件图。

1. 技术要求分析

盘套类零件主要由孔、外圆与端面所组成。除尺寸精度、表面粗糙度有要求外，其外圆对孔有径向圆跳动的要求，端面对孔有端面圆跳动的要求。保证径向圆跳动和端面圆跳动是制订盘套类零件的工艺要重点考虑的问题。在工艺上一般分粗车和精车。精车时，尽可能把有位置精度要求的外圆、孔、端面在一次安装中全部加工完。若有位置精度要求的表面不可能在一次安装中完成时，通常先把孔制出，然后以孔定位上心轴加工外圆或端面（有条件也可在平面磨床上磨削端面）。其装夹方法常使用心轴装夹工件。

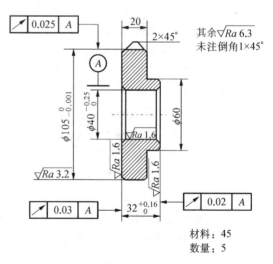

材料：45
数量：5

图 6-50　齿轮坯

2. 加工方法

表 6 - 6　齿轮坯工艺过程卡片

序号	加工简图	加工内容	安装方法	备注
1		下料 $\phi 110 \times 36$，5 件		
2		车 $\phi 110$ 外圆，长 20 mm； 车端面见平； 车外圆 $\phi 53 \times 10$	三爪	
3		车 $\phi 53$ 外圆； 粗车端面见平，外圆至 $\phi 107$； 钻孔 $\phi 36$； 粗精镗孔 $\phi 40^{+0.025}_{0}$ 至尺寸	三爪	
4		车 $\phi 105$ 外圆，垫铁皮，找正； 精车台肩面保证长度加 20； 车小端面，总长 $32.3^{+0.2}_{0}$； 精车外圆 $\phi 60$ 至尺寸； 倒小内、外角 $1 \times 45°$、大外角 $2 \times 45°$	三爪	
5		精车小端面； 保证总长 $32.3^{+0.16}_{0}$	顶尖 卡箍 锥度心轴	有条件可平 磨小端面
6		检验		

6.8　小结

车削加工所使用的设备是车床，使用的刀具是车刀，其加工方式都有一个共同的特点都是带有旋转表面的。一般来说，机器中带有旋转表面的零件所占的比例是很大的，在车床上安装一些附件和夹具，还能扩展其加工用途。因此，车削加工在机械制造行业中应用得非常普遍，因而它的地位也显得十分重要。在车削加工时应当注意：

（1）零件的形状、大小和加工批量不同，安装零件的方法和所使用的附件及刀具也不相同。在选择安装方法时，应注意各种车床附件的应用场合。

（2）车削适应范围广、生产成本低、生产率较高，因此应用十分广泛。车床适宜加工各种各样的回转面，如圆柱面、圆锥面及螺纹面等。

一般传动用的轴，各表面的尺寸精度、表面粗糙度和位置精度（主要是各外圆面对轴线的同轴度和台肩面对轴线的端面圆跳动）要求较高，长度和直径的比值也较大，加工时不可能一次加工完全部表面，往往要多次调头安装，多次加工才能完成。为了保证零件的安装精度，并且安装要方便可靠，轴类零件一般都采用顶尖安装工件。

6.9　思考题

(1) 车削加工的特点是什么？

(2) 车床由哪些主要部分组成？

(3) 常用车刀有哪些种类？其用途分别是什么？

(4) 车刀的刃磨有哪些步骤？

(5) 如何正确安装车刀？

(6) 常用的安装方法有哪几种？各有何特点？

(7) 叙述车削的加工步骤。

(8) 什么叫试切？其作用是什么？

(9) 简述车削螺纹的步骤。

(10) 车端面有哪几种方法？各有何特点？

(11) 简述车削螺纹的步骤。

(12) 如何保证螺纹牙型及螺距的正确性？

(13) 车螺纹时，为什么必须用丝杠走刀？

(14) 简述车锥面的方法，特点与应用。

(15) 简述车成形面的方法，特点与应用。

(16) 在车床上车削一毛坯直径为 $\phi40$ mm 的轴，要求一次进给车至直径为 $\phi35$ mm，如果选用切削速度 $v_c=110$ m/min，求背吃刀量 a_p 及主轴转数 n 各等于多少？

(17) 在车床上车削直径为 $\phi40$ mm 的轴，选用的主轴转速为 600 r/min，如果用相同的切削速度车削直径为 $\phi15$ mm 的轴，这时主轴的转速为多少？

(18) 外圆表面常用的加工方法有哪些？如何选用？

(19) 提高外圆表面车削生产率的主要措施有哪些？

(20) 欲使刀具有较大的前角，而强度又不致有明显削弱，一般可采取哪些措施？

(21) 粗车和精车的目的有什么不同？刀具角度的选用有何不同？切削用量的选择又有何不同？

(22) 粗、精车时限制进给量的因素各是什么？为什么？限制切削速度的因素各是什么？为什么？

(23) 切削用量为什么要按一定顺序选取？提高切削用量可采取哪些措施？

(24) 在 C6132A 车床上粗车、半精车 45 钢（调质）轴，材料抗拉强度 $\sigma_b=0.681$ GPa，毛坯尺寸：$d_w \times L_w = \phi90$ mm$\times$400 mm，半精车后达到 $\phi80$ mm $\times$400 mm，表面粗糙度 Ra 值为 3.2 μm，试选择粗车和半精车的切削用量。

(25) 举例说明何谓内联系传动链，何谓外联系传动链。

(26) 车床主轴转速是否就是切削速度？当主轴转速提高时，刀架移动加快，是否意味着进给量加大？

(27) 在车床上车锥面有哪些方法？各适用于哪些场合？

(28) 拟车削一圆锥体零件，已知其大端直径 $D=42$ mm，小端直径 $d=37$ mm，长度 $l=120$ mm，尾座偏移量 S 为多少？

项目七　铣削加工

7.1　概述

铣削加工是在铣床上利用铣刀对工件进行切削加工的方法。铣削加工使用旋转的多刃刀具切削工件，是高效率的加工方法，所以是机械制造中最常用的切削加工方法。

铣削的加工应用范围很广，如图 7-1 所示，铣削平面、铣削斜面、铣削各种沟槽和成形面等，也可以进行分度工作。有时孔的钻、镗加工也可以在铣床上进行。铣削加工精度一般为 IT10～IT8，粗糙度 Ra 6.3～1.6 μm。在一般情况下，它的切削运动是刀具做快速的旋转运动（即主运动）和工件作缓慢的直线运动（即进给运动），如图 7-2 所示。

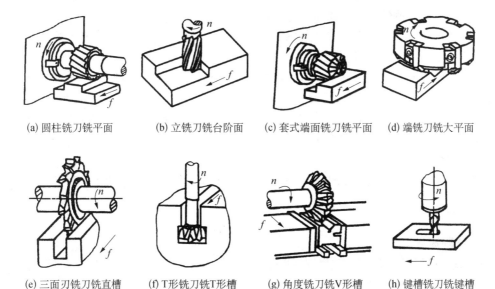

(a) 圆柱铣刀铣平面　　(b) 立铣刀铣台阶面　　(c) 套式端面铣刀铣平面　　(d) 端铣刀铣大平面

(e) 三面刃铣刀铣直槽　　(f) T形铣刀铣T形槽　　(g) 角度铣刀铣V形槽　　(h) 键槽铣刀铣键槽

  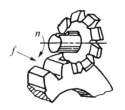 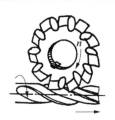

(i) 带柄角度槽　　　(j) 成形铣刀铣凸圆弧　　　(k) 齿轮铣刀铣齿轮　　　(l) 螺旋铣刀铣螺旋槽

图 7-1　铣削加工范围

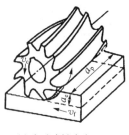 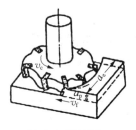

(a) 在卧式铣床上　　　　　　　(b) 在立式铣床上

图 7-2　铣削运动及铣削要素

7.1.1　铣工实训安全操作规程

（1）工作前穿戴好一切防护用品。检查机床各转动部分的防护装置是否良好。

（2）工作中需要的各种工具,应整齐放置在一定的地方,不能放在机床面上或传动的部分。

（3）开车前应先检查铣刀、工件是否夹紧。

（4）运转过程中严禁测量工件,或用手检查工件表质和清除铁屑等。

（5）工作时应站在铣刀的侧面,注意力要集中。

（6）不允许在运转过程中变换转速,离开机床时必须停车,严禁操作者在机床运转中与他人交谈,以防止机床和产品损坏。

（7）随时保持工作场地的整洁,在清除金属铁屑时应停车后用刷子刷,不得用赤手清除或口吹。

（8）铣削齿轮用分度头分齿时,必须等铣刀完全离开工件后方可转动分度头手柄。

（9）工作中必须经常检查机床各部分的润滑情况,发现异常现象应立即停车并向实训指导人员报告。

（10）工作完毕应随手关闭机床电源,必须整理工具并做好机床的清洁工作。

7.1.2　铣削用量

1. 铣削速度 v_c

铣削速度即为铣刀最大直径处的线速度,可用下式计算:

$$v_c = \pi d_t n_t / 1\ 000 (\text{m/min})$$

式中 d_t 为铣刀直径(mm);n_t 为铣刀每分钟转数(r/min)。

2. 进给量

铣削进给量有三种表示方式:

（1）进给速度 v_f（mm/min）：指工件对铣刀的每分钟进给量（即每分钟工件沿进给方向移动的距离）。

（2）每转进给量 f（mm/r）：指铣刀每转一转，工件对铣刀的进给量（即铣刀每转一转，工件沿进给方向移动的距离）。

（3）每齿进给量 a_f（毫米/齿）：指铣刀每转过一个刀齿时，工件对铣刀的进给量（即铣刀每转过一个刀齿，工件沿进给方向移动的距离）。

它们三者之间的关系式为：$v_f = f \times n_t = a_f \times z \times n_t$；式中 n_t 为铣刀每分钟转数（r/min），z 为铣刀齿数。

3. 铣削深度 a_p

铣削深度为沿铣刀轴线方向上测量的切削层尺寸（切削层是指工件上正被刀刃切削着的那层金属）。

4. 铣削宽度 a_e

铣削宽度为垂直铣刀轴线方向上测量的切削层尺寸。

7.2　铣床

7.2.1　铣床种类

铣床是用铣刀对工件进行铣削加工的机床。铣床的种类很多，有卧式铣床、立式铣床、工具铣床、龙门铣床、仿形铣床、仪表铣床、床身铣床等。

1. X6132 卧式铣床

卧式铣床又可分为普通卧式铣床和万能卧式铣床，其中万能卧式铣床应用广泛。它比普通卧式铣床在纵向工作台下多了个转台。万能卧式铣床是铣床中应用最多的一种，其结构如图 7-3 所示。它的主轴是水平的，工作台可以沿纵、横和垂直三个方向运动。

X——类别：铣床类；6——组别：卧式铣床组；1——型别：万能升降台铣床型；32——主参数：工作台工作面宽度的 1/10，即工作台工作面宽度为 320 mm。

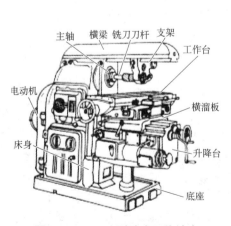

图 7-3　X6132 型卧式万能铣床

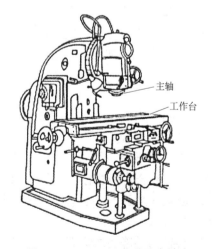

图 7-4　X5032 立式升降台铣床

2. X5032 立式升降台铣床

X5032 立式升降台铣床如图 7-4 所示，其规格、操纵机构、传动变速等与 X6132 卧式铣床基本相似。主要区别是：

（1）X5032立式铣床主轴与工作台面垂直，安装在可以偏转的铣头壳体内，根据加工需要主轴可以在垂直面内左右摆动45°。

（2）X5032立式铣床的工作台与横向溜板连接处没有回转台，所以工作台在水平面内不能扳转角度。

3. X2010C型龙门铣床

龙门铣床属大型机床之一，图7-5所示为X2010型龙门铣床外形图。该铣床具有框架式结构，刚性好，有三轴和四轴两种布局形式。龙门铣床带有两个垂直主轴箱（三轴结构只有一个垂直主轴箱）和两个水平主轴箱，能安装4把或3把铣刀同时进行铣削。垂直主轴能在±30°范围内按需偏转，水平主轴的偏转范围为－15°～30°，以满足不同的铣削要求。

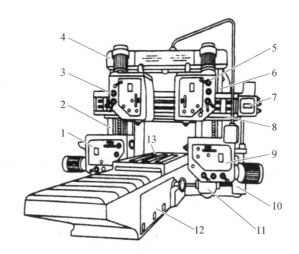

1、9—水平铣头；2、6—立柱；3、5—垂直铣头；4—连接梁；
7、10、11—进给箱；8—横梁；12—床身；13—工作台

图7-5　X2010C型龙门铣床

4. 万能工具铣床

万能工具铣床操纵灵便，精度较高，并备有多种附件，主要适用于工具车间，其结构如图7-6所示。

7.2.2　铣床主要组成及作用

（1）床身：用来固定和支撑铣床各部件，其内部装有主轴、主轴变速箱、电器设备及润滑油泵等部件。

（2）横梁：横梁上一端装有吊架，用来支承刀杆，以增强其刚性，减少震动；横梁可沿燕尾道轨移动，以调整其伸出的长度。

（3）主轴：主轴为空心轴，用来安装铣刀或刀轴，并带动铣刀轴旋转。

（4）升降台：升降台可以带动整个工作台沿床身的垂直导轨上下移动，以调整工件与铣刀的距离和实现垂直进给，其内部装有进给变速机构。

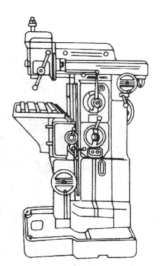

图7-6　万能工具铣床

（5）横向工作台：横向工作台位于升降台上面的水平导轨上，可沿升降台上的导轨作横向移动。

（6）纵向工作台：纵向工作台用来安装工件和夹具，可沿转台上的导轨作纵向移动。

（7）转台：转台可将纵向工作台在水平面内扳转一定的角度，以便铣削螺旋槽等。有无转台是万能卧式铣床与普通卧式铣床的主要区别。

（8）底座：用于支承床身和升降台，其内盛切削液。

7.2.3 铣床附件及工件安装

在铣床上铣削零件时，工件用铣床附件固定和定位。铣床的主要附件有平口虎钳、万能铣头、回转工作台和分度头等。

1. 平口虎钳

平口虎钳结构如图 7 - 7 所示，是一种通用夹具。使用时，先校正平口钳在工作台上的位置，然后再夹紧工件。一般用于小型较规则的零件，如较方正的板块类零件、盘套类零件、轴类零件和小型支架

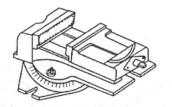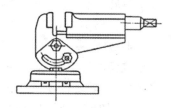

图 7 - 7　平口虎钳

等。平口钳安装工件时，应注意：应使工件被加工面高于钳口，否则应用垫铁垫高工件；应防止工件与垫铁间有间隙；为保护工件的已加工表面，可以在钳口与工件之间垫软金属片。

2. 万能铣头

在卧式铣床上装上万能铣头，不仅能完成各种立铣的工作，而且还可以根据铣削的需要，把铣头主轴扳成任意角度。

图 7 - 8(a)所示为万能铣头(将铣刀 2 扳成垂直位置)的外形图，其底座 1 用螺栓 5 固定在铣床的垂直导轨上。铣床主轴的运动通过铣头内的两对锥齿轮传到铣头主轴上。铣头的壳体 3 可绕铣床主轴轴线偏转任意角度，如图 7 - 8(b)所示。铣头主轴的壳体 4 还能在壳体 3 上偏转任意角度，如图 7 - 8(c)所示。因此，铣头主轴就能在空间偏转成所需要的任意角度。

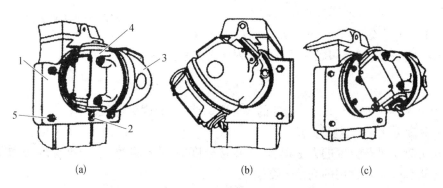

(a)　　　　　　　　(b)　　　　　　　　(c)

1—底座；2—铣刀；3—壳体；4—铣头主轴壳体；5—螺栓

图 7 - 8　万能铣头

3. 回转工作台

回转工作台，又称为转盘、平分盘、圆形工作台等，其外形如图7-9所示。它的内部有一套蜗轮蜗杆。摇动手轮，通过蜗杆轴，就能直接带动与转台相连接的蜗轮转动。转台周围有刻度，可以用来观察和确定转台位置。拧紧固定螺钉，转台就固定不动。转台中央有一孔，利用它可以方便地确定工件的回转中心。当底座上的槽和铣床工作台上的T形槽对齐后，即可用螺栓把回转工作台固定在铣床工作台上。

铣圆弧槽时，工件安装在回转工作台上。铣刀旋转，用手均匀缓慢地摇动回转工作台而使工件铣出圆弧槽。

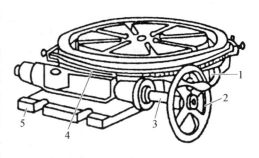

1—螺钉；2—手轮；
3—蜗杆轴；4—转台；5—底座
图7-9　回转工作台

4. 分度头

在铣削加工中，常会遇到铣六方、齿轮、花键和刻线等工作。这时，工件每铣过一面或一个槽之后，需要转过一个角度，再铣削第二个面、第二个槽等。这种工作叫作分度。分度头就是根据加工需要，对工件在水平、垂直和倾斜位置进行分度的机构，如图7-10所示。其中最为常见的是万能分度头。

（1）万能分度头的构造

万能分度头的底座上装有回转体，分度头的主轴可以随回转体在垂直平面内转动。主轴的前端常装上三爪卡盘或顶尖。分度时可摇分度手柄，通过蜗杆蜗轮带动分度头主轴旋转进行分度。分度头的传动示意图如图7-11所示。

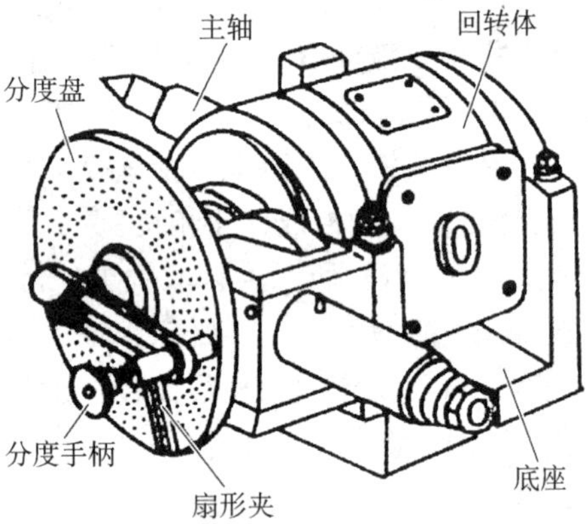

分度头中蜗杆和蜗轮的传动比 i=蜗杆的头数/蜗轮的齿数=1/40

也就是说，当手柄通过一对直齿轮（传动比为1∶1）带动蜗杆转动一周时，蜗轮只能带动主轴转过1/40周。若工件在整个圆周上的分度数目 z 为已知，则每分一个等分就要求分度头主轴转 $1/z$ 圈。这时，分度手柄所需转的圈数 n 即可由下列比例关系推得：

主轴　回转体　分度盘　分度手柄　扇形夹　底座
图7-10　万能分度头

$$1\colon 40=1/z\colon n \quad 即\ n=40/z$$

式中 n——手柄转数；z——工件的等分数；40——分度头定数。

（2）分度方法

使用分度头进行分度的方法很多，有直接分度法、简单分度法，角度分度法和差动分度法等。这里仅介绍最常用的简单分度法。

式 $n=40/z$ 所表示的方法即为简单分度法。例如铣齿数 $z=36$ 的齿轮，每一次分齿时手柄转数为

$$n=40/z=40/36=10/9(圈)$$

也就是说,每分一齿,手柄需转过一整圈再多摇过 1/9 圈。这 1/9 圈一般通过分度盘来控制。国产分度头一般备有两块分度盘。分度盘的两面各钻有许多圈孔,各圈孔数均不相等。然而同一孔圈上的孔距是相等的。

第一块分度盘正面各圈孔数依次为:24、25、28、30、34、37;反面各圈孔数依次为:38、39、41、42、43。

第二块分度盘正面各圈孔数依次为:46、47、49、51、53、54;反面各圈孔数依次为:57、58、59、62、66。

简单分度法,需将分度盘固定。再将分度手柄上的定位销调整到孔数为 9 的倍数的孔圈上,即在孔数为 54 的孔圈上。此时手柄转过一周后,再沿孔数为 54 的孔圈转过 6 个孔距($n=10/9=60/54$)。

为了确保手柄转过的孔距数可靠,可调整分度盘上的扇股(又称扇形夹)1、2 间的夹角,如图 7-11(b)所示,使之正好等于 6 个孔距,这样依次进行分度时就可以准确无误。

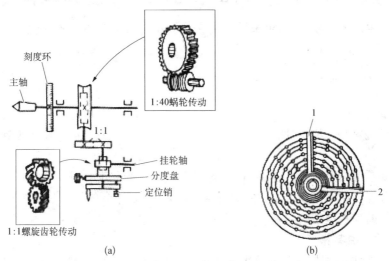

(a)　　　　　　　　(b)

图 7-11　分度头的传动示意图

5. 工件的安装

铣床上常用的工件安装方法有以下几种:

(1) 用平口钳安装工件。

(2) 用压板、螺栓安装工件。

(3) 用分度头安装工件。

分度头安装工件一般用在等分工作中。它既可以用分度头卡盘(或顶尖)与尾架顶尖一起使用安装轴类零件,也可以只使用分度头卡盘安装工件。分度头的主轴可以在垂直平面内转动,因此可以利用分度头在水平、垂直及倾斜位置安装工件,如图 7-12、图 7-13 及图 7-14 所示。

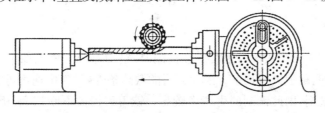

图 7-12　铣敞开式键槽

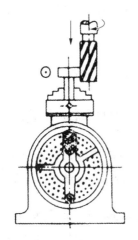
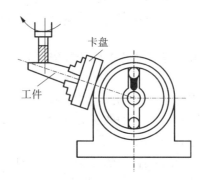

图 7 - 13　分度头卡盘在垂直位置装卡工件　　**图 7 - 14　分度头卡盘在倾斜位置装卡工件**

当零件的生产批量较大时,可采用专用夹具和组合夹具装卡工件。这样既能提高生产效率,又能保证产品质量。

7.2.4　铣床的运动和维护保养

1. 铣床的运动

主运动是主轴(铣刀)的回转运动。主电机回转经主轴变速机构传递到主轴使主轴回转。

进给运动是工作台(工件)的纵向、横向和垂直方向的移动。进给电动机回转运动经进给变速机构分别传递给三个进给方向的进给丝杠,获得工作台的纵向运动,横向溜板的横向运动和升降台的垂直运动。

2. 铣床的维护保养

(1) 铣床的润滑:根据铣床说明书的要求,每天定点对需要润滑的各运动部位加注润滑油。铣床启动后,检查其床身上各油窗的正常出油和油表位置。定期加油和更换润滑油。润滑油泵和油路发生故障要及时维修和更换。

(2) 铣床的清洁保养:开机前必须将导轨、丝杠等部件的表面进行清洁并加上润滑油;工作时不要把工夹量具放置在导轨或工作面上;工作结束一定要清除铁屑和油污,擦干净机床并在各运动部位加油防止生锈。

(3) 合理使用机床:合理选用铣削用量、铣削刀具和铣削方法,正确使用各种工量夹具,熟悉铣床性能和操作规程。正确合理使用机床,不能超负荷工作,工件和夹具的重量不能超过机床的载重量。

7.3　铣刀

铣刀是一种旋转使用的多齿刀具。在铣削时,铣刀每个刀齿不像车刀和钻头那样连续地进行切削,而是间歇地进行切削。因而刀刃的散热条件好,切削速度可选得高些。铣削时经常是多齿进行铣削,因此铣削的生产率较高。铣刀刀齿的不断切入、切出,铣削力不断地变化,因而铣削容易产生振动。铣刀分为带孔类铣刀和带柄类铣刀,带孔类铣刀多用在卧式铣床上,带柄类铣刀多用在立式铣床上。

7.3.1　带孔铣刀

　　常用的带孔铣刀有圆柱铣刀、圆盘铣刀、角度铣刀、成形铣刀等。带孔铣刀多用于卧式铣床上。带孔铣刀的刀齿形状和尺寸可以适应所加工的零件形状和尺寸。

(a) 圆柱铣刀　　　　(b) 三面刃铣刀　　　　(c) 锯片铣刀　　　　(d) 模数铣刀

(c) 单角铣刀　　　　(f) 双角铣刀　　　　(g) 凸圆弧铣刀　　　　(h) 凹圆弧铣刀

图 7 - 15　带孔铣刀

　　(1) 圆柱铣刀:其刀齿分布在圆柱表面上,通常分为直齿和斜齿两种,如图 7 - 15(a)所示。主要用圆周刃铣削中小型平面。

　　(2) 圆盘铣刀:如三面刃铣刀,锯片铣刀等。图 7 - 15(b)所示为三面刃铣刀,主要用于加工不同宽度的沟槽及小平面、小台阶面等;锯片铣刀用于铣窄槽或切断材料。

　　(3) 角度铣刀:如图 7 - 15(e)、(f)所示,它们具有各种不同的角度,用于加工各种角度槽及斜面等。

　　(4) 成形铣刀:如图 7 - 15(g)、(h)所示,其切削刃呈凸圆弧、凹圆弧、齿槽形等形状,主要用于加工与切削刃形状相对应的成形面。

7.3.2　带柄铣刀

　　常用的带柄铣刀有立铣刀、键槽铣刀、T 形槽铣刀和镶齿端铣刀等,其共同特点是都有供夹持用的刀柄。带柄铣刀多用于立式铣床上。

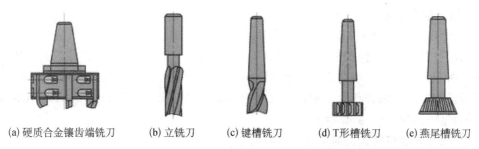

(a) 硬质合金镶齿端铣刀　　(b) 立铣刀　　(c) 键槽铣刀　　(d) T形槽铣刀　　(e) 燕尾槽铣刀

图 7 - 16　带柄铣刀

（1）立铣刀：多用于加工沟槽、小平面、台阶面等，如图 7 - 16(b)所示。立铣刀有直柄和锥柄两种，直柄立铣刀的直径较小，一般小于 20 mm，直径较大的为锥柄，大直径的锥柄铣刀多为镶齿式。

（2）键槽铣刀：如图 7 - 16(c)所示，用于加工封闭式键槽。

（3）T 形槽铣刀：如图 7 - 16(d)所示，用于加工 T 形槽。

（4）镶齿端铣刀：用于加工较大的平面。如图 7 - 16(a)所示，刀齿主要分布在刀体端面上，还有部分分布在刀体周边，一般是刀齿上装有硬质合金刀片，可以进行高速铣削，以提高效率。

铣刀还可以按刀齿与刀体的关系分为整体铣刀、镶齿铣刀和可转位铣刀。按铣刀的用途分为加工平面的铣刀、加工直角沟槽的铣刀、加工特种沟槽和特形表面的铣刀、切断铣刀等。按刀齿的构造分为尖齿铣刀和铲齿铣刀等。

7.3.3　铣刀的组成和材料

1. 铣刀的组成要素

铣刀主要由前刀面、后刀面、切削刃、刀体和刀槽角等组成要素，如图 7 - 17 所示。铣削时，刀刃切入工件的金属层形成切屑，切屑从刀齿上流出的面为前刀面，与已加工面相对的面是后刀面，前刀面与后刀面的交线为切削刃。

2. 铣刀材料

铣刀的切削部分常用材料有：工具钢、硬质合金、陶瓷和超硬刀具材料。一般高速钢和硬质合金用得最多。只有加工高硬度材料和超精加工时才使用超硬材料。

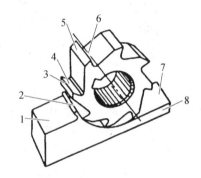

1—待加工表面；2—切屑；
3—主切削刃；4—前刀面；5—主后刀面；
6—铣刀棱；7—已加工表面；8—工件

图 7 - 17　铣刀的组成要素

高速钢抗弯强度高、韧性好，可以将其制成形状复杂的刀具，一般形状复杂的铣刀都是用高速钢制造的。

硬质合金在硬度、耐磨性、耐热性方面优于高速钢。但是抗弯强度低、脆，所以仅适用于制造形状简单的刀具。

7.3.4　铣刀的安装

1. 带孔铣刀的安装

（1）带孔铣刀中的圆柱形、圆盘形铣刀，多用长刀杆安装，如图 7 - 18 所示。

带孔铣刀多用短刀杆安装。而带孔铣刀中的圆柱形、圆盘形铣刀，多用长刀杆安装，如图 7 - 7 所示。长刀杆一端有 7∶24 锥度与铣床主轴孔配合，并用拉杆穿过主轴将刀杆拉紧，以保证刀杆与主轴锥孔紧密配合。安装刀具的刀杆部分，根据刀孔的大小分几种型号，常用的有 $\phi16$、$\phi22$、$\phi27$、$\phi32$ 等。

用长刀杆安装带孔铣刀时需注意：

第一，铣刀应尽可能地靠近主轴或吊架，以保证铣刀有足够刚性；

第二，套筒的端面与铣刀的端面必须擦干净，以减小铣刀的端跳；

第三，拧紧刀杆的压紧螺母时，必须先装上吊架，以防刀杆受力变弯。

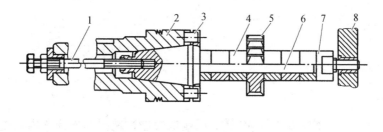

1—拉杆;2—主轴;3—端面;4—套筒;5—铣刀;6—刀杆;7—压紧螺母;8—吊架

图 7 - 18　圆盘铣刀的安装

(2) 带孔铣刀中的端铣刀,多用短刀杆安装,如图 7 - 19 所示。

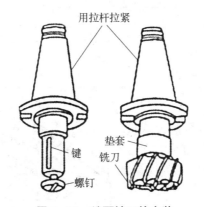

图 7 - 19　端面铣刀的安装

2. 带柄铣刀的安装

(1) 锥柄立铣刀的安装:这类铣刀的安装如图 7 - 20(a)所示。根据铣刀锥柄的大小,选择合适的变锥套,将各配合表面擦净,然后用拉杆把铣刀及变锥套一起拉紧在主轴上。

(2) 直柄立铣刀的安装:这类铣刀多为小直径铣刀,一般不超过 $\phi20$,多用弹簧夹头进行安装,如图 7 - 20(b)所示。铣刀的柱柄插入弹簧套的孔中,用螺母压弹簧套的端面,使弹簧套的外锥面受压而孔径缩小,即可将铣刀抱紧。弹簧套上有三个开口,故受力时能收缩。弹簧套有多种孔径,以适应各种尺寸的铣刀。

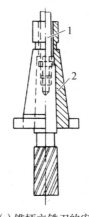
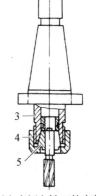

(a) 锥柄立铣刀的安装　　(b) 直柄立铣刀的安装

1—拉杆;2—变锥套;3—夹头体;
4—螺母;5—弹簧套

图 7 - 20　带柄铣刀的安装

7.4　铣削加工

7.4.1　铣削加工方式

1. 周铣与端铣

　　用圆柱铣刀进行铣削的方式称为周铣,用端铣刀进行铣削的方式称为端铣。周铣与端铣各有其优、缺点,见表 7 - 1。

表 7 - 1　周铣与端铣各有其优、缺点

项　目	周　铣	端　铣
有无修光刃	无	有
工件表面质量	差	好
刀杆刚度	小	大
切削振动	大	小
同时参加切削的刀齿	少	多
是否容易镶嵌硬质合金刀片	难	易
刀具耐用度	低	高
生产效率	低	高
加工范围	广	较窄

2. 顺铣和逆铣

　　用圆柱铣刀进行铣削时,铣削方式又可分为顺铣和逆铣。当工件的进给方向与铣削的方向相同时为顺铣,反之则为逆铣,如图 7 - 21 所示。

　　顺铣时,丝杠和螺母传动存在一定的间隙,导致加工过程中出现无规则的窜动现象,甚至会"打刀"。为避免此现象的出现,在生产中广泛采用逆铣,见表 7 - 2。

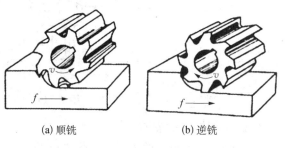

(a) 顺铣　　　　　　(b) 逆铣

图 7 - 21　顺铣和逆铣

表 7 - 2　顺铣和逆铣特点对照表

项　目	顺　铣	逆　铣
铣削平稳性	好	差
刀具磨损	小	大
工作台丝杠和螺母有无间隙	有	无
由工作台传动引起的质量事故	多	少
加工工序	精加工	粗加工
表面粗糙度值	小	大
生产效率	低	高
加工范围	无硬皮的工件	有硬皮的工件

3. 对称铣和不对称铣

用端铣刀加工平面时，根据工件对铣刀的位置是否对称，可分为对称铣和不对称铣。对称铣是铣削宽度对称于铣刀轴线，一般只应用于铣削宽度接近铣刀直径时。非对称铣削则是铣削宽度不对称于铣刀轴线，非对称铣削时依据切入边和切出边所占铣削宽度比例不同，可以分为非对称顺铣和逆铣，在切入时可以调节切入和切出时的切削厚度，如图 7-22 所示。

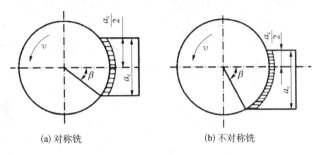

(a) 对称铣　　　　　　(b) 不对称铣

图 7-22　对称铣和不对称铣

7.4.2　铣削基本操作过程

1. 铣水平面

铣平面可用周铣法或端铣法，并应优先采用端铣法。但在很多场合，例如在卧式铣床上铣平面，也常用周铣法。铣削平面的步骤如下：

（1）开车使铣刀旋转，升高工作台，使零件和铣刀稍微接触，记下刻度盘读数，如图 7-23(a)所示。

（2）纵向退出零件，停车，如图 7-23(b)所示。

（3）利用刻度盘调整侧吃刀量（为垂直于铣刀轴线方向测量的切削层尺寸），使工作台升高到规定的位置，如图 7-23(c)所示。

（4）开车先手动进给，当零件被稍微切入后，可改为自动进给，如图 7-23(d)所示。

（5）铣完一刀后停车，如图 7-23(e)所示。

（6）退回工作台，测量零件尺寸，并观察表面粗糙度，重复铣削到规定要求，如图 7-23(f)所示。

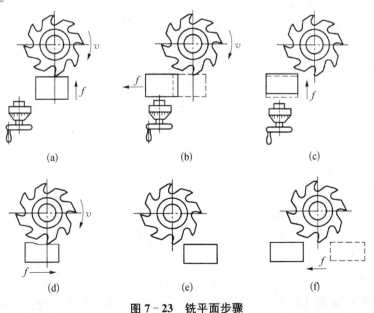

(a)　　　　　　　(b)　　　　　　　(c)

(d)　　　　　　　(e)　　　　　　　(f)

图 7-23　铣平面步骤

2. 铣斜面

工件上具有斜面的结构很常见,铣削斜面的方法也很多,下面介绍常用的几种。

(1) 使用倾斜垫铁铣斜面

在零件设计基准的下面垫一块倾斜的垫铁,则铣出来的平面就与设计基准面成倾斜位置。改变倾斜垫铁的角度,即可加工不同角度的斜面如图 7-24 所示。

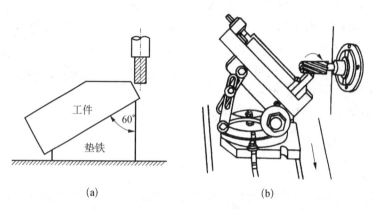

(a)　　　　　　　　　　　　(b)

图 7-24　用倾斜零件法铣斜面

(2) 利用分度头铣斜面

在一些圆柱形和特殊形状的零件上加工斜面时,可利用分度头将工件转成所需位置而铣出斜面。

(3) 用万能铣头铣斜面

万能铣头能方便地改变刀轴的空间位置,因此我们可以转动铣头以使刀具相对工件倾斜一个角度来铣斜面,如图 7-25 所示。

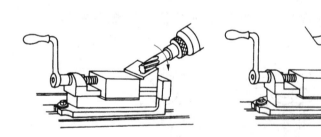

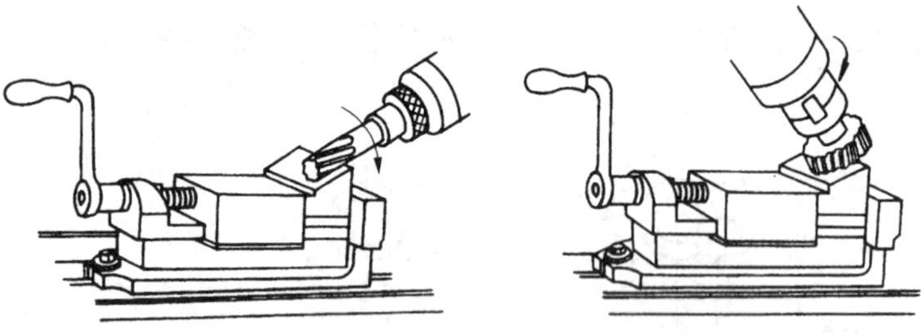

图 7-25　万能铣头倾斜一个角度来铣斜面

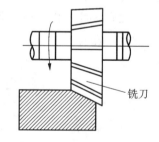

图 7-26　用角度铣刀铣斜面

(4) 用单角度铣刀铣斜面

如图 7-26 所示,较小的斜面可用合适的单角度铣刀加工。当加工零件批量较大时,则常采用专用夹具铣斜面。

3. 铣沟槽

在铣床上能加工沟槽的种类很多,如直槽、角度槽、V 形槽、T 形槽、燕尾槽和键槽等。这里着重介绍键槽及 T 形槽的加工,如图 7-27 所示。

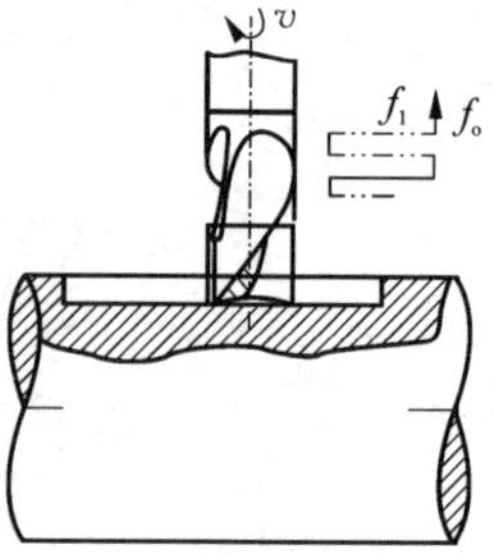

(1) 铣键槽

常见的键槽有封闭式和敞开式两种。对于封闭式键槽,单件生

图 7-27　铣键槽步骤

产一般在立式铣床上加工。当批量较大时,则常在键槽铣床上加工。在键槽铣床上加工时,利用抱钳把工件卡紧后,再用键槽铣刀一薄层一薄层地铣削,直到符合要求为止。

若用立铣刀加工,则由于立铣刀中央无切削刃,不能向下进刀。所以必须预先在槽的一端钻一个下刀孔,才能用立铣刀铣键槽。

对于敞开式键槽,可在卧式铣床上加工,一般采用三面刃铣刀加工。

(2) 铣 T 形槽

T 形槽应用很多,如铣床和刨床的工作台上用来安放紧固螺栓的槽就是 T 形槽。要加工 T 形槽,必须首先用立铣刀或三面刃铣刀铣出直角槽,如图 7-28(a)所示,然后在立式铣床上用 T 形槽铣刀铣削 T 形槽,如图 7-28(b)所示。但 T 形槽铣刀工作时排屑困难,因此切削用量应选得小些,同时应多加冷却液。最后,再用角度铣刀铣出倒角,如图 7-28(c)所示。

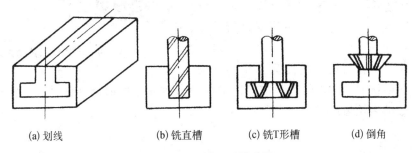

| (a) 划线 | (b) 铣直槽 | (c) 铣T形槽 | (d) 倒角 |

图 7-28　铣 T 形槽步骤

4. 铣成形面

在铣床上常用成形铣刀加工成形面,如图 7-29(a)、(b)、(c)所示。

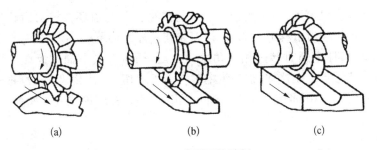

| (a) | (b) | (c) |

图 7-29　成型面的铣削

7.5　齿形加工

齿轮齿形的加工,按加工原理可分为成形法和展成法两大类。

7.5.1　成形法

成形法是采用与被切齿轮齿槽相符的成形刀具加工齿形的方法。用齿轮铣刀(又称模数铣刀)在铣床上加工齿轮的方法属于成形法。

1. 齿轮铣刀的选择

应选择与被加工齿轮模数、压力角相等的铣刀,同时还按齿轮的齿数根据表 7-3 选择合适号数的铣刀。

表 7 - 3 模数铣刀刀号的选择

刀号	1	2	3	4	5	6	7	8
加工齿数范围	12～13	14～16	17～20	21～25	26～34	35～54	55～134	135 以上及齿条

2. 铣削方法

在卧式铣床上,将齿坯套在心轴上安装于分度头和尾架顶尖中,对刀并调好铣削深度后开始铣第一个齿槽,铣完一齿退出进行分度,依次逐个完成全部齿数的铣削。如图 7 - 30 所示。

3. 铣齿加工特点

(1)用普通的铣床设备,且刀具成本低。

(2)生产效率低。每切完一齿要进行分度,占用较多辅助时间。

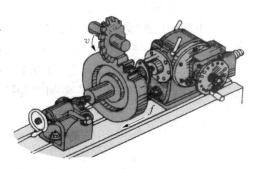

图 7 - 30 卧式铣床铣削方法

(3)齿轮精度低。齿形精度只达 11～9 级。

主要原因是每号铣刀的刀齿轮廓只与该范围最少齿数齿槽相吻合,而此号齿轮铣刀加工同组的其他齿数的齿轮齿形都有一定误差。

7.5.2 展成法

展成法就是利用齿轮刀具与被切齿坯作啮合运动而切出齿形的方法。最常用的方法是插齿加工和滚齿加工。

1. 插齿加工

插齿加工在插齿机上进行,相当于一个齿轮的插齿刀与齿坯按一对齿轮作啮合运动而把齿形切成的。可把插齿过程分解为:插齿刀先在齿坯上切下一小片材料,然后插齿刀退回并转过一小角度,齿坯也同时转过相应角度。之后,插齿刀又下插在齿坯上切下一小片材料。不断重复上述过程。就这样,整个齿槽被一刀刀地切出,齿形则被逐渐地包络而成。因此,一把插齿刀,可加工相同模数而齿数不同的齿形,不存在理论误差。如图 7 - 31 所示。

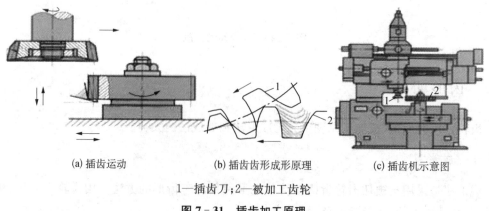

(a) 插齿运动　　　　(b) 插齿齿形成形原理　　　　(c) 插齿机示意图

1—插齿刀;2—被加工齿轮

图 7 - 31 插齿加工原理

插齿有以下切削运动:

（1）主运动：插齿刀的上下往复运动。

（2）展成运动（又称分齿运动）：确保插齿刀与齿坯的啮合关系的运动。

（3）圆周进给运动：插齿刀的转动，其控制着每次插齿刀下插的切削量。

（4）径向进给量：插齿刀须作径向逐渐切入运动，以便切出全齿深。

（5）让刀运动：插齿刀回程向上时，为避免与工件摩擦而使插齿刀让开一定距离的运动。插齿除适于加工直齿圆柱齿轮外，特别适合加工多联齿轮及内齿轮。插齿加工精度一般为 7～8 级，齿面粗糙度 Ra 值为 1.6 μm。

2. 滚齿加工

滚齿加工是用滚齿刀在滚齿机（图 7-32）上加工齿轮的方法。滚齿加工原理是滚齿刀和齿坯模拟一对螺旋齿轮作啮合运动。滚齿刀好比一个齿数很少（一至二齿）齿很长的齿轮，形似蜗杆，经刃磨后形成一排排齿条刀齿。因此，可把滚齿看成是齿条刀对齿坯的加工。滚切齿轮过程可分解为：前一排刀齿切下一薄层材料之后，后一排刀齿切下时，旋转的滚刀为螺旋形，所以使刀齿位置向前移动了一小段距离，而齿轮坯则同时转过相应角度，后一排刀齿便切下另一薄层材料。正如齿条刀向前移动，齿轮坯作转动。就这样，齿坯被一刀刀地切出整个齿槽，齿侧的齿形则被包络而成。如图 7-33 所示。所以，这种方法可用一把滚齿刀加工相

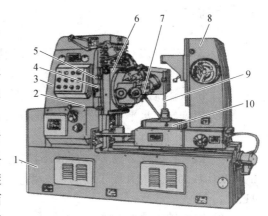

1—床身；2—挡铁；3—立柱；4—行程开关；
5—挡铁；6—刀架；7—刀杆；
8—支撑架；9—工件心轴；10—工作台

图 7-32　滚齿机外形图

同模数不同齿数的齿轮，不存在理论齿形误差。滚切直齿圆柱齿轮时有以下运动：

（1）主运动：滚刀的旋转运动。

（2）展成运动（又称分齿运动）：是保证滚齿刀和被切齿轮的转速必须符合所模拟的一对齿轮的啮合运动关系。即滚刀转一转，工件转 K/Z 转。其中：K 是滚刀的头数，Z 为齿轮齿数。

（3）垂直进给运动：要切出齿轮的全齿宽，滚刀须沿工件轴向作垂直进给运动。

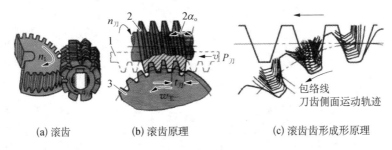

(a) 滚齿　　　　　(b) 滚齿原理　　　　　(c) 滚齿齿形成形原理

图 7-33　滚齿机及加工原理

滚齿加工适于加工直齿、斜齿圆柱齿轮。齿轮加工精度为 8～7 级，齿面粗糙度 Ra 值为 1.6 μm。在滚齿机上用蜗轮滚刀、链轮滚刀还能滚切蜗轮和链轮。

7.6　小结

铣削是金属切削加工中常用的方法之一,铣削可以加工平面、沟槽和成形面,也可用来钻孔、扩孔和铰孔等。在切削加工中,铣床的工作量仅次于车床,在成批大量生产中,除加工狭长的平面外,铣削几乎代替刨削。

7.7　思考题

(1) X6132 卧式万能升降台铣床主要由哪几部分组成? 各部分的主要作用是什么?

(2) 铣床的主运动是什么? 进给运动是什么?

(3) 试叙述铣床主要附件的名称和用途。

(4) 拟铣一与水平面成 20°的斜面,试叙述分别有哪几种方法?

(5) 铣削加工有什么特点?

(6) 拟铣一齿数 Z 为 30 的直齿圆柱齿轮,试用简单分度法计算出每铣一齿,分度头手柄应在孔数为多少的孔圈上转过多少圈又多少个孔距? 已知分度盘的各圈孔数为 38、39、41、42、43。

(7) 标出铣削基本方法所用的刀具。

铣削基本方法	刀　具	铣削基本方法	刀　具
铣平面		铣螺旋槽	
铣台阶面		切断	
铣斜面		铣成形面	
铣沟槽		铣曲面	

项目八 刨削加工

学 习 目 标

1. 了解刨工的基本知识。
2. 熟悉刨床的组成。
3. 熟悉刨刀的组成。
4. 了解刨削加工方法的工艺特点及加工范围。

8.1 概述

在刨床上用刨刀加工工件叫作刨削。刨床主要用来加工平面(水平面、垂直面、斜面)、槽(直槽、T形槽、V形槽、燕尾槽)及一些成形面。刨床上加工范围如图 8-1 所示,刨床上能加工的典型工件如图 8-2 所示。

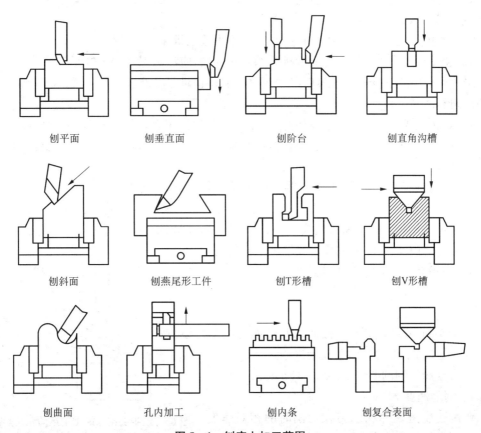

刨平面	刨垂直面	刨阶台	刨直角沟槽
刨斜面	刨燕尾形工件	刨T形槽	刨V形槽
刨曲面	孔内加工	刨内条	刨复合表面

图 8-1 刨床上加工范围

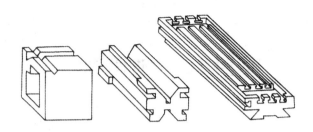

图 8－2 刨床上加工典型工件

刨削加工有以下特点：

（1）刨削的进给运动是间歇运动，工件或刀具进行主运动时无进给运动，故刀具的角度不因切削运动变化而发生变化。

（2）刨削加工的切削过程是断续切削，刀具在空行程中能得到自然冷却。

（3）刨削加工的主运动是往复运动，因而限制了切削速度的提高。

（4）刨削过程中有冲击，冲击力的大小与切削用量、工件材料、切削速度等有关。

8.1.1 刨削实训安全操作规程

（1）操作前必须了解刨床大致构造，各手柄的用途和操作方法，使用程序，否则不准使用。

（2）应注意检查刨床各部分润滑是否正常，各部分运转时是否受到阻碍。

（3）装夹工件、刀具时要停机进行。工件和刀具必须装牢靠，防止工件和刀具从夹具中脱落或飞出伤人。

（4）禁止将工具或工件放在机床上，尤其不得放在机床的运动件上。

（5）操作时，手和身体不能靠近机床的旋转部件，应注意保持一定的距离。

（6）运动中严禁变速。变速时必须等停车后待惯性消失再扳动换挡手柄。测量工件要停机时进行。

（7）机床运转时，操作者不能离开工作地点，发现机床运转不正常时，应立即停机检查，并报告现场指导人员。当突然意外停电时，应立即切断机床电源或其他启动机构，并把刀具退出工件部位。

（8）切削时产生的切屑，应使用刷子及时清除，严禁用手清除。

（9）任何人在使用设备后，都应把刀具、工具、量具、材料等物品整理好，并做好设备清洁和日常设备维护工作。检查门窗是否关好，相关设备和照明电源开关是否关好。

（10）任何人员违反上述规定或培训中心的规章制度，实训指导人员有权停止其操作。

8.1.2 刨削运动及切削用量

在牛头刨床上加工水平面时，刀具的直线往复运动为主运动，工件的间歇移动为进给运动。

牛头刨床的刨削要素如图 8－3 所示。

1. 刨削速度 v_c

刨削速度是工件和刨刀在切削时的相对速度，可用下式计算：

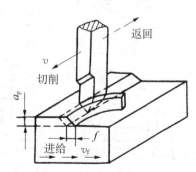

图 8－3 牛头刨床的刨削运动和切削用量

$$v_c \approx 2Ln_r/1\,000\,(\text{m/min})$$

式中：L 为行程长度(mm)；n_r 为滑枕每分钟的往复行程次数。

2. 进给量 f

进给量是刨刀每往复一次，工件移动的距离，B6065 牛头刨床可用下式计算：

$$f = z/3\,(\text{mm/str})$$

式中：z 为滑枕每往复一次棘轮被拨过的齿数。

3. 刨削深度 a_p

刨削深度是工件已加工面和待加工面之间的垂直距离(mm)。

刨削时由于一般只用一把刀具切削，返回行程又不工作，切削速度又较低，所以刨削的生产率较低。但对加工狭而长的表面生产率较高。同时由于刨削刀具简单，加工调整灵活方便，故在单件生产及修配工作中，较广泛应用。

刨削加工的公差等级一般为 IT9～IT8，表面粗糙度一般为 $Ra\,6.3～1.6\,\mu\text{m}$。

8.2 刨床

牛头刨床是刨削类机床中应用较广的一种，它适用于刨削长度不超过 1 000 mm 的中、小型工件。下面以 B6065(旧编号 B665)牛头刨床为例进行介绍。

1. 牛头刨床的编号

按照 GB/T 15375—2008《金属切削机床型号编制方法》的规定表示，如 B6065 中字母和数字的含义如下：B 是"刨床"汉语拼音的第一个字母，为刨削类机床的代号；60 代表牛头刨床；65 是刨削工件的最大长度的 1/10，即最大刨削长度为 650 mm。

2. 牛头刨床的组成部分

牛头刨床主要由床身、滑枕、刀架、工作台、横梁、底座等部分组成，如图 8-4 所示。

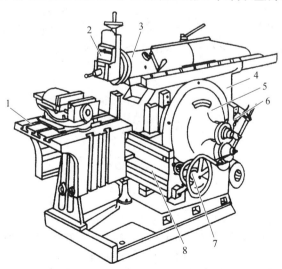

1—工作台；2—刀架；3—滑枕；4—床身；
5—摆杆机构；6—变速机构；7—进给机构；8—横梁

图 8-4 B6065 型牛头刨床外形图

（1）床身：它用来支承和连接刨床的各部件。其顶面导轨供滑枕作往复运动用，侧面导轨供工作台升降用。床身的内部有传动机构。

（2）滑枕：滑枕主要用来带动刨刀作直线往复运动（即主运动），其前端有刀架。

（3）刀架：刀架用以夹持刨刀，如图 8 - 4 所示。摇动刀架手柄时，滑板便可沿转盘上的导轨带动刨刀作上下移动。松开转盘上的螺母，将转盘扳转一定的角度后，就可使刀架斜向进给。滑板上还装有可偏转的刀座（又称刀盒、刀箱）。抬刀板可以绕刀座的 A 轴向上转动。刨刀安装在刀夹上，在返回行程时，可绕 A 轴自由上抬，减少了与工件的摩擦。

（4）工作台：工作台是用来安装工件的，它可随横梁作上下调整，并可沿横梁作水平方向移动或做进给运动。

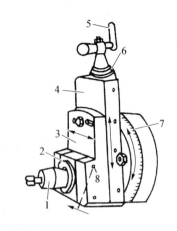

1—刀夹；2—抬刀板；3—刀座；4—滑板；
5—手柄；6—刻度环；7—刻度转盘；8—销轴

图 8 - 5　刀架

3. 牛头刨床的传动系统

牛头刨床包括：变速机构；摆杆机构；行程长度的调整；行程位置的调整；横向进给机构及进给量的调整；滑枕往复直线运动速度的变化。

摆杆机构的作用是将电动机传来的旋转运动变为滑枕的往复直线运动，结构如图 8 - 6 所示。摆杆上端与滑枕内的螺母相连，下端与支架相连。摆杆齿轮上的偏心滑块与摆杆上的导槽相连。当摆杆齿轮由小齿轮带动旋转时，偏心滑块就在摆杆的导槽内上下滑动，从而带动摆杆绕支架中心左右摆动，于是滑枕便作往复直线运动。摆杆齿轮转动一周，滑枕带动刨刀往复运动一次。

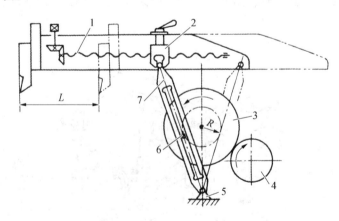

1—丝杠；2—螺母；3—摆杆齿轮；4—小齿轮；5—支架；6—偏心滑块；7—摆杆

图 8 - 6　摆杆机构

8.3　刨刀

1. 刨刀的特点

刨刀往往做成弯头,这是刨刀的一个明显特点。弯头刨刀在受到较大的切削力时,刀杆所产生的弯曲变形,是围绕 O 点向上方弹起的,因此刀尖不会啃入工件,如图 8 - 7(a)所示,而直头刨刀受力变形啃入工件,将会损坏刀刃及加工表面,如图 8 - 7(b)所示。

刨刀切削部分最常用的材料有高速钢和硬质合金。

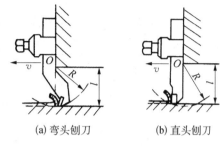

(a) 弯头刨刀　　　　(b) 直头刨刀

图 8 - 7　弯头刨刀和直头刨刀

2. 刨刀的种类及其应用

刨刀的种类很多,按加工形式和用途不同,有各种不同的刨刀,一般有平面刨刀、偏刀、切刀、角度刀及成形刀等。平面刨刀用来加工水平表面;偏刀用来加工垂直表面或斜面;切刀用来加工槽或切断工件;角度刀用来加工具有相互成一定角度的表面;成形刀用来加工成形表面。常见刨刀的形状及应用如图 8 - 8 所示。

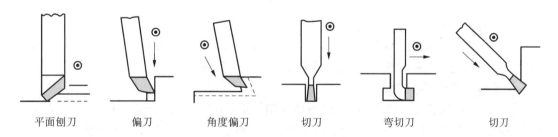

平面刨刀　　　偏刀　　　角度偏刀　　　切刀　　　弯切刀　　　切刀

图 8 - 8　常见刨刀的形状及应用

8.4　工件的安装方法

在刨床上安装工件的方法主要有三种:平口钳安装、压板与螺栓安装及专用夹具安装。

1. 平口钳安装

平口钳是一种通用夹具,经常用其安装小型工件。使用时先把平口钳钳口找正并固定在工作台上,然后再安装工件。常用的按划线找正的安装方法如图 8 - 9(a)所示。

在平口钳中安装工件的注意事项:

(1) 工件的被加工面必须高出钳口,否则就要用平行垫铁垫高工件如图 8 - 9(b)、(c)所示。

(2) 为了能安装固定,防止刨削时工件走动,必须将平整的平面贴紧在垫铁和钳口上。要使工件贴紧在垫铁上,应该一面夹紧,一面用手锤轻击工件的上平面图。要注意光洁的上平面要用铜棒进行敲击,防止敲伤光洁表面。

(3) 为了不使钳口损坏和保护已加工表面,往往安装工件时在钳口处垫上铜皮。

(4) 用手挪动垫铁检查贴紧的程度,如有松动,工件与垫铁贴合不好,应该松开平口钳重新夹紧。

(5) 刚性不足的工件需要增加支撑,以免夹紧力使工件变形,如图 8-10 所示。

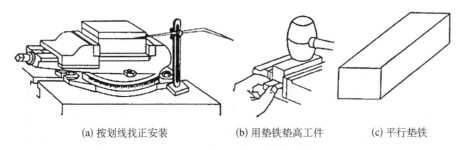

(a) 按划线找正安装　　　　(b) 用垫铁垫高工件　　　　(c) 平行垫铁

图 8-9　在平口钳中安装工件

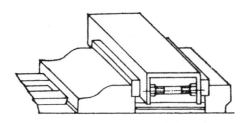

图 8-10　框形状工件的安装

2. 压板、螺栓的安装

有些工件较大或形状特殊,需要用压板、螺栓和垫铁,把工件直接固定在工作台上进行刨削。安装时先对工件找正,具体安装方法如图 8-11 所示。

用压板、螺栓安装工件的注意事项:

(1) 压板的位置要安排得当,压点要靠近切削面,压力大小要合适。粗加工时,压紧力要大,以防止切削中工件移动;精加工时,压紧力要合适,注意防止工件发生变形。

(2) 工件如果放在垫铁上,要检查工件与垫铁是否贴紧,若没有贴紧,必须垫上纸或铜皮,直到贴紧位为止。

(3) 压板必须压在垫铁处,以免工件因受夹紧力而变形。

(4) 安装薄壁工件,在其空心位置处可用活动支撑(千斤顶等)增加刚度,否则工件因受切削力而产生振动和变形。薄壁件安装如图 8-12 所示。

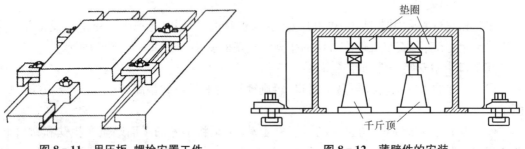

图 8-11　用压板、螺栓安置工件　　　　图 8-12　薄壁件的安装

(5) 工件夹紧后,要用划针复查加工线是否仍然与工作台平行,避免工件在安装过程中变形或走动。

3. 专用夹具安装

这种方法是较完善的安装方法,它既保证工件加工后的准确性,又可以保证工件安装迅速,不需花费时间校正,但要预先制造专用夹具,所以多用于成批生产。

8.5　刨削的基本操作过程

1. 刨平面

粗刨时,用普通平面刨刀。精刨时,可用窄的精刨刀(切削刃为 $6\sim15$ mm 半径的圆弧),背吃刀量 $a_\mathrm{p}=0.5\sim2$ mm,进给量 $f=0.1\sim0.3$ mm/str。

2. 刨垂直面

刨垂直面是指刀架垂直进给来加工平面的方法。此法用在不能用刨水平面法加工,或者用刨垂直面法加工比较容易的情况下。例如加工长工件的两端面,用刨垂直面的方法较为方便。

加工前,检查刀架转盘的刻线是否对准零线,如未对准零线,应调到零线。如果刻度不准确,可按如图 8-13(a)所示的方法来找正刀架,以使刨出的平面和工作台平面垂直。刀座须按一定方向(即刀座上端偏离加工面的方向)偏转一合适角度,一般为 $10°\sim15°$,如图 8-13(b)所示。转动刀座的目的,是使抬刀板在回程时,能使刀具抬离工件的垂直面,以减少刨刀的磨损,并避免划伤加工表面。

精刨时,为降低表面粗糙度,可在副切削刃上接近刀尖处磨出 $1\sim2$ mm 的修光刃。装刀时,应使修光刃平行于加工表面。

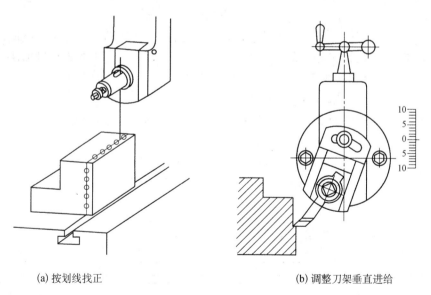

(a) 按划线找正　　　　　　　　　　　　　(b) 调整刀架垂直进给

图 8-13　刨垂直面

3. 刨斜面

与水平面成倾斜的平面称为斜面。机器零件上的斜面,可分为内斜面与外斜面两种类型。刨削斜面的方法很多,最常用的方法是正夹斜刨,亦称倾斜刀架法,如图 8-14 所示。它是把刀架和刀座分别倾斜一定的角度,从上向下倾斜进给刨削,与刨垂直面的进给方法相似。

刀架倾斜的角度必须是工件待加工斜面与机床纵向铅垂面的夹角。刀座倾斜的方向与刨垂直面时相同,即刀座上端偏离被加工斜面如图 8-14 所示。

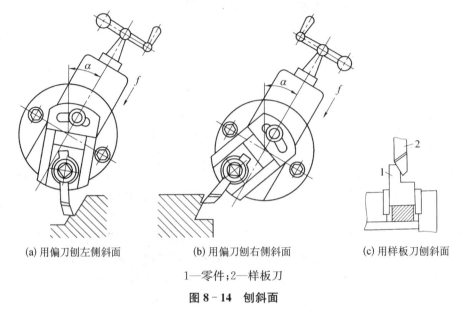

(a) 用偏刀刨左侧斜面　　　　　(b) 用偏刀刨右侧斜面　　　　　(c) 用样板刀刨斜面

1—零件;2—样板刀

图 8-14　刨斜面

4. 刨正六面体零件

正六面体零件要求对面平行,还要求相邻面成直角。这类零件可以铣削加工,也可刨削加工。刨削六面体一般采用图 8-15 所示的加工程序。

第一步,一般是先刨出大面 1,作为精基面[图 8-15(a)]。

第二步,将已加工的大面 1 作为基准面贴紧固定钳口,在活动钳口与工件之间的中部垫一个圆棒后夹紧,然后加工相邻的面 2[图 8-15(b)]。面 2 对面 1 的垂直度取决于固定钳口与水平走刀的垂直度。在活动钳口与工件之间垫一个圆棒,是为了使夹紧力集中在钳口中部,以利于面 1 与固定钳口可靠地贴紧。

第三步,把加工过的面 2 朝下,同样按上述方法,使基面 1 紧贴固定钳口。夹紧时,用手锤轻轻敲打工件,使面 2 贴紧平口钳,就可以加工面 4[图 8-15(c)]。

第四步,加工面 3,如图 8-15d 所示。把面 1 放在平行垫铁上,工件直接夹在两个钳口之间。夹紧时要求用手锤轻轻敲打,使面 1 与垫铁贴实。

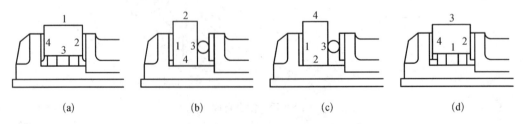

(a)　　　　　　　(b)　　　　　　　(c)　　　　　　　(d)

图 8-15　刨正六面体零件步骤

5. 刨燕尾槽

燕尾槽常用在各种机床的工作台上。在燕尾槽中放入方头螺栓,可用来安装工件或夹具。

刨燕尾槽前,应先刨出各关联平面,并在工件端面和上平面划出加工线,如图8-16所示,然后按以下步骤加工:

第一步,安装工件,并正确地在纵横方向上进行找正。用切槽刀刨出直角槽,使其宽度等于 T 形槽槽口的宽度,深度等于 T 形槽的深度如图8-17(b)所示;

第二步,用弯切刀刨削一侧的凹槽如图8-17(c)所示。如果凹槽的高度较大,一刀不能刨完时,可分为几次刨完。但凹槽的垂直面要用垂直走刀精刨一次,这样才能使槽壁平整。

第三步,换上方向相反的弯切刀,刨削另一侧的凹槽如图8-17(d)所示。

第四步,换上 45°刨刀倒角。

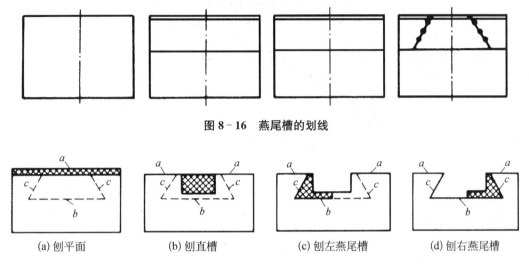

图 8-16　燕尾槽的划线

(a) 刨平面　　　(b) 刨直槽　　　(c) 刨左燕尾槽　　　(d) 刨右燕尾槽

图 8-17　燕尾槽的刨削步骤

8.6　刨削类其他机床

在刨削类机床中,除了牛头刨床外,还有龙门刨床和插床等。

1. 龙门刨床

龙门刨床(图8-18)和牛头刨床不同,它的主要特点是:加工时的主运动是工件的往复直线运动。它因有一个"龙门"式的框架结构而得名。

编号 B2010A 中,B 是刨削类机床的代号;20 表示龙门刨床;10 是最大刨削宽度的 1/100,即最大刨削宽度为 1 000 mm;A 表示经过一次重大改进。

刨削时,工件安装在工作台上做主运动,横梁上的刀架,可在横梁导轨上移动作进给运动以刨削工件的水平面;在立柱上的侧刀架可沿立柱导轨垂直移动以加工工件的垂直面;刀架还能转动一定角度刨削斜面。横梁还可以沿立柱导轨上、下升降,以调整刀具和工件的相对位置。

龙门刨床主要用来加工大型零件上长而窄的平面、大平面或同时加工多个小型零件的平面。

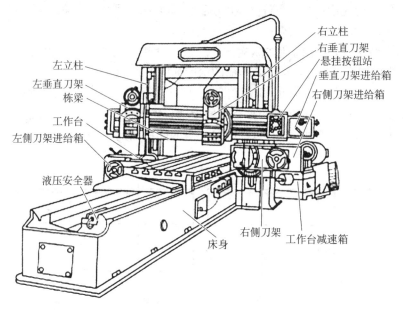

左立柱
左垂直刀架
栋梁
工作台
左侧刀架进给箱
液压安全器

右立柱
右垂直刀架
悬挂按钮站
垂直刀架进给箱
右侧刀架进给箱

右侧刀架
工作台减速箱
床身

图 8 - 18 龙门刨床

2. 插床

插床(图 8-19)实际上是一种立式的刨床,它的结构原理与牛头刨床属于同一类型,只是在结构形式上略有区别。插床的滑枕在垂直方向上下往复移动——主运动。工作台由下拖板、上拖板及圆工作台等三部分组成。下拖板可作横向进给,上拖板可作纵向进给,圆工作台可带动工件回转。

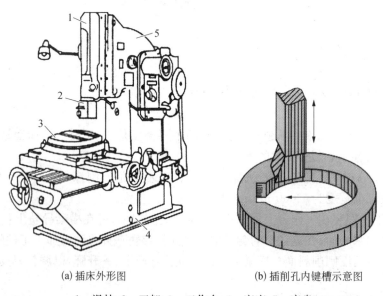

(a) 插床外形图　　　　　　(b) 插削孔内键槽示意图

1—滑枕;2—刀架;3—工作台;4—底座;5—床身

图 8 - 19 插床

编号 B5020 中,B 是刨削类机床的代号;50 表示插床;20 是最大插削长度的 1/10,即最大插削长度为 200 mm。

插床的主要用途是加工工件的内部表面,如方孔、长方孔、各种多边形孔和孔内键槽等。在插床上插削方孔,如图8-20所示,插削孔内键槽如图8-21所示。

插床与刨床一样,生产效率低。而且要有较熟练的技术工人,才能加工出要求较高的零件,所以,插床一般多用于工具车间、修理车间及单件和小批生产的车间。

插床上使用的装夹工具,除牛头刨床上所用的一般常用装夹工具外,还有三爪卡盘、四爪卡盘和插床分度头等。

图8-20 插削方孔　　　　图8-21 插削孔内键槽

在插床上加工孔内表面时,刀具要穿入工件的孔内进行插削,因此工件的加工部分必须先有一个孔,如果工件原来没有孔,就必须先钻一个足够大的孔,才能进行插削加工。

插床精度,加工面的平直度,侧面对基面的垂直度及加工面间的垂直度均为0.025/300 mm,表面粗糙度一般为 Ra 6.3~1.6 μm。

8.7　小结

刨削是金属切削加工中常用的方法之一,刨削可以加工平面、沟槽和成形面。本项目教会学生掌握刨削、刨刀的基础知识,会操作刨床加工常见的零件。随着科学技术的发展,刨削工艺将逐步被铣削工艺所替代。

8.8　思考题

(1) 画简图表示刨垂直面和刨斜面时刀架各部分的位置。
(2) 简述牛头刨床的主要组成部分及作用。
(3) 刨削垂直面和斜面时,如何调整刀架的各个部分?
(4) 简述刨削正六面体零件的操作步骤。
(5) 插床主要用来加工什么表面?
(6) 为什么刨刀往往做成弯头的?

项目九　磨削加工

学 习 目 标

1. 了解磨工的基本知识。
2. 熟悉磨床的组成。
3. 熟悉砂轮的组成。
4. 了解磨削加工方法的工艺特点及加工范围。

9.1　概述

磨削就是用砂轮对工件表面进行切削加工,是机器零件精密加工的主要方法之一。

磨削用的砂轮是由许多细小但极硬的磨粒用结合剂黏接而成的。将砂轮表面放大,可以看到砂轮表面上杂乱地布满很多尖棱形多角的颗粒。这些锋利的磨粒就像车刀的刀刃一样,磨削就是靠这些小颗粒,在砂轮高速旋转下,切入工件表面。所以磨削的实质是一种多刀多刃的超高速切削过程。

在磨削过程中,由于磨削速度很高,产生大量的切削热,其温度高达 1 000℃以上。同时剧热的磨屑在空气中发生氧化作用,产生火花,在这样的高温下会使工件材料的性能改变而影响质量。因此,为了减少摩擦和散热,降低磨削温度,及时冲走屑末,以保证工件质量,在磨削时需要大量的冷却液。砂轮磨粒的硬度极高,因此磨削不仅可以加工一般的硬度材料、碳钢、铸铁等及有色金属。而且还可以加工硬度很高的材料:淬火钢、切削刀具以及硬质合金等。这些材料用金属刀具难以加工,有的甚至根本不能加工。磨削精度可达 IT6～IT5级。表面粗糙度可达 $Ra\ 0.8\sim0.012\ \mu m$。

磨削主要用于零件的内外圆柱面,内外圆锥面,平面及成型表面(花键、螺纹、齿轮等)的精度加工,以获得较高的尺寸精度和极低的表面粗糙度。

9.1.1　磨工实训安全操作规程

(1)学生进入实训(训练)场地要听从指导教师安排,穿好工作服,扎紧袖口,戴好工作帽;认真听讲,仔细观摩,严禁嬉戏打闹,保持场地干净整洁。

(2)学生必须在掌握相关设备和工具的正确使用方法后,才能进行操作。

(3)安装砂轮时必须仔细检查砂轮规格是否符合机床转速要求,严禁使用有缺损及裂纹的砂轮。

(4)砂轮安装前需经静平衡实验,安装后应牢固平稳。

(5)砂轮启动前必须检查防护罩是否完好紧固,严禁使用没有防护装置的磨床。

(6)砂轮安装后要经过 5～10 min 试运转,启动时不要过急,要点动检查。

（7）操作者站在砂轮旋转方向的侧面，不得面对砂轮旋转方向。严禁在砂轮正面或侧面手持工件进行磨削。

（8）砂轮快速行进时，位置必须适当，防止砂轮与工件相碰。

（9）磨削工件时，不能进刀过猛，以防止零件烧伤、退火现象发生，或砂轮破裂，造成设备损坏及人身安全事故。

（10）机床上必须有砂轮护罩，操作时应尽量避免正对砂轮，以防砂轮飞溅伤人。

（11）停车时必须先将砂轮退离工件。停车前，不得装卸工件或测量工件。严禁用手制动砂轮。

（12）平面磨床磁性吸盘不可失灵，工件未被吸稳，不得开动砂轮，防备工件飞出伤人或损坏设备。

（13）换向挡块必须仔细定位，防止机床部件越程，砂轮碰在机床上。

（14）用金刚石修整砂轮时，进给要平稳，人要站在砂轮侧面，必要时还须戴上护具。

（15）发生事故时，立即切断电源，保护现场，并向指导教师报告事故经过。

（16）实训（训练）结束时关闭电源，擦净机床，在指定部位加注润滑油，各部件调整到正常位置，将场地清扫干净。

9.2　磨床

磨床的种类很多，常用的有外圆磨床、内圆磨床、平面磨床等。

磨削精度一般可达 IT6～IT5，表面粗糙度一般为 Ra 0.8～0.08 μm。

1. 外圆磨床

外圆磨床分为普通外圆磨床和万能外圆磨床。在普通外圆磨床上可以磨削工件的外圆柱面和外圆锥面；在万能外圆磨床上不仅能磨削外圆柱面和外圆锥面，而且能磨削内圆柱面、内圆锥面及端面。下面以图 9-1 所示的 M1432A 万能外圆磨床为例来进行介绍。

（1）外圆磨床的编号

在编号 M1432A 中，M——"磨床"汉语拼音的第一个字母，为磨床的代号；1——外圆磨床的组别代号；4——万能外圆磨床的系别代号；32——最大磨削直径的 1/10，即最大磨削直径为320 mm；A——在性能和机构上做过一次重大改进。

（2）外圆磨床的组成

M1432A 是由床身、工作台、头架、尾架和砂轮架等部件组成，如图 9-1 所示。

头架上有主轴，可用顶尖或卡盘夹持工件并带动工件旋转。头架可以使工件获得不同的转速。

砂轮装在砂轮架的主轴上，由单独的电动机经三角胶带直接带动旋转。砂轮架可沿着床身后部的横向导轨前后移动，移动的方法：自动周期进给、快速引进和退出、手动三种，前两种是由液压传动实现的。

工作台有两层，下工作台做纵向往复运动，上工作台相对下工作台能做一定角度的回转调整，以便磨削圆锥面。

万能外圆磨床与普通外圆磨床基本相同，所不同的是它的砂轮架上和头架上都装有转盘，能扳转一定角度，并增加了内圆磨具等附件，因此在它上面还可以磨削内圆柱面及锥度较大的内、外圆锥面。

（3）外圆磨床的液压传动系

在磨床的传动中,广泛采用液压传动。这是因为液压传动具有可在较大范围内的无级调速、机床传动平稳、操作简单、方便等优点。但是机构复杂、不易制造,所以液压设备成本较高。

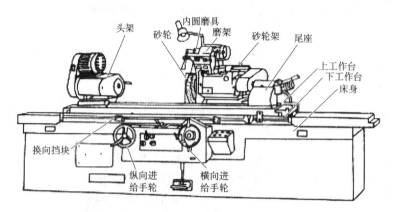

图 9-1　M1432A 型万能外圆磨床外形图

2. 内圆磨床

内圆磨床主要用于磨削内圆柱面、内圆锥面及端面等。

图 9-2 所示为 M2120 内圆磨床。在编号 M2120 中,M——磨床的代号;2——内圆磨床的组别代号;1——内圆磨床的系列代号;20——磨削最大孔径的 1/10,即磨削最大孔径为 200 mm。

内圆磨床由床身、工作台、头架、磨具架、砂轮修整器等部件组成。内圆磨床的液压传动系统与外圆磨床相似。

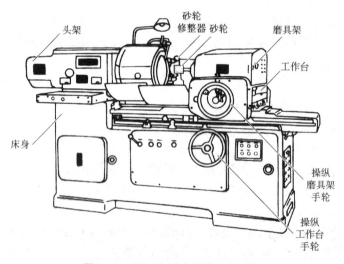

图 9-2　M2120 型内圆磨床外形图

3. 平面磨床

平面磨床主要用于磨削工件上的平面。

图 9-3 所示为 M7120A 平面磨床。在编号 M7120A 中,M——磨床的代号;7——平面及端面磨床的组别代号;1——卧轴矩台平面磨床的系列代号;20——工作台宽度的 1/10,即工作台宽度为 200 mm;A——在性能和结构上做过一次重大改进。

　　M7120A 平面磨床由床身、工作台、立柱、磨头及砂轮修整器等部件组成。

　　长方形工作台装在床身的导轨上,由液压驱动作往复运动,也可用手轮操纵,以进行必要的调整。工作台上装有电磁吸盘或其他夹具,用来装夹工件。

　　磨头沿拖板的水平导轨可作横向进给运动,这可由液压驱动或由手轮操纵。拖板可沿立柱的导轨垂直移动,以调整磨头的高低位置及完成垂直进给运动,这一运动也可通过转动手轮来实现。砂轮由装在磨头壳体内的电动机直接驱动旋转。

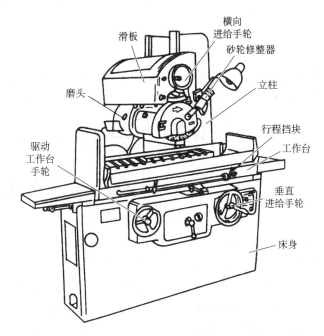

图 9－3　M7120A 型平面磨床外形图

4. 无心磨床

　　无心磨床主要用于磨削大批量的细长轴及无中心孔的轴套销等零件,无心磨床主要有无心内圆磨床和无心螺纹磨床和无心外圆磨床。图 9－4 所示为 M1080B 无心磨床。在编号 M1083B 中,M——磨床的代号;10——无心系列;80——最大磨削直径为 80 mm;B——在性能和结构上做过二次重大改进。

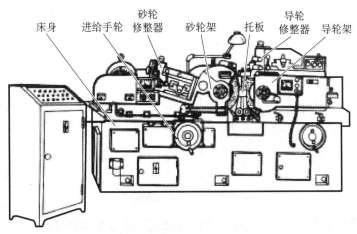

图 9－4　M1080B 型平面磨床外形图

　　无心磨床也称自定心磨床,由一个砂轮,导轮及托板与工件三点接触就可以自动定心。磨削砂轮实际担任磨削的工作,调整轮控制工件的旋转,并使工件发生进刀速度,至于工件支架的作用是在磨削时支撑工件。砂轮高速旋转进行磨削,导轮以较慢速度同向旋转,带动工件旋转作圆周进给。无心磨床贯穿磨削时,通过调整导轮轴线的微小倾斜角来实现轴向进给。

9.3　砂轮

1. 砂轮的特性

　　砂轮是磨削的切削工具。它是由磨粒和结合剂构成的多孔物体。磨粒、结合剂和空隙是构成砂轮的三要素,如图 9 - 5 所示。

　　(1) 磨粒

　　磨粒直接担负切削工作,必须锋利和坚韧。常见的磨粒有两类:刚玉类(Al_2O_3)适用于磨削钢料及一般刀具;碳化硅适用于磨削铸铁、青铜等脆性材料及硬质合金刀具。

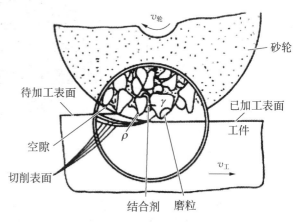

图 9 - 5　磨削原理图

　　磨粒的大小用粒度表示。一般用筛分法来确定。筛网规格用一英寸长度骨的孔眼数来表示,例如 60 粒度,表示刚能通过每英寸长度内的孔眼数来表示,例如 60 粒度,表示刚能通过每英寸长度内有 60 个孔眼的筛网的磨粒。粒度号越大,则磨料的颗粒越细。一般精磨时采用 16♯～24♯粒度,普通磨削取 30♯～60♯粒度,精磨时采用 80♯～100♯粒度。总之,粒度号数愈大,颗粒愈小。粗颗粒用于粗加工及磨软料、细颗粒则用于精加工。

　　(2) 结合剂

　　磨粒用结合剂可以黏结成各种形状和尺寸的砂轮,如图 9 - 6 所示。以适应于不同表面形状与尺寸精度的加工。工厂中常用的为陶瓷结合剂,此外,还有树脂结合剂、橡胶结合剂和金属结合剂等。

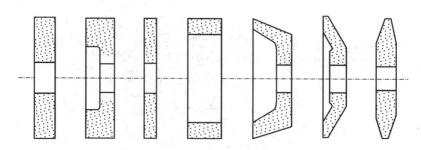

图 9 - 6　砂轮的形状

　　磨粒黏接愈牢,砂轮的硬度愈高。砂轮的硬度是指砂轮表面上的磨粒在外力作用下脱落的难易程度,它与磨粒本身的硬度是两个完全不同的概念,同一种磨粒可以做成不同硬度的砂轮。

（3）空隙

砂轮的组织中磨粒、结合剂和空隙三者体积的比例关系,见表9-1。

表9-1　砂轮组织中磨粒、结合剂和空隙三者体积的比例关系

组织号	0	1	2	3	4	5	6	7	8	9	10	11	12	13	14
窟粒率(%)	62	60	58	56	54	52	50	48	46	44	42	38	36	34	
疏密程度	紧密				中等				疏松					大气孔	
适用范围	重负荷、成形、精密磨削、间断及自由磨削,或加工硬脆材料				外圆、内圆、无心磨及工具磨,淬火钢工件及刀具刃磨等				粗磨及磨削韧性大、硬度低的工件,适合磨削壁、细长工件,或砂轮与工件接触面大以及平面磨削等					有色金属及塑料橡胶等非金属以及热敏性大的合金	

（4）砂轮选用

为便于选用砂轮,在砂轮的非工作表面上印有特性代号,如:

GB	60#	ZR1	A	P	400×50×203
↓	↓	↓	↓	↓	↓
磨粒	粒度	硬度	结合剂	形状	尺寸(外径×宽度×孔径)

2. 砂轮的检查、安装、平衡和修整

砂轮因在高速下工作,因此安装前必须经过外观检查,不应有裂纹。

安装砂轮时,要求将砂轮不松不紧地套在轴上。在砂轮和法兰盘之间垫上1～2 mm厚的弹性垫板(皮革或橡胶所制),如图9-7所示。

为了使砂轮平稳地工作,砂轮须经平衡,如图9-8所示。砂轮平衡的过程是:将砂轮装在心轴上,放在平衡架轨道的刀口上。如果不平衡,较重的部分总是转到下面。这时可移动法兰盘端面环槽内的平衡铁进行平衡,然后再进行平衡。这样反复进行,直到砂轮可以在刀口上任意位置都能静止,这就说明砂轮各部重量均匀。这种方法叫作静平衡。一般直径大于125 mm的砂轮都应进行静平衡。

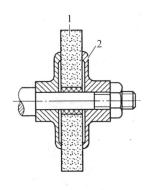

1—砂轮;2—弹性垫板

图9-7　砂轮的安装

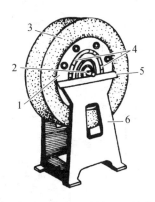

1—砂轮套筒;2—心轴;3—砂轮;
4—平衡铁;5—平衡轨道;6—平衡架

图9-8　砂轮的平衡

砂轮工作一定时间以后,磨粒逐渐变钝,砂轮工作表面空隙被堵塞,这时须进行修整。使已磨钝的磨粒脱落,以恢复砂轮的切削能力和外形精度。砂轮常用金刚石进行修整,如图9-9所示。修整时要用大量冷却液,以避免金刚石因温度急剧升高而破裂。

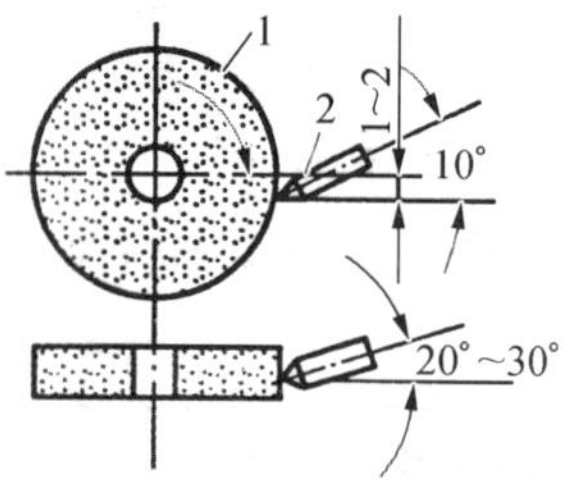

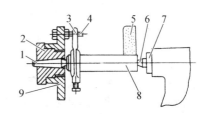

1—砂轮;2—金刚石笔

图9-9 砂轮的修整

9.4 磨削加工

9.4.1 外圆磨削

1. 工件的安装

(1)顶尖安装:轴类工件常用顶尖安装。安装时,工件支持在两顶尖之间,如图9-10所示。其安装方法与车削中所用方法基本相同。但磨床所用的顶尖都是不随工件一起转动的,这样可以提高加工精度,避免了由于顶尖转动带来的误差。尾顶尖是靠弹簧推力顶紧工件的,这样可以自动控制松紧程度。

磨削前,工件的中心孔均要进行修研,以提高其几何形状精度和降低表面粗糙度。修研的方法在一般情况下是用四棱硬质合金顶尖在车床或钻床上进行挤研,研亮即可;当中心孔较大、修研精度较高时,必须选用油石顶尖或铸铁顶尖作为前顶尖,一般顶尖用作后顶尖。修研时,头架旋转,工件不旋转(用手握住)。研好一端再研另一端,如图9-11所示。

1—前顶尖;2—头架主轴;3—鸡心夹头;4—拨杆;5—砂轮;6—后顶尖;7—尾座套筒;8—零件;9—拨盘

图9-10 顶尖安装

(2)卡盘安装:磨削短工件的外圆时可用三爪或四爪卡盘安装工件。安装方法与车床基本相同,用四爪卡盘安装工件时,要用百分表找正。对形状不规则的工件还可采用花盘安装。

(3)心轴安装:盘套类空心工件常以内孔定位磨削外圆。此时,常用心轴安装工件。常用的心轴种类与车床上的使用相同,但磨削用的心轴的精度要求更高些。心轴在磨床上的安装方法与顶尖安装相同。

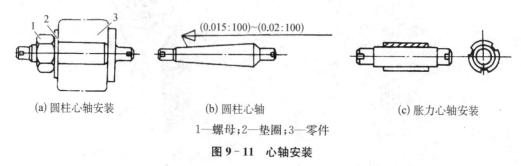

(a)圆柱心轴安装　　　　(b)圆柱心轴　　　　(c)胀力心轴安装

1—螺母;2—垫圈;3—零件

图9-11 心轴安装

2. 磨削运动和磨削要素

在外圆磨床上磨削外圆,需要下列几种运动:

（1）主运动：即砂轮高速旋转。砂轮圆周速度 v，按下式计算：

$$v = \pi d_0 n_0 / (1\ 000 \times 60)$$

式中 d_0——砂轮直径（mm）；n_0——砂轮旋转速度（r/min）；一般外圆磨削时，$v = 30 \sim 35$ m/s。

（2）圆周进给运动：即工件绕本身轴线的旋转运动。工件圆周速度 v_w 一般为 $13 \sim 26$ m/min。粗磨时 v_w 取大值，精磨时 v_w 取小值。

（3）纵向进给运动：即工件沿着本身的轴线作往复运动。工件每转一转，工件相对于砂轮的轴向移动距离就是纵向进给量 f_1，单位 mm/r。一般 $f_1 = (0.2 \sim 0.8)B$。B 为砂轮宽度，粗磨时取大值，精磨时取小值。

（4）横向进给运动：即砂轮径向切入工件的运动。它在行程中一般是不进给的，而是在行程终了时周期地进给。横向进给量 f_c 也就是磨削深度，指工作台每单行程或每双行程工件相对砂轮横向移动的距离。一般 $f_c = 0.005 \sim 0.05$ mm。

3. 磨削方法

在外圆磨床上磨削外圆的方法常用的有纵磨法和横磨法两种，其中以纵磨法用得最多。

（1）纵磨法：如图 9-12 所示，磨削时工件转动（圆周进给）并与工作台一起做直线往复运动（纵向进给），当每一纵向行程或往复行程终了时，砂轮按规定的吃刀深度作一次横向进给运动，每次磨削深度很小。当工件加工到接近最终尺寸时（留下 0.005 ~ 0.01 mm 左右），无横向进给地走几次至火花消失即可。纵磨法的特点是具有很大的万能性，可用同一砂轮磨削长度不同的各种工件，且加工质量好，但磨削效率较低。目前在生产中应用最广，特别是在单件、小批生产以及精磨时均采用这种方法。

（2）横磨法：如图 9-13 所示，又称径向磨削法或切入磨削法。磨削时工件无纵向进给运动，而砂轮以很慢的速度连续地或断续地向工件作横向进给运动，直至把磨削余量全部磨掉为止。横磨法的特点是生产率高，但精度较低，表面粗糙度值较大。在大批量生产中，特别是对于一些短外圆表面及两侧有台阶的轴颈，多采用这种横磨法。磨削轴肩端面时采用横磨法：外圆磨到所需尺寸后，将砂轮稍微退出一些（0.05 ~ 0.10 mm），用手摇动工作台的纵向移动手柄，使工件的轴肩端面靠向砂轮，磨平即可。

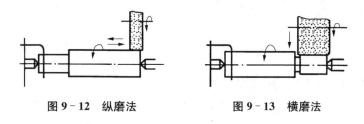

图 9-12　纵磨法　　　　　　图 9-13　横磨法

9.4.2　内圆磨削

内圆磨削与外圆磨削相比，砂轮直径受工件孔径的限制，一般较小，而悬伸长度又较大，刚性差，磨削用量不能高，所以生产率较低；又因为砂轮直径较小；砂轮的圆周速度较低，加上冷却排屑条件不好，所以表面粗糙度值不易降低。磨削内圆时，为了提高生产率和加工精度，砂轮和砂轮轴应尽可能选用较大直径，砂轮轴伸出长度应尽可能缩短，

作为孔的精加工，成批生产中常用铰孔，大量生产中常用拉孔。由于磨孔具有万能性，

不需要成套的刀具,故在小批及单件生产中应用较多。特别是对于淬硬工件,磨孔仍是精加工孔的主要方法。

1. 工件的安装

磨削内圆时,工件大多数是以外圆和端面作为定位基准的。通常采用三爪卡盘、四爪卡盘、花盘及弯板等夹具安装工件。其中最常用的是用四爪卡盘通过找正安装工件如图 9-14 所示。

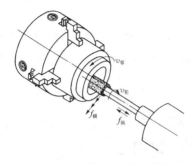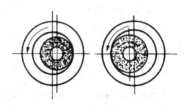

图 9-14　四爪单动卡盘安装零件　　　图9-15　砂轮与零件的接触形式

2. 磨削运动和磨削要素

磨削内圆的运动与磨削外圆基本相同,但砂轮的旋转方法与磨削外圆相反。

磨削内圆时,由于砂轮直径较小,但又要求磨削速度较高,一般砂轮圆周速度 $v=15\sim25$ m/s。所以,内圆磨头转速一般都很高,为 20 000 r/min 左右。工件圆周速度一般为 $v_w=15\sim25$ m/min。粗糙度值 Ra 要求小时应取较小值,粗磨或砂轮与工件的接触面积大时取较大值。纵向和横向进给量则一般粗磨时为 $f_1=1.5\sim2.5$ m/min,$f_c=0.01\sim0.03$ mm/str。精磨时 $f_1=0.5\sim1.5$ m/min,$f_c=0.002\sim0.01$ mm/str。

3. 磨削工作

磨削内圆通常是在内圆磨床或万能外圆磨床上进行的。磨削时,砂轮与工件的接触方式有两种:一种是后面接触,另一种是前面接触。在内圆磨床上采用后面接触,在万能外圆磨床上采用前面接触,如图 9-15 所示。

内圆磨削的方法有纵磨法和横磨法,其操作方法和特点与外圆磨削相似。纵磨法应用最为广泛。

9.4.3　圆锥面的磨削

1. 圆锥面的磨削方法

磨削圆锥面通常用下列两种方法:

(1)转动工作台法:这种方法大多用于锥度较小,锥面较长的工件,如图 9-16 所示。

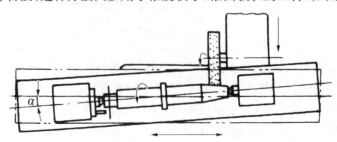

图 9-16　转动工作台磨外圆锥面

(2) 转动头架法:这种方法常用于锥度较大的工件,如图 9‐17 所示。

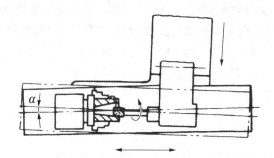

图 9‐17　转动工作台磨内圆锥面

2. 圆锥面的检验

(1) 锥度的检验:圆锥量规是检验锥度最常用的量具。圆锥量规分圆锥塞规和圆锥套规两种。圆锥塞规用于检验内锥孔,圆锥套规用于检验外锥体。

用圆锥塞规检验内锥孔的锥度时,可以先在塞规的整个圆锥表面上或顺着锥体的三条母线上均匀地涂上极薄的显示剂(红丹粉调机油或蓝油),接着把塞规放在锥孔中使锥面相互贴合,并在 30°~60°范围轻轻来回转动几次,然后取出塞规察看。如果整个圆锥表面上摩擦痕迹均匀,则说明工件锥度准确,否则不准确,需继续调整机床使锥度准确为止。

用圆锥套规检验外锥体的锥度的方法与上述相同,只不过显示剂应涂在工件上。

(2) 尺寸的检验:圆锥面的尺寸一般也用圆锥量规进行检验。通常外锥体是通过检验小端直径以控制锥体的尺寸,内锥孔是通过检验大端直径以控制锥孔的尺寸。根据圆锥的尺寸公差,在圆锥量规的大端或小端处,刻有两条圆周线或作有小台阶,表示量规的止端和过端,分别控制圆锥的最大极限尺寸和最小极限尺寸。

用圆锥套规检验外锥体的尺寸的方法与上述类似。

9.4.4　平面磨削

1. 工件的安装

磨平面时,一般是以一个平面为基准磨削另一个平面。若两个平面都要磨削且要求平行时,则可互为基准,反复磨削。

磨削中小型工件的平面,常采用电磁吸盘工作台吸住工件。电磁吸盘工作台的工作原理如图 9‐18 所示为钢制吸盘体,在它的中部凸起的芯体上绕有线圈,钢制盖板被绝磁层隔成一些小块。当线圈中通过直流电时,芯体被磁化,磁力线由芯体经过盖板—工件—盖板—吸盘体—芯体而闭合(图中用虚线表示),工件被吸住。绝磁层由铅、铜

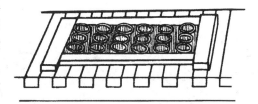

图 9‐18　用挡铁围住零件

或巴氏合金等非磁性材料制成。它的作用是使绝大部分磁力线都能通过工件再回到吸盘体,而不能通过盖板直接回去,这样才能保证工件被牢固地吸在工作台上。

当磨削键、垫圈、薄壁套等尺寸小而壁较薄的零件时,因零件与工作台接触面积小,吸力弱,容易被磨削力弹出去而造成事故。所以安装这类零件时,须在工件四周或左右两端用挡铁围住,以免工件走动。

2. 磨削方法

平面磨削常用的方法有两种:一种是用砂轮的周边在卧轴矩形工作台平面磨床上进行磨削;另一种是用砂轮的端面在立轴圆形工作台平面磨床上进行磨削,即端磨法。

当台面为矩形工作台时,磨削工作由砂轮的旋转运动(主运动)和砂轮的垂直进给、工件的纵向进给、砂轮的横向进给等运动来完成。当台面为圆形工作台时,磨削工作由砂轮的旋转运动(主运动)和砂轮的垂直进给、工作台的旋转来完成。

用周磨法磨削平面时,砂轮与工件接触面积小,排屑和冷却条件好,工件发热变形小,而且砂轮圆周表面磨损均匀,所以能获得较好的加工质量,但磨削效率较低,适用于精磨。

用端磨法磨削平面时,刚好和周磨法相反,它的磨削效率较高,但磨削精度较低,适用于粗磨。

9.5 小结

磨削是机械零件精密加工的主要方法之一。磨削加工的背吃刀量较小,要求零件在磨削之前先进行半精加工。磨床可以加工其他机床不能或很难加工的高硬度材料,特别是淬硬零件的精加工。

9.6 思考题

(1) 磨削加工的特点是什么?

(2) 磨削可以加工哪些表面?

(3) 万能外圆磨床由哪几部分组成?

(4) 磨削外圆和平面时,零件的安装各用什么方法?

(5) 为什么软砂轮适用于磨削硬材料?

(6) 平面磨削常用的方法有哪几种? 各有何特点? 如何选用?

项目十　数控加工

学习目标

1. 了解数控加工的基本知识。
2. 熟悉数控机床的组成。
3. 熟悉数控编程的内容和步骤。
4. 了解磨削加工方法的工艺特点及加工范围。

10.1　概述

自从 20 世纪中叶数控技术创立以来,它给机械制造业带来了革命性的变化。数控技术已成为制造业实现自动化、柔性化、集成化生产的基础技术,CAD/CAM、FMS、CIMS、敏捷制造和智能制造等,都建立在数控技术之上。数控技术是综合应用计算机、自动控制、精密测量等方面的新技术而发展起来的一门技术,把数控技术与机床的控制结合起来,就形成了数控机床。它可以根据指令(程序)自动完成零件的加工,较好地解决了复杂、精密、小批零件的加工问题,是一种灵活高效的自动化机床。随着计算机、自动化、精密机械与测量技术的发展,数控技术也在发生着日新月异的变化。

10.1.1　数控机床的基本工作原理

使用数控机床时的工作流程如图 10-1 所示。

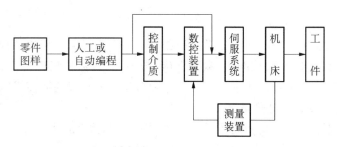

图 10-1　数控机床加工工作原理图

10.1.2　数控机床加工的特点及应用

数控机床加工的主要特点如下:

1. 加工精度高,质量稳定

数控机床是按以数字形式给出的指令脉冲进行加工的。目前精度达到 $1\sim 0.1\ \mu m$ 以上,此外,工件的加工尺寸是按预先编好的程序由数控机床自动保证的,所以不受零件复杂程度及操作者水平的影响,使同一批加工的零件质量稳定。

2. 生产率高

数控机床在加工时,能选择最有利的切削加工量,有效地节省了加工时间。而具有自动换刀、不停车变速及快速空行程等功能,又使辅助时间大为缩短。可比普通机床生产率提高 $2\sim 3$ 倍,在某些条件下,甚至可提高十几到几十倍。

3. 适应性强

当工件或加工内容改变时,不需像其他自动机床那样重新制造模板或凸轮,只要改变加工程序即可,为单件、小批量产品及试制新产品提供了极大的方便。

4. 改善劳动条件

操作者除了操作键盘、装卸零件、调整机床、测量中间关键工序及观察机床运行外,不必进行重复性的繁重的手工操作。劳动强度与紧张程度均可大大减轻,劳动条件也得到相应改善。

5. 经济效益好

数控机床,特别是可自动换刀的数控机床,在一次装夹下,几乎可以完成工件上全部所需加工部位的加工。因此,一台这样的数控机床可以代替 $5\sim 7$ 台普通机床。除了节省厂房面积外,还节省了劳动力、工序间运输、测量和装卸等辅助费用。另外,由于废品率低,也使生产成本进一步下降。

6. 有利于生产管理现代化

数控机床的切削条件、切削时间等都是由预先编好的程序决定的,易实现数据化。这就便于准确的编制生产计划,为计算机管理生产创造了有利条件。此外,数控机床适宜于与计算机连接,实现计算机辅助设计、制造和管理一体化。

7. 要求条件高

目前,数控机床价格昂贵、技术复杂、维修困难,对管理及操作人员的素质要求较高。

10.1.3　数控机床分类

1. 按加工工艺用途分类

按加工工艺用途可分为普通数控机床和数控加工中心机床。普通数控机床主要有数控车床、数控铣床、数控镗床、数控磨床、数控钻床、数控冲床、数控齿轮加工机床、数控电火花加工机床等。数控加工中心机床是指带有刀库和自动换刀装置的数控机床。

2. 控机床运动控制轨迹分类

(1) 点位控制(图 10-2):只要求控制刀具从一个点移动到另一个点时定位准确,刀具移动过程中不加工,如数控钻床、数控坐标镗床、数控冲床等。

(2) 点位直线控制(图 10-3)。

(3) 轮廓控制(图 10-4):又称连续控制,它能对两个以上的坐标轴同时进行连续控制。

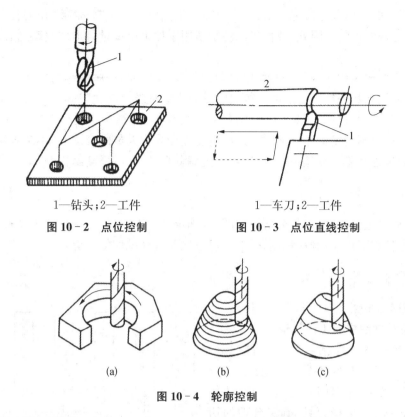

1—钻头;2—工件　　　　　　　1—车刀;2—工件

图 10-2　点位控制　　　**图 10-3　点位直线控制**

　　　(a)　　　　　　　(b)　　　　　　(c)

图 10-4　轮廓控制

3. 按控制方式分类

(1) 开环控制系统:没有反馈补偿装置,精度低,成本低,结构简单。

(2) 闭环控制系统:有反馈补偿装置,精度高,成本高,结构复杂。

(3) 半闭环控制系统:有简单的反馈补偿装置,介于前两者之间。

10.2　数控编程

10.2.1　数控编程的认识

　　在普通机床上加工零件时,一般是由工艺人员按照设计图样事先制订好零件的加工工艺规程。在工艺规程中给出零件的加工路线、切削参数、机床的规格及刀具、卡具、量具等内容。操作人员按工艺规程的各个步骤手工操作机床,加工出图样给定的零件。也就是说零件的加工过程是由工人手工操作的。

　　数控机床却不一样,它是按照事先编制好的加工程序,自动地对被加工零件进行加工。我们把零件的加工工艺路线、工艺参数、刀具的运动轨迹、位移量、切削参数(主轴转数、进给量、吃刀量等)以及辅助功能(换刀、主轴正转、反转、切削液开、关等),按照数控机床规定的指令代码及程序格式编写成加工程序单,再把这一程序单中的内容记录在控制介质上(如穿孔纸带、磁带、磁盘、磁泡存储器),然后输入到数控机床的数控装置中,从而指挥机床加工零件。这种从零件图的分析到制成控制介质的全部过程叫数控程序的编制。

　　从以上分析可以看出,数控机床与普通机床加工零件的区别在于数控机床是按照程序自动进行零件加工,而普通机床要由人来操作,我们只要改变控制机床动作的程序就可以达到加工不同零件的目的。因此,数控机床特别适用于加工小批量且形状复杂、精度要求高的零件。

数控机床要按照预先编制好的程序自动加工零件,因此,程序编制的好坏直接影响数控机床的正确使用和数控加工特点的发挥。这就要求编程员具有比较高的素质。编程员应通晓机械加工工艺以及机床、刀具、夹具、数控系统的性能,熟悉工厂的生产特点和生产习惯。在工作中,编程员不但要责任心强、细心,而且还能和操作人员配合默契,不断吸取别人的编程经验、积累编程经验和编程技巧,并逐步实现编程自动化,以提高编程效率。

10.2.2 数控编程的内容

数控编程的主要内容包括:分析零件图样,确定加工工艺过程;确定走刀轨迹,计算刀位数据;编写零件加工程序;制作控制介质;校对程序及首件试切加工等。

10.2.3 数控编程的步骤

数控编程的步骤一般如图 10-5 所示。

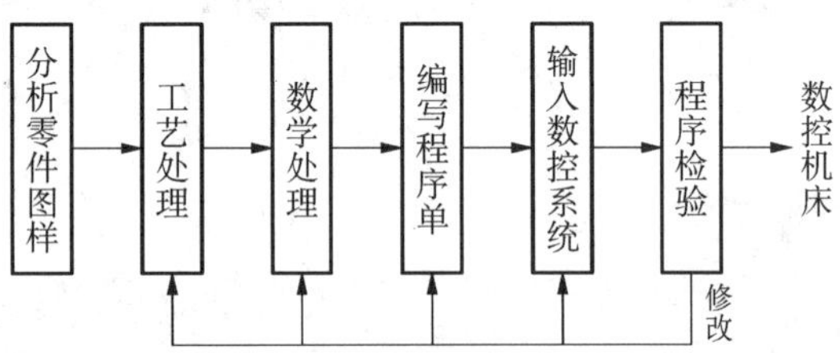

1. 分析零件图样和工艺处理

这一步骤的内容包括:对零件图样进行分析以明确加工的内容及要求,选择加工方案、确定加工顺序、走刀路线、选择合适的数控机床、设计夹具、选择刀具、确定合理的切削用量等。

图 10-5 数控编程过程

工艺处理涉及的问题很多,编程人员需要注意以下几点:

(1)工艺方案及工艺路线

应考虑数控机床使用的合理性及经济性,充分发挥数控机床的功能;尽量缩短加工路线,减少空行程时间和换刀次数,以提高生产率;尽量使数值计算方便,程序段少,以减少编程工作量;合理选取起刀点、切入点和切入方式,保证切入过程平稳,没有冲击;在连续铣削平面内外轮廓时,应安排好刀具的切入、切出路线。尽量沿轮廓曲线的延长线切入、切出,以免交接处出现刀痕,如图 10-6 所示。

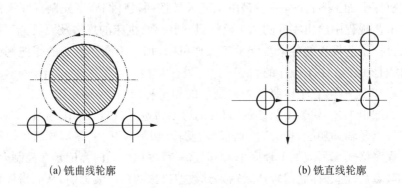

(a) 铣曲线轮廓   (b) 铣直线轮廓

图 10-6 刀具的切入切出路线

（2）零件安装与夹具选择

尽量选择通用、组合夹具，一次安装中把零件的所有加工面都加工出来，零件的定位基准与设计基准重合，以减少定位误差；应特别注意要迅速完成工件的定位和夹紧过程，以减少辅助时间，必要时可以考虑采用专用夹具。

（3）编程原点和编程坐标系

编程坐标系是指在数控编程时，在工件上确定的基准坐标系，其原点也是数控加工的对刀点。要求所选择的编程原点及编程坐标系应使程序编制简单；编程原点应尽量选择在零件的工艺基准或设计基准上，并在加工过程中便于检查的位置；引起的加工误差要小。

（4）刀具和切削用量

应根据工件材料的性能，机床的加工能力，加工工序的类型，切削用量以及其他与加工有关的因素来选择刀具。对刀具的要求：安装调整方便，刚性好，精度高，使用寿命长等。

切削用量包括：主轴转速、进给速度、切削深度等。切削深度由机床、刀具、工件的刚度确定，在刚度允许的条件下，粗加工取较大切削深度，以减少走刀次数，提高生产率；精加工取较小切削深度，以获得表面质量。主轴转速由机床允许的切削速度及工件直径选取。进给速度则按零件加工精度、表面粗糙度要求选取，粗加工取较大值，精加工取较小值。最大进给速度受机床刚度及进给系统性能限制。

2. 数学处理

在完成工艺处理的工作以后，下一步需根据零件的几何形状、尺寸、走刀路线及设定的坐标系，计算粗、精加工各运动轨迹，得到刀位数据。一般的数控系统均具有直线插补与圆弧插补功能。对于点定位的数控机床（如数控冲床）一般不需要计算；对于加工由圆弧与直线组成的较简单的零件轮廓加工，需要计算出零件轮廓线上各几何元素的起点、终点、圆弧的圆心坐标、两几何元素的交点或切点的坐标值；当零件图样所标尺寸的坐标系与所编程序的坐标系不一致时，需要进行相应的换算；若数控机床无刀补功能，则应计算刀心轨迹；对于形状比较复杂的非圆曲线（如渐开线、双曲线等）的加工，需要用小直线段或圆弧段逼近，按精度要求计算出其节点坐标值；自由曲线、曲面及组合曲面的数学处理更为复杂，需利用计算机进行辅助设计。

3. 编写零件加工程序单

在加工顺序、工艺参数以及刀位数据确定后，就可按数控系统的指令代码和程序段格式，逐段编写零件加工程序单。编程人员应对数控机床的性能、指令功能、代码书写格式等非常熟悉，才能编写出正确的零件加工程序。对于形状复杂（如空间自由曲线、曲面）、工序很长、计算烦琐的零件采用计算机辅助数控编程。

4. 输入数控系统

程序编写好之后，可通过键盘直接将程序输入数控系统，比较老的数控机床需要制作控制介质（穿孔带），再将控制介质上的程序输入数控系统。

5. 程序检验和首件试加工

程序送入数控机床后，还需经过试运行和试加工两步检验后，才能进行正式加工。通过试运行，检验程序语法是否有错，加工轨迹是否正确；通过试加工可以检验其加工工艺及有关切削参数指定得是否合理，加工精度能否满足零件图样要求，加工工效如何，以便进一步改进。

试运行方法对带有刀具轨迹动态模拟显示功能的数控机床，可进行数控模拟加工，检查刀具轨迹是否正确,如果程序存在语法或计算错误,运行中会自动显示编程出错报警,根据报警号内容,编程员可对相应出错程序段进行检查、修改。对无此功能的数控机床可进行空运转检验。

试加工一般采用逐段运行加工的方法进行,即每按一次自动循环键,系统只执行一段程序,执行完一段停一下,通过一段一段的运行来检查机床的每次动作。不过,这里要提醒注意的是,当执行某些程序段,比如螺纹切削时,如果每一段螺纹切削程序中本身不带退刀功能时,螺纹刀尖在该段程序结束时会停在工件中,因此,应避免由此损坏刀具等。对于较复杂的零件,也可先采用石蜡、塑料或铝等易切削材料进行试切。

10.2.4 数控编程的方法

数控编程一般分为手工编程和自动编程。

1. 手工编程(Manual Programming)

从零件图样分析、工艺处理、数值计算、编写程序单、程序输入至程序校验等各步骤均由人工完成,称为手工编程。对于加工形状简单的零件,计算比较简单,程序不多,采用手工编程较容易完成,而且经济、及时,因此在点定位加工及由直线与圆弧组成的轮廓加工中,手工编程仍广泛应用。但对于形状复杂的零件,特别是具有非圆曲线、列表曲线及曲面的零件,用手工编程就有一定的困难,出错的概率增大,有的甚至无法编出程序,必须采用自动编程的方法编制程序。

2. 自动编程(Automatic Programming)

自动编程是利用计算机专用软件编制数控加工程序的过程。它包括数控语言编程和图形交互式编程。

数控语言编程,编程人员只需根据图样的要求,使用数控语言编写出零件加工源程序,送入计算机,由计算机自动地进行编译、数值计算、后置处理,编写出零件加工程序单,直至自动穿出数控加工纸带,或将加工程序通过直接通信的方式送入数控机床,指挥机床工作。

数控语言编程为解决多坐标数控机床加工曲面、曲线提供了有效方法。但这种编程方法直观性差,编程过程比较复杂不易掌握,并且不便于进行阶段性检查。随着计算机技术的发展,计算机图形处理功能已有了极大的增强,"图形交互式自动编程"也应运而生。

图形交互式自动编程是利用计算机辅助设计(CAD)软件的图形编程功能,将零件的几何图形绘制到计算机上,形成零件的图形文件,或者直接调用由 CAD 系统完成的产品设计文件中的零件图形文件,然后再直接调用计算机内相应的数控编程模块,进行刀具轨迹处理,由计算机自动对零件加工轨迹的每一个节点进行运算和数学处理,从而生成刀位文件。之后,再经相应的后置处理(Post Processing),自动生成数控加工程序,并同时在计算机上动态地显示其刀具的加工轨迹图形。

图形交互式自动编程极大地提高了数控编程效率,它使从设计到编程的信息流成为连续,可实现 CAD/CAM 集成,为实现计算机辅助设计(CAD)和计算机辅助制造(CAM)一体化建立了必要的桥梁作用。因此,它也习惯地被称为 CAD/CAM 自动编程。

10.2.5 程序的编制

每种数控系统,根据系统本身的特点及编程的需要,都有一定的程序格式。对于不同的机床,其程序格式也不尽相同。因此,编程人员必须严格按照机床说明书的规定格式进行编程。

1. 程序结构

一个完整的程序由程序号、程序的内容和程序结束三部分组成。例如：

O0001　　　　　　　　　　　　　　程序号

　　　　N10 G92 X40 Y30；

N20 G90 G00 X28 T01 S800 M03；

　　　　N30 G01 X－8 Y8 F200；　程序内容

N40 X0 Y0；

N50 X28 Y30；

N60 G00 X40；

N70 M02；　　　　　　　　　　程序结束

（1）程序号。在程序的开头要有程序号，以便进行程序检索。程序号就是给零件加工程序一个编号，并说明该零件加工程序开始。如 FUNUC 数控系统中，一般采用英文字母 O 及其后 4 位十进制数表示（"O××××"），4 位数中若前面为 0，则可以省略，如"O0101"等效于"O101"。而其他系统有时也采用符号"％"或"P"及其后 4 位十进制数表示程序号。

（2）程序内容。程序内容部分是整个程序的核心，它由许多程序段组成，每个程序段由一个或多个指令构成，它表示数控机床要完成的全部动作。

（3）程序结束。程序结束是以程序结束指令 M02、M30 或 M99（子程序结束）作为程序结束的符号，用来结束零件加工。

2. 程序段格式

零件的加工程序是由许多程序段组成的，每个程序段由程序段号、若干个数据字和程序段结束字符组成，每个数据字是控制系统的具体指令，它是由地址符、特殊文字和数字集合而成，它代表机床的一个位置或一个动作。

程序段格式是指一个程序段中字、字符和数据的书写规则。目前国内外广泛采用字-地址可变程序段格式。

所谓字-地址可变程序段格式，就是在一个程序段内数据字的数目以及字的长度（位数）都是可以变化的格式。不需要的字以及与上一程序段相同的续效字可以不写。一般的书写顺序按表 10 - 1 从左往右进行书写，对其中不用的功能应省略。

该格式的优点是程序简短、直观以及容易检验、修改。

表 10 - 1　程序段书写顺序格式

1	2	3	4	5	6	7	8	9	10	11
N-	G-	X- U- P- A- D-	Y- V- Q- B- E-	Z- W- C-	I- J- K- R-	F-	S-	T-	M-	LF （或 CR）
程序段 序号	准备 功能	坐　标　字				进给 功能	主轴 功能	刀具 功能	辅助 功能	结束符号
		数　据　字								

例如:N20 G01 X25 Z - 36 F100 S300 T02 M03;

程序段内各字的说明:

(1)程序段序号(简称顺序号):用以识别程序段的编号。用地址码 N 和后面的若干位数字来表示。如 N20 表示该语句的语句号为 20。

(2)准备功能 G 指令:是使数控机床作某种动作的指令,用地址 G 和两位数字所组成,从 G00～G99 共 100 种。G 功能的代号已标准化。

(3)坐标字:由坐标地址符(如 X、Y 等)、+、－符号及绝对值(或增量)的数值组成,且按一定的顺序进行排列。坐标字的"+"可省略。

其中坐标字的地址符含义见表 10 - 2。

表 10 - 2　地址符含义

地　址　码	意　义
X- Y- Z-	基本直线坐标轴尺寸
U- V- W-	第一组附加直线坐标轴尺寸
P- Q- R-	第二组附加直线坐标轴尺寸
A- B- C-	绕 X、Y、Z 旋转坐标轴尺寸
I- J- K-	圆弧圆心的坐标尺寸
D- E-	附加旋转坐标轴尺寸
R-	圆弧半径值

各坐标轴的地址符按下列顺序排列:

X、Y、Z、U、V、W、P、Q、R、A、B、C、D、E

(4)进给功能 F 指令:用来指定各运动坐标轴及其任意组合的进给量或螺纹导程。该指令是续效代码,有两种表示方法。

① 代码法:即 F 后跟两位数字,这些数字不直接表示进给速度的大小,而是机床进给速度数列的序号,进给速度数列可以是算术级数,也可以是几何级数。从 F00～F99 共 100 个等级。

② 直接指定法:即 F 后面跟的数字就是进给速度的大小。按数控机床的进给功能,它也有两种速度表示法。一是以每分钟进给距离的形式指定刀具切削进给速度(每分钟进给量),用 F 字母和它后继的数值表示,单位为"mm/min",如 F100 表示进给速度为 100 mm/min。对于回转轴如 F12 表示每分钟进给量为 12 mm。二是以主轴每转进给量规定的速度(每转进给量),单位为"mm/r"。直接指定方法较为直观,因此现在大多数机床均采用这一指定方法。

(5)主轴转速功能字 S 指令:用来指定主轴的转速,由地址码 S 和在其后的若干位数字组成。有恒转速(单位 r/min)和表面恒线速(单位 m/min)两种运转方式。如 S800 表示主轴转速为 800 r/min;对于有恒线速度控制功能的机床,还要用 G96 或 G97 指令配合 S 代码来指定主轴的速度。如 G96S200 表示切削速度为 200 m/min,G96 为恒线速控制指令;G97S2000 表示注销 G96,主轴转速为 2 000 r/min。

(6)刀具功能字 T 指令:主要用来选择刀具,也可用来选择刀具偏置和补偿,由地址码 T 和若干位数字组成。如 T18 表示换刀时选择 18 号刀具,如用作刀具补偿时,T18 是指按 18 号刀具事先所设定的数据进行补偿。若用四位数码指令时,例如 T0102,则前两位数字表示刀号,后两位数字表示刀补号。由于不同的数控系统有不同的指定方法和含义,具体应用时应参照所用数控机床说明书中的有关规定进行。

(7) 辅助功能字 M 指令:辅助功能表示一些机床辅助动作及状态的指令。由地址码 M 和后面的两位数字表示。从 M00~M99 共 100 种。

(8) 程序段结束:写在每个程序段之后,表示程序结束。当用 EIA 标准代码时,结束符为"CR",用 ISO 标准代码时为"NL"或"LF"。有的用符号";"或"*"表示。

10.2.6　数控机床坐标轴和运动方向

规定数控机床坐标轴及运动方向,是为了准确地描述机床的运动,简化程序的编制方法,并使所编程序有互换性。目前国际标准化组织已经统一了标准坐标系。我国机械工业部也颁布了 JB 3051—82《数字控制机床坐标和运动方向的命名》的标准,对数控机床的坐标和运动方向做了明文规定。

1. 坐标和运动方向命名的原则

数控机床的进给运动是相对的,有的是刀具相对于工件的运动(如车床),有的是工件相对于刀具的运动(如铣床)。为了使编程人员能在不知道是刀具移向工件,还是工件移向刀具的情况下,可以根据图样确定机床的加工过程,特规定:永远假定刀具相对于静止的工件坐标系而运动。

2. 标准坐标系的规定

在数控机床上加工零件,机床的动作是由数控系统发出的指令来控制的。为了确定机床的运动方向和移动的距离,就要在机床上建立一个坐标系,这个坐标系就叫标准坐标系,也叫机床坐标系。在编制程序时,就可以用该坐标系来规定运动方向和距离。

数控机床上的坐标系是采用右手直角笛卡尔坐标系。如图 10-7 所示,大拇指的方向为 X 轴的正方向,食指为 Y 轴的正方向。图 10-8~图 10-11 所示分别为几种机床标准坐标系。

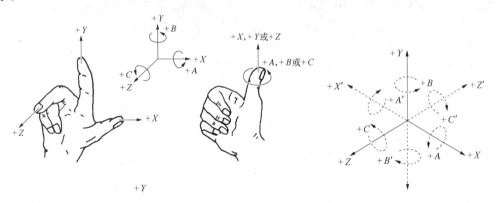

图 10-7　右手直角笛卡儿坐标系统

3. 运动方向的确定

JB 3051—82 中规定:机床某一部件运动的正方向,是增大工件和刀具之间的距离的方向。

(1) Z 坐标的运动

Z 坐标的运动,是由传递切削力的主轴所决定,与主轴轴线平行的坐标轴即为 Z 坐标。

对于工件旋转的机床,如车床、外圆磨床等,平行于工件轴线的坐标为 Z 坐标。而对于刀具旋转的机床,如铣床、钻床、镗床等,则平行于旋转刀具轴线的坐标为 Z 坐标,如图 10-8、10-9 所示。如果机床没有主轴(如牛头刨床),Z 轴垂直于工件装卡面,如图 10-11 所示。

Z 坐标的正方向为增大工件与刀具之间距离的方向。如在钻镗加工中,钻入和镗入工件的方向为 Z 坐标的负方向,而退出为正方向。

（2）X 坐标的运动

规定 X 坐标为水平方向,且垂直于 Z 轴并平行于工件的装夹面。X 坐标是在刀具或工件定位平面内运动的主要坐标。对于工件旋转的机床(如车床、磨床等),X 坐标的方向是在工件的径向上,且平行于横滑座。刀具离开工件旋转中心的方向为 X 轴正方向,如图 10-8 所示。对于刀具旋转的机床(如铣床、镗床、钻床等),如 Z 轴是垂直的,当从刀具主轴向立柱看时,X 运动的正方向指向右,如图 10-9 所示。如 Z 轴(主轴)是水平的,当从主轴向工件方向看时,X 运动的正方向指向右方,如图 10-10 所示。

（3）Y 坐标的运动

Y 坐标轴垂直于 X、Z 坐标轴,其运动的正方向根据 X 和 Z 坐标的正方向,按照右手直角笛卡儿坐标系来判断。

（4）旋转运动 A、B、C

如图 10-7 所示,A、B、C 相应地表示其轴线平行于 X、Y、Z 的旋转运动。A、B、C 正方向,相应地表示在 X、Y 和 Z 坐标正方向上,右旋螺纹前进的方向。

（5）附加坐标

如果在 X、Y、Z 主要坐标以外,还有平行于它们的坐标,可分别指定为 U、V、W。如还有第三组运动,则分别指定为 P、Q、R。

（6）对于工件运动的相反方向

对于工件运动而不是刀具运动的机床,必须将前述为刀具运动所做的规定,作相反的安排。用带"′"的字母,如 $+X'$,表示工件相对于刀具正向运动指令。而不带"′"的字母,如 $+X$,则表示刀具相对于工件的正向运动指令。二者表示的运动方向正好相反,如图 10-8～10-11 所示。对于编程人员、工艺人员只考虑不带"′"的运动方向。

（7）主轴旋转运动方向

主轴的顺时针旋转运动方向(正转),是按照右旋螺纹旋入工件的方向。

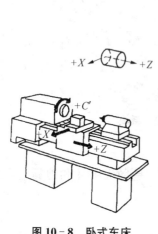

图 10-8 卧式车床

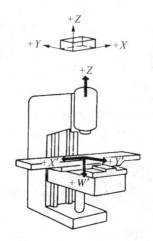

图 10-9 立式升降台铣床

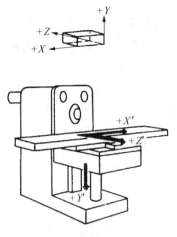

图 10-10　卧式升降台铣床

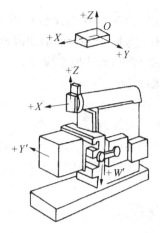

图 10-11　牛头刨床

4. 绝对坐标系与增量(相对)坐标系

（1）绝对坐标系

刀具(或机床)运动轨迹的坐标值是以相对于固定的坐标原点 O 给出的，即称为绝对坐标。该坐标系为绝对坐标系。如图 10-12(a)所示，A、B 两点的坐标均以固定的坐标原点 O 计算的，其值为 $X_A=10$，$Y_A=20$，$X_B=30$，$Y_B=50$。

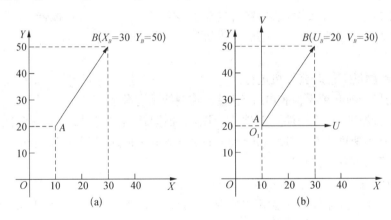

图 10-12　绝对坐标与增量坐标

（2）增量(相对)坐标系

刀具(或机床)运动轨迹的坐标值是相对于前一位置(起点)来计算的，即称为增量(或相对)坐标，该坐标系称为增量坐标系。

增量坐标系常用 U、V、W 来表示。如图 10-12(b)所示，B 点相对于 A 点的坐标(即增量坐标)为 $U=20$，$V=30$。

10.2.7　数控系统的功能

数控机床的运动是由程序控制的，而准备功能和辅助功能是程序段的基本组成部分，也是程序编制过程中的核心问题。目前国际上广泛应用的是 ISO 标准，我国根据 ISO 标准，制订了 JB 3208—83《数控机床穿孔带程序段格式中的准备功能 G 和辅助功能 M 代码》。

1. 准备功能

准备功能也叫 G 功能或 G 代码。它是使机床或数控系统建立起某种加工方式的指令。G 代码由地址 G 和后面的两位数字组成,从 G00～G99 共 100 种。G 代码分为模态代码(又称续效代码)和非模态代码。

2. 辅助功能

辅助功能也叫 M 功能或 M 代码。它是控制机床开—关功能的一种命令。如开、停冷却泵;主轴正、反转;程序结束等。

数控机床的厂家很多,每个厂家使用的 G 功能、M 功能与 ISO 标准也不完全相同,因此对于某一台数控机床,必须根据机床说明书的规定进行编程。

10.3 数控车床

10.3.1 数控车床实训安全操作规程

数控车床实训中要特别注意下列安全事项:

(1) 参加实训的学员必须服从指导人员的安排。任何人使用本机床时,必须遵守本操作规程。在实训工场内禁止大声喧哗、嬉戏追逐;禁止吸烟;禁止从事一切未经指导人员同意的工作,不得随意触摸、启动各种开关。

(2) 操作机床时为了安全起见,穿着要合适,不得穿短裤、不得穿拖鞋;女学员禁止穿裙子,长头发要盘在适当的帽子里;凡是操作机床时,禁止戴手套、并且不能穿着过于宽松的衣服。

(3) 装夹、测量工件时要停机进行。

(4) 使用机床前必须先检查电源连接线、控制线及电源电压。

(5) 在运行加工前,首先检查工件、刀具有无稳固锁紧,确认操作的安全性。手动操作时,设置刀架移动速度宜在 1 500 mm/min 以内,增量 I 值应设置在 50 mm 以内。一边按键,一边要注意刀架移动的情况。

(6) 禁止随意改变机床内部设置。

(7) 机床工作时,操作者不能离开车床。当程序出错或机床性能不稳定时,应立即关机,消除故障后方能重新开机操作。

(8) 开动车床应关闭保护罩,以免发生意外事故。主轴未完全停止前,禁止触摸工件、刀具或主轴。触摸工件、刀具或主轴时要注意是否烫手,小心灼伤。

(9) 在操作范围内,应把刀具、工具、量具、材料等物品放在工作台上,机床上不应放任何杂物。

(10) 手潮湿时勿触摸任何开关或按钮,手上有油污时禁止操控控制面板。

(11) 在使用电动卡盘装夹工件时,按至卡爪与工件接触则卡爪停止移动,电机堵转即为夹紧,这时应迅速放开按钮以免堵转时间过长而损坏电气元件,造成卡盘不能正常工作。

(12) 设置卡盘运转时,应让卡盘卡一工件,负载运转。禁止卡爪张开过大和空载运行。空载运行时容易使卡盘松懈,卡爪飞出卡盘伤人。

(13) 操控控制面板上的各种功能按钮时,一定要辨别清楚并确认无误后,才能进行操控。不要盲目操作。在关机前应关闭机床面板上的各功能开关(例如转速、转向开关)。

(14) 机床出现故障时,应立即切断电源,并立即报告现场指导人员,勿带故障操作和擅自处理。现场指导人员应做好相关记录。

(15) 在机床实操时,只允许一名学员单独操作,其余非操作的学员应离开工作区,等候轮流上机床实操。实操时,同组学员要注意工作场所的环境,互相关照、互相提醒,防止发生人员或设备的安全事故。

(16) 任何人在使用设备后,都应把刀具、工具、量具、材料等物品整理好,并做好设备清洁和日常设备维护工作。

(17) 要保持工作环境的清洁,每天下班前 15 min,要清理工作场所;以及必须每天做好防火、防盗工作,检查门窗是否关好,相关设备和照明电源开关是否关好。

(18) 任何人员,违反上述规定或培训中心的规章制度,实训指导人员有权停止其操作。

10.3.2 数控车床加工概述

数控车床是指用计算机数字控制的车床,主要用于轴类和盘类回转体零件的加工,能够通过程序控制自动完成内、外圆柱面、圆锥面、圆弧面、螺纹等的切削加工,并可进行切槽、钻、扩、铰孔和各种回转曲面的加工。数控车床加工效率高,精度稳定性好,劳动强度低,特别适用于复杂形状的零件或中、小批量零件的加工。数控机床是按所编程序自动进行零件加工的,大大减少了操作者的人为误差,并且可以自动地进行检测及补偿,达到非常高的加工精度。

现以数控车床(图 10 - 13)为例,介绍数控车床的组成、结构、特点等。

1. 数控车床加工的对象

数控车床加工精度高,能做直线和圆弧插补,还有部分车床数控装置具有某些非圆曲线插补功能以及在加工过程中能自动变速等特点,因此,其工艺范围较普通车床宽得多。它是目前国内使用极为广泛的一种数控机床,约占数控机床总数的 25%。同常规的车削加工相比,数控车削加工对象还包括:轮廓形状特别复杂或难于控制尺寸的回转体零件;精度要求高的零件;特殊螺纹和蜗杆等螺旋类零件等。

图 10 - 13 数控车床

2. 数控车床的结构特点

与普通车床相比较,数控机床结构仍由主轴箱、进给传动机构、刀架、床身等部件组成,但结构功能与普通车床比较,具有本质上的区别。数控车床分别由两台电动机驱动滚珠丝杠旋转,带动刀架作纵向及横向进给,不再使用挂轮、光杠等传动部件,传动链短、结构简单、传动精度高,刀架也可作自动回转。有较完善的刀具自动交换和管理系统。零件在车床上一次安装后,能自动完成或接近完成零件各个表面的加工工序。

数控车床的主轴箱结构比普通车床要简单得多,机床总体结构刚性好,传动部件大量采用轻拖动构件,如滚珠丝杠副、直线滚动导轨副等,并采用间隙消除机构,进给传动精度高,灵敏度及稳定性好。采用高性能的主轴部件,具有传递功率大、刚度高、抗震性好及热变形小等优点。

另外,数控车床的机械结构还有辅助装置,主要包括刀具自动交换机构、润滑装置、切削液装置、排屑装置、过载与限位保护装置等部分。

数控装置是数控车床的控制核心,其主体是具有数控系统运行功能的一台计算机(包括CPU、存储器等)。

3. 数控车床的分类

随着数控车床制造技术的不断发展,数控车床品种繁多,可采用不同的方法进行分类。

按机床的功能分类,可分为经济型数控车床和全功能型数控车床;按主轴的配置形式分类,可分为卧式数控车床和立式数控车床,还有双主轴的数控车床;按数控系统控制的轴数分类,可分为当机床上只有一个回转刀架时实现两坐标轴控制的数控车床和具有两个回转刀架时实现四坐标轴控制的数控车床。目前,我国使用较多的是中小规格的两坐标连续控制的数控车床。

10.3.3 数控车床的操作

不同的数控车床的操作不尽相同,以广州数控 GSK980TD 的操作系统为例,介绍 C2-6136HK 数控车床的基本操作方法。如图 10-14 所示为 C2-6136HK 数控车床的控制面板。

图 10-14　C2-6136HK 数控车床的控制面板

1. 返回参考点(或返回原点操作)

由于数量系统采用增量值方式测定刀架的位置,系统在断电后会失去参考点坐标值,编程坐标值也就失去了正确的参考位置。故在机床断电后重新接通电源、紧急停止、按【复位】键后,必须进行返回参考点操作。操作方法和具体步骤:

(1) 开机:打开电源→打开急停按钮→【复位】;

(2) 回零:操作步骤为:按【机械零点】键→按【翻页】键到绝对坐标显示页面→按手动操作键区的【X】键(正方向)→按【Z】键(正方向)→绝对坐标显示页面上 X、Z 为 0.000,如图 10‐15 所示→回零完成。

图 10‐15　绝对坐标显示界面

2. 相对坐标清零

操作步骤为:按【位置】键→按【翻页】键到相对坐标显示页面→按字母【U】键→按【取消】键→按字母【W】键→按【取消】键→相对坐标显示页面上 U、W 为 0.000,如图 10‐16 所示→相对坐标清零完成。

图 10‐16　相对坐标显示页面

3. 刀补数据清零

操作步骤:按【刀补】键→按【翻页】键找到刀具偏置界面,如图 10‐17 所示→按【光标移动】键将光标移到有数据的行处按字母【X】键→按【输入】键→按字母【Z】键→按【输入】键→刀补数据清零完成。

图 10‐17　刀具偏置界面

4. 程序输入及修改

（1）输入程序：按【编辑】键→按【程序】键→按字母【O】键和数字【0001】键→按换行【EOB】键→输入加工程序；

注意：每行程序结束都要按换行【EOB】键。

（2）修改程序：要按【插入修改】键或【删除】键或【取消】键可以对程序进行修改等操作。

5. 编程加工路线检查

操作步骤：按【编辑】键→按【程序】键→按【复位】键→按【自动】键→按【机床锁】键→按【辅助】锁键→按【空运行】键→连按两次【设置】键→按【翻页】键到图形参数页面→按【录入】键→按【光标】键将光标移到 X 最大值行 →按【数字】键输入比毛坯直径数值大 10 的数值→按【输入】键→将光标移到 Z 最大值行→按【数字】键输入 10→按【输入】键→将光标移到 X 最小值行→按【数字】键输入负数 10→按【输入】键→将光标移到 Z 最小值行→按【数字】键输入负数比加工长度长 10 的数值→按【输入】键→按【自动】键→按【翻页】键翻页到作图页面→按字母【S】键→按【运行】键，进行检查→按字母【R】键清除图形。

注意：检查完成后必须要解除【机床锁】键→【辅助锁】键→【空运行】键。

6. 对刀

在对刀时，需要手动进给调整刀具位置进行试切，操作步骤：

（1）主轴转动：按【录入】键→按【程序】键→按【翻页】键翻页到程序状态页面，如图 10 - 18 所示→按字母【M】键→按数字【03】键→按【输入】键→按字母【S】键→按数字【500】键→按【输入】键→按【运行】键；

图 10 - 18　程序状态页面

（2）对刀：在刀具磨损或者刃磨重新装刀后，为保证加工精度和编程方便，可用刀补进行补偿，而不用改写程序中的坐标值，操作步骤为：

Z 轴对刀：按【手动操作】键→按手动操作键区的【X】键（负方向）→按【Z】键（负方向）→将刀具快速移动到工件的右端面→按【手轮操作】键→按手轮操作键区的【X】键或【Z】键选择控制 X 或 Z 轴→转动手轮控制刀具沿 X 轴负方向试切削端面到中心后→将刀具沿 X 正方向移动离开工件；

输入刀补：按【刀补】键→按【翻页】键翻页找到刀具偏置界面→按【光标移动】键将光标移到 001 行处按字母【Z】键→输入数字 0→按【输入】键；第 2 把刀就在 002 行处输入；

X 轴对刀：按【手动操作】键→按手动操作键区的【X】键（负方向）→按【Z】键（负方向）→将刀具快速移动到工件的右端面→按【手轮操作】键→按手轮操作键区的【X】键或【Z】键选择控制 X 或 Z 轴→转动手轮控制刀具沿 Z 轴负方向小量试切削工件外圆→将刀具沿 Z 正方向移动离开工件→将主轴停止，测量工件的直径；

输入刀补：同上，在刀偏置界面按字母【X】键→按【数字】键输入测量的直径数值→按【输入】键；

（3）主轴停转：按【复位】键或按【手动操作】键或【手轮操作】键→按【停止】键。

7. 自动加工

（1）调出程序：按【编辑】键→按【程序】键→输入程序文件名称→按【光标移动】键向下；

（2）加工：按【编辑】键→按【程序】键→按【复位】键→按【自动】键→按【单段】键→调整主轴倍率、快速倍率、进给倍率→按【运行】键开始加工→定位准确后取消单段模式。

8. 结束加工

10.3.4　数控车床的编程操作实例

【例1】　加工如图 10-19 所示的机床手柄零件,毛坯为 $\phi22$ mm 的棒料,从右端至左端轴向走刀切削,粗加工每次背吃刀量为 2 mm,粗加工进给量为 0.15 mm/r 或 100 mm/min,精加工进给量为 0.10 mm/r 或 150 mm/min,精加工余量为 0.5 mm。

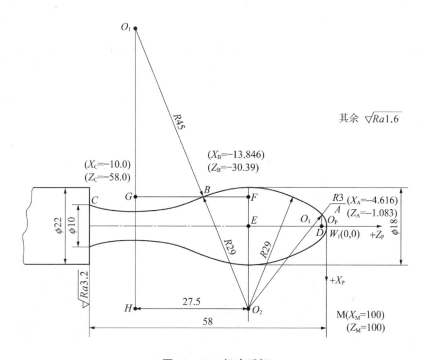

图 10-19　机床手柄

1. 数控车床加工过程分析

(1) 设零件原点和换刀点

零件原点设在零件的右端面(工艺基准处),图中的 $W_1(0,0)$ 为零件原点。换刀点(即刀具起点)设在零件的右前方(100,100)点处。

(2) 设精车起点

由图中可知,精车起点应设在零件零点 $W_1(0,0)$ 处。

(3) 确定刀具加工工艺路线

先从右至左车削外轮廓面。其路线为:车 $R3$ mm 圆弧→$R29$ mm 圆弧→$R45$ mm 圆弧。

加工路线:粗加工路线是以(22.5,0)点为起点,按精加工路线走粗加工轮廓,每次进刀 2 mm 的循环 11 次(即调用子程序 12 次)后,粗车结束。最后刀具以(0,0)为精车起点,按精车轨迹加工。

2. 数控编程

采用调用子程序方式编程见表 10-3。

表 10-3 机床手柄的程序

程　　序	说　　明
O22	主程序号
N10 G50 X100. Z100.;	设零件换刀点
N20 G96 S100 M03;	主轴正转,恒线速度 100 m/min
N30 G00 Z1.;	刀具快速移至粗车循环点(44.5,1)
N40 X44.5;	
N50 G01 F0.15;	
N60 M98 P00122201;	调用子程序 O2201,调用 12 次
N70 G00 X100.;	快速返回起刀点
N80 Z100.;	
N90 M05;	主轴停
N100 M00;	程序暂停
N110 G50 X100. Z100.;	重新设定零件坐标系
N120 G96 S150 M03;	主轴高速旋转
N130 G00 Z1.;	刀具快速至精车前的起点(22,1)
N140 X22.;	
N150 G01 F0.10;	
N160 M98 P2201;	调用子程序一次精车
N170 G00 X100.;	快速返回换刀点
N180 Z100.;	
N190 M05;	主轴停
N200 M30;	程序结束
O2201	子程序号
N10 G00 U-22.;	刀具快速至加工起点:粗车为(22.5,0)
N20 G01 W-1.;	精车为(0,0)
N30 G03 U-4.616 W-1.083 R3.;	车 $R3$ mm 圆弧 $W_1 \rightarrow A$
N40 G03 U-9.230 W-29.307 R29.;	车 $R29$ mm 圆弧 $A \rightarrow B$
N50 G02 U3.846 W-27.610 R45.;	车 $R45$ mm 圆弧 $B \rightarrow C$
N60 G01 U12.;	快速返回循环起点
N70 G00 W59.;	
N80 U-2.;	每次进刀 2 mm
N90 M99;	子程序结束

【例 2】 加工如图 10-20 所示的零件,毛坯为 ϕ30 mm 的棒料,螺纹倒角为 $2 \times 45°$,未注倒角为 $1 \times 45°$。从右端至左端轴向走刀切削,粗加工每次背吃刀量为 2 mm,粗加工进给量为 0.15 mm/r 或 100 mm/min,精加工进给量为 0.10 mm/r 或 150 mm/min,精加工余量为 0.5 mm。

1. 数控车床加工过程分析

(1) 设零件原点和换刀点

编程原点设在零件的右端面中心(X0,Z0);换刀点(即更换刀具的安全位置)设在距离零件编程原点的右前方(X100,Z100)点处。

(2) 设精车起点

由图中可知,精车起点应设在右端面中心(X0,Z0)处。

(3) 确定刀具加工工艺路线

先从右至左车削外轮廓面。其路线为:车右端面→车 R3 圆弧→圆锥→ϕ16、ϕ20、ϕ28 外圆→切槽→车螺纹→切 ϕ24 槽→车圆弧→切断。

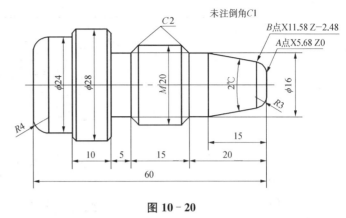

图 10 - 20

加工路线:用 G71 指令粗加工轮廓,G70 指令精加工轮廓,每次进刀 1.5 mm。

2. 数控编程

表 10 - 4　短轴的程序

程　　序	说　　明
O0002	主程序号
N10 T0101;	外圆刀
N20 G00 X100 Z100;	设零件换刀点
N30 G96 M03 S80 G50 S1500;	主轴正转,恒线速度 80 m/min 最高转速 1 500 r/min
N40 G00 Z1 X32;	刀具快速移近工件
N50 G01 Z0.1 F80;	车端面
N60 X0;	
N70 G00 Z1;	快速返回粗车循环点起刀点(X32,Z1)
N80 X32;	
N90 G97 S800;	主轴正转 800 r/min
N100 G71 U1.5 R1 F100;	G71 轴向粗车循环,吃刀深度 1.5 mm,进给为 100 mm/min
N110 G71 U0.5 P120 Q220;	精车余量 0.5 mm,循环 N120～N220
N120 G00 X0;	刀具快速至精车前的起点(X0,Z0)
N130 G01 Z0;	
N140 X5.68;	R3 圆弧起点
N150 G03 X11.58 Z-2.48 R3;	加工 R3 圆弧
N160 G01 X16 Z-15;	加工圆锥
N170 Z-20;	加工 ϕ16 外圆
N180 X19.85 Z-22;	M20 螺纹倒角 2×45°
N190 Z-40;	M20 外圆
N200 X26;	ϕ28 外圆倒角起点
N210 X28 Z-41;	加工 ϕ28 外圆倒角 1×45°
N220 Z-66	加工 ϕ28 外圆
N230 G70 P120 Q220 F60;	精车,循环 N120～N220
N240 G00 X100 Z100;	返回换刀点
N250 G97 S600 T0202;	换刀宽 3 mm 切槽刀,转速 600 r/min

续表

程　　序	说　　明
N260 G00 X22 Z-38;	切槽起点
N270 G01 X16.1 F20;	切 5 mm 宽退刀槽
N280 X22;	
N290 Z-40;	
N300 X16.1;	
N310 X19.85;	
N320 W4;	M20 螺纹倒角起点
N330 X16 W-2;	M20 螺纹倒角 2×45°起点
N340 Z-40;	加工退刀槽底
N350 Z-39 X22;	
N360 G00 X100 Z100;	返回换刀点
N370 T0303 G97 S500;	换螺纹刀,转速 500 r/min
N380 G00 X22 Z-15;	刀具快速至车螺纹的起点
N390 G76 P020060 Q150 R0.1;	车螺纹,精车 2 次,牙型角 60°,最小切入深度 0.15 mm,精车余量 0.1 mm
	车至螺纹小径 ϕ18.65,牙高 1.083 mm,第一次螺纹切削深度 0.5 mm,螺距 2 mm
N400 G76 X18.65 Z-47 P1083 Q500 F2	返回换刀点
N410 G00 X100 Z100;	换刀宽 3 mm 切槽刀,恒线速度 45 m/min 最高转速 1 000 r/min
N420 T0202 G96 S45 G50 S1000;	切槽起点
N430 G00 X30 Z-53.2;	径向切槽多重循环 G75,退刀量 0.5 mm
N430 G75 R0.5;	切槽至 ϕ24.1
N440 G75 X24.1 Z-66 P2000 Q2500 F30;	
N450 G00 X30 Z-52;	
N460 G01 X28 F20;	ϕ28 外圆倒角 1×45°起点
N470 X26 W-1;	倒角 1×45°
N480 X24;	加工 ϕ24 外圆
N490 Z-63.2	
N500 X15.5;	切槽至 ϕ15.5
N510 X24;	
N520 W3;	
N530 G03 X18 W3 R3;	粗加工 R4 圆弧
N540 G01 X24;	
N550 Z-59;	
N560 G03 X16 Z-63 R4;	精加工 R4 圆弧
N570 G01 X0;	切断工件
N580 G00 X100;	返回换刀点
N590 Z100 M05;	主轴停
N600 M30;	程序结束并返回

10.4　加工中心基本操作过程

10.4.1　加工中心安全技术

加工中心实训中要特别注意下列安全事项：

（1）在工作场所内，禁止大声喧哗、嬉戏追逐；禁止吸烟；不得随意触摸、启动各种开关；不准戴手套操作；禁止从事一切未经指导人员同意的工作，严格遵守本规程。

（2）学员必须严格按照设备操作说明书进行操作。

（3）学员除在加工中心上进行实训外，其他一切设备、工具未经同意不准动用。

（4）开动机床前必须了解加工中心大致构造，各手柄和操作面板上各按键的用途和操作方法。

（5）在运行加工前，首先检查工件、刀具有无稳固夹紧，确认操作的安全性，检查数控铣床各部分润滑是否正常，各运转部分是否正常。

（6）操控控制面板上的各种功能按钮时，一定要辨别清楚并确认无误后，才能进行操控，不要盲目操作。

（7）机床运转期间，勿将身体任何一部分接近加工中心移动范围内，不得隔着机床传递物件，更不要试着用嘴吹切屑、用手去抓切屑或清除切屑。

（8）换刀、装夹工件时必须停机进行。

（9）机床运行时，操作者不能离开岗位，如有异常情况（如工件松动、设备有异声或程序有误等）应立即停止、关掉电源，并报告指导人员或有关管理人员。

（10）实操时，同组学员要注意工作场所的环境，互相关照、互相提醒，防止发生人员或设备的安全事故。

（11）不得使加工中心运转速度超过其最大允许范围。在操作机床范围内，不应有任何障碍物。

（12）任何人在使用完后，都应把刀具、工具、材料等物品整理好，并做好清洁和日常维护工作。

10.4.2　加工中心加工概述

加工中心是一种用途比较广泛的机床，主要用于各类平面、曲面、沟槽、齿形、内孔等的加工。加工中心以其特有的多轴联动特性，多用于模具、样板、叶片、凸轮、连杆和箱体的加工。加工中心是以铣削为加工方式的数控机床。

1. 加工中心加工的对象

按机床主轴的布置形式及机床的布局特点分类，数控铣床可分为立式加工中心、卧式加工中心和龙门数控铣床等，如图 10-21～图 10-22 所示。

立式加工中心一般适宜盘、套、板类零件的加工，一次装夹后，可对上述零件表面进行铣、钻、扩、镗、攻螺纹等工序以及侧面的轮廓加工；卧式加工中心一般带有回转工作台，便于加工零件的不同侧面，适宜箱体类零件加工；龙门数控铣床，适用于大型或形状复杂的零件加工。

图 10-21　立式加工中心　　　图 10-22　卧式加工中心　　　图 10-23　龙门加工中心

2. 加工中心的加工特点

加工中心铣削对零件的适应性强、灵活性好，可以加工轮廓形状非常复杂或难以控制尺寸的零件，如壳体、模具零件等；可以在一次装夹后，对零件进行多道工序的加工，使工序高度集中，减少装夹误差，大大提高了生产效率和加工精度；加工质量稳定可靠，一般不需要使用专用夹具和工艺装备，生产自动化程度高；另外，加工中心铣削加工对刀具的要求较高，要求刀具应具有良好的抗冲击性、韧性和耐磨性。

10.4.3　加工中心的操作

加工中心的种类较多，操作方法差别较大，本节以 CY-VMC850 加工中心（云南机床厂，采用法兰克系统）为例，如图 10-24 所示。介绍数控加工的基本操作方法。

1. 返回参考点（或返回原点操作）

数量系统采用增量值方式测定参考点的位置，因此，系统在断电后会失去参考点坐标值，编程坐标值也就失去了正确的参考位置。故在机床断电后重新接通电源、紧急停止、按【复位】键后，必须进行返回参考点操作。

图 10-24　CY-VMC850 加工中心
（采用 FANUC 系统）

操作方法和具体步骤：

（1）开机：打开电源→打开急停按钮→按【复位】键；

（2）回零：按【回零】键→出现机械回零面板，先用手动或手轮方式把各轴移动到机床的中间位置，然后按【+Z】键→按【+X】键→按【+Y】键→回零完成（回零过程不要操作设备）。

2. 手动

一般在单件生产中，在对刀后需将此时刀具所在位置的相应坐标值输入系统，即设定工件坐标系，操作步骤：

在【手动】JOG 方式下，按【-X】键→按【-Y】键→按【-Z】键→移动到合适的位置。

3. 对刀

基准刀对刀方法和步骤（G54 坐标系对刀）：

（1）装好所有需要用到的刀具（包括分中棒）；

（2）装好工件毛坯；

（3）清零：

① 录入方式→偏置（偏置）→把光标移动到要清零数值的位置→写 0→输入；

② 偏置（工件系）→00 坐标系和 01 坐标系→把光标移动到有数值的位置→写 0→输入。

（4）利用分中棒对中（X,Y 轴）：

① 录入方式→程序→MDI→M03　S800→按【EOB】键→插入→启动（主轴转动）；

② 位置→相对坐标→分中棒碰工件后面→按【Y】键→归零→抬 Z 轴→分中棒碰工件前面→按【Y】键→写实际数值的二分之一→预置→把主轴移动到 Y 轴的零点；

③ 分中棒碰工件左面→按【X】键→归零→抬 Z 轴→分中棒碰工件右面→按【X】键→写实际数值的二分之一→预置→把主轴移动到 X 轴的零点；

④ 偏置（工件系）→找到 01（G54）坐标系→写 X0→测量→写 Y0→测量；

（5）Z 轴对刀（如 1 号刀）：

① 更换 1 号刀：录入→程序→MDI→写 T01　M06→按【EOB】键→插入→启动；

② 移动 Z 轴到离工件表面 10 mm 位置→用 10 mm 铣刀柄的滚动测量出刀尖到工件表面的距离（10 mm）；

③ 偏置（工件系）→01（G54）坐标系→写 Z10.0→测量。

（6）刀具验证：

① 用手动或手轮方式把各轴移开；

② 录入→程序→MDI→写：

M03　S800;

G01　F2000　G54　G90　X0　Y0　Z10.0;

③ 把进给旋钮打到零的位置；

④ 启动；

⑤ 打开进给旋钮，一定要注意观察刀具的移动情况（注意：手不能离开旋钮，如果发现有状况，特别是刀具离工件表面低过 10 mm 时，立即把进给旋钮打到零的位置，或按下紧急按键）；

⑥ 验证完毕后，必须停止主轴的运转；（按【复位】键）

⑦ 检查绝对坐标；

⑧ 在确定主轴停止运转的情况下，检查刀具的位置是否正确。

4. 其他刀具的对刀方法和步骤（用刀补对刀，并且只对 Z 轴）

（1）更换 2 号刀：录入→程序→MDI→写 T02　M06→按【EOB】键→插入→启动；

（2）移动 Z 轴到离工件表面 10 mm 的位置→用 10 mm 铣刀柄的滚动测量出刀尖到工件面的距离（为 10 mm）；

（3）位置→绝对坐标→参考 Z 轴的数值减去 10 mm 所得的数（记下来）；

（4）偏置→把光标移动到 2 号的 H 位置→把刚才记下来的数值输入进去；

（5）刀具验证：

① 用手动或手轮方式把各轴移开；

② 录入→程序→MDI→写：

M03　S800;

G01　F2000　G54　G90　XO　YO　Z10.0　G43　H02；

③ 把进给旋钮打到零的位置；

④ 启动；

⑤ 打开进给旋钮,一定要注意观察刀具的移动情况(注意:手不能离开进给旋钮,如果发现有状况,特别是刀具离工件表面低于 10 mm 时,立即把进给旋钮打到零的位置,或按下紧急按键)；

⑥ 验证完毕后,必须停止主轴的运转(按【复位】键)；

⑦ 在确定主轴停止运转的情况下,检查刀具的位置是否正确。

5. 程序输入及修改

(1) 输入程序:主菜单→程序→【扩展】键→新程序→输入 O001→【确认】键→输入全部程序→【扩展】键→关闭；

(2) 修改:要修改按【编辑】、【删除】键等。

6. 自动加工

(1) 调出程序:程序→选择程序名称；

(2) 加工:自动→循环起动,开始加工。

7. 结束加工

10.4.4　数控铣床的编程操作实例

【例3】　利用数控铣床加工如图 10 - 25 所示的平面凸轮零件。

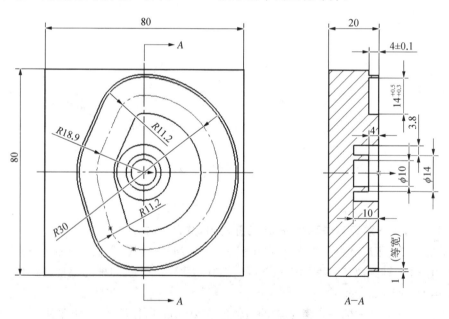

$A(-17.242,7.774)$，$B(-10.218,23.387)$，$C(0,30)$，
$D(-3.99,-29.734)$，$E(-13.237,-21.821)$，$F(-18.118,-5.379)$

图 10 - 25　平面凸轮零件

1. 工艺分析

先用 MasterCam 软件绘图,因为只用平面(二维)加工编程,所以只需要把俯视图绘制好即

可。图样中只给出凸轮槽中线的坐标尺寸和槽宽尺寸(槽宽的编程尺寸取 14.4 mm),可以以其编写出加工程序,通过更换刀具和合理修调刀具半径补偿值的方法完成编写整个零件的加工。首先创建 ϕ12 mm 的两刃键槽铣刀,刀具半径补偿值为零粗加工凸轮槽,进刀方式用斜线插补;其次创建 ϕ20 mm 的键槽铣刀粗加工外形轮廓,X、Y 轴分 2 层,每层 10 mm,保留 0.2 mm 余量精加工;最后创建 ϕ8 mm 的键槽铣刀进行精加工、加工中间岛屿凸轮轮廓以及中间 ϕ10 mm 的孔(采用螺旋插补的方式)。

2. 具体加工步骤(表 10 - 5)。

表 10 - 5　平面凸轮零件加工步骤

工序	工序内容	刀具类型	主轴转速 (r/min)	下刀速度 (mm/min)	进给速度 (mm/min)	工序图
1	粗加工凸轮槽	ϕ12 键槽铣刀	1 000	300	600	
2	粗加工外轮廓	ϕ20 键槽铣刀	800	600	600	
3	精加工凸轮槽	ϕ8 键槽铣刀	1 500	600	600	
4	精加工外轮廓	ϕ8 键槽铣刀	1 500	600	600	
5	加工 ϕ10 孔	ϕ8 键槽铣刀	1 500	300	600	
6	加工 3.8 mm 槽	ϕ3 键槽铣刀	3 000	300	600	

3. 加工程序

该凸轮加工的轮廓均为圆弧组成,因而只要计算出基点坐标,就可编制程序。加工程序如下:

（1）粗加工凸轮槽

表 10 - 6　粗加工凸轮槽程序

程序	
O0001(程序名)	N172 X16.666 Y24.942 Z-1.662
N100 G21	N174 X17.87 Y24.095 Z-1.714
N102 G0 G17 G40 G49 G80 G90	N176 X19.03 Y23.189 Z-1.765
N104 T1 M6	N178 X20.145 Y22.227 Z-1.817
N106 M8	N180 X21.212 Y21.212 Z-1.868
N108 G0 G90 G54 X-17.21 Y7.812 S1000 M3	N182 X22.227 Y20.145 Z-1.919
N110 G43 H1 Z25.	N184 X23.189 Y19.03 Z-1.971
N112 Z10.	N186 X24.095 Y17.87 Z-2.022
N114 G1 Z0. F300.	N188 X24.942 Y16.666 Z-2.074
N116 X-10.269 Y23.273 Z-.592 F600.	N190 X25.73 Y15.422 Z-2.125
N118 X-9.859 Y24.106 Z-.624	N192 X26.456 Y14.141 Z-2.176
N120 X-9.453 Y24.8 Z-.652	N194 X27.118 Y12.826 Z-2.228
N122 X-8.998 Y25.462 Z-.68	N196 X27.714 Y11.48 Z-2.279
N124 X-8.497 Y26.091 Z-.708	N198 X28.244 Y10.106 Z-2.331
N126 X-7.952 Y26.681 Z-.737	N200 X28.706 Y8.708 Z-2.382
N128 X-7.366 Y27.231 Z-.765	N202 X29.099 Y7.289 Z-2.434
N130 X-6.742 Y27.738 Z-.793	N204 X29.421 Y5.852 Z-2.485
N132 X-6.083 Y28.199 Z-.821	N206 X29.673 Y4.402 Z-2.536
N134 X-5.394 Y28.611 Z-.849	N208 X29.853 Y2.94 Z-2.588
N136 X-4.676 Y28.972 Z-.877	N210 X29.962 Y1.472 Z-2.639
N138 X-3.934 Y29.282 Z-.905	N212 X29.998 Y0. Z-2.691
N140 X-3.172 Y29.537 Z-.933	N214 X29.962 Y-1.472 Z-2.742
N142 X-2.393 Y29.737 Z-.961	N216 X29.853 Y-2.94 Z-2.793
N144 X-1.603 Y29.88 Z-.989	N218 X29.673 Y-4.402 Z-2.845
N146 X-.804 Y29.967 Z-1.017	N220 X29.421 Y-5.852 Z-2.896
N148 X.039 Y29.997 Z-1.047	N222 X29.099 Y-7.289 Z-2.948
N150 X1.472 Y29.962 Z-1.097	N224 X28.706 Y-8.708 Z-2.999
N152 X2.94 Y29.853 Z-1.148	N226 X28.244 Y-10.106 Z-3.051
N154 X4.402 Y29.673 Z-1.2	N228 X27.714 Y-11.48 Z-3.102
N156 X5.852 Y29.421 Z-1.251	N230 X27.118 Y-12.826 Z-3.153
N158 X7.289 Y29.099 Z-1.302	N232 X26.456 Y-14.141 Z-3.205
N160 X8.708 Y28.706 Z-1.354	N234 X25.73 Y-15.422 Z-3.256
N162 X10.106 Y28.244 Z-1.405	N236 X24.942 Y-16.666 Z-3.308
N164 X11.48 Y27.714 Z-1.457	N238 X24.095 Y-17.87 Z-3.359
N166 X12.826 Y27.118 Z-1.508	N240 X23.189 Y-19.03 Z-3.41
N168 X14.141 Y26.456 Z-1.559	N242 X22.227 Y-20.145 Z-3.462
N170 X15.422 Y25.73 Z-1.611	N244 X21.212 Y-21.212 Z-3.513

程序	
N246 X20. 145 Y－22. 227 Z－3. 565	N318 X－13. 273 Y－21. 7
N248 X19. 03 Y－23. 189 Z－3. 616	N320 X－18. 096 Y－5. 454
N250 X17. 87 Y－24. 095 Z－3. 667	N322 X－18. 338 Y－4. 569
N252 X16. 666 Y－24. 942 Z－3. 719	N324 X－18. 522 Y－3. 75
N254 X15. 422 Y－25. 73 Z－3. 77	N326 X－18. 671 Y－2. 924
N256 X14. 141 Y－26. 456 Z－3. 822	N328 X－18. 782 Y－2. 093
N258 X12. 826 Y－27. 118 Z－3. 873	N330 X－18. 856 Y－1. 257
N260 X11. 48 Y－27. 714 Z－3. 925	N332 X－18. 894 Y－. 418
N262 X10. 106 Y－28. 244 Z－3. 976	N334 Y. 421
N264 X9. 453 Y－28. 46 Z－4.	N336 X－18. 856 Y1. 259
N266 X8. 708 Y－28. 706	N338 X－18. 782 Y2. 095
N268 X7. 289 Y－29. 099	N340 X－18. 67 Y2. 927
N270 X5. 852 Y－29. 421	N342 X－18. 522 Y3. 753
N272 X4. 402 Y－29. 673	N344 X－18. 337 Y4. 572
N274 X2. 94 Y－29. 853	N346 X－18. 116 Y5. 381
N276 X1. 472 Y－29. 962	N348 X－17. 859 Y6. 18
N278 X－. 028 Y－29. 999	N350 X－17. 567 Y6. 967
N280 X－. 999 Y－29. 982	N352 X－17. 21 Y7. 812
N282 X－1. 994 Y－29. 933	N354 X－10. 269 Y23. 273
N284 X－2. 991 Y－29. 85	N356 X－9. 859 Y24. 106
N286 X－3. 922 Y－29. 741	N358 X－9. 453 Y24. 8
N288 X－4. 781 Y－29. 594	N360 X－8. 998 Y25. 462
N290 X－5. 562 Y－29. 402	N362 X－8. 497 Y26. 091
N292 X－6. 326 Y－29. 154	N364 X－7. 952 Y26. 681
N294 X－7. 071 Y－28. 853	N366 X－7. 366 Y27. 231
N296 X－7. 793 Y－28. 499	N368 X－6. 742 Y27. 738
N298 X－8. 487 Y－28. 093	N370 X－6. 083 Y28. 199
N300 X－9. 15 Y－27. 64	N372 X－5. 394 Y28. 611
N302 X－9. 779 Y－27. 139	N374 X－4. 676 Y28. 972
N304 X－10. 371 Y－26. 595	N376 X－3. 934 Y29. 282
N306 X－10. 921 Y－26. 01	N378 X－3. 172 Y29. 537
N308 X－11. 429 Y－25. 387	N380 X－2. 393 Y29. 737
N310 X－11. 89 Y－24. 729	N382 X－1. 603 Y29. 88
N312 X－12. 304 Y－24. 04	N384 X－. 804 Y29. 967
N314 X－12. 666 Y－23. 323	N386 X. 039 Y29. 997
N316 X－12. 976 Y－22. 581	N388 X1. 472 Y29. 962

程序	
N390 X2. 94 Y29. 853	N454 X29. 853 Y - 2. 94
N392 X4. 402 Y29. 673	N456 X29. 673 Y - 4. 402
N394 X5. 852 Y29. 421	N458 X29. 421 Y - 5. 852
N396 X7. 289 Y29. 099	N460 X29. 099 Y - 7. 289
N398 X8. 708 Y28. 706	N462 X28. 706 Y - 8. 708
N400 X10. 106 Y28. 244	N464 X28. 244 Y - 10. 106
N402 X11. 48 Y27. 714	N466 X27. 714 Y - 11. 48
N404 X12. 826 Y27. 118	N468 X27. 118 Y - 12. 826
N406 X14. 141 Y26. 456	N470 X26. 456 Y - 14. 141
N408 X15. 422 Y25. 73	N472 X25. 73 Y - 15. 422
N410 X16. 666 Y24. 942	N474 X24. 942 Y - 16. 666
N412 X17. 87 Y24. 095	N476 X24. 095 Y - 17. 87
N414 X19. 03 Y23. 189	N478 X23. 189 Y - 19. 03
N416 X20. 145 Y22. 227	N480 X22. 227 Y - 20. 145
N418 X21. 212 Y21. 212	N482 X21. 212 Y - 21. 212
N420 X22. 227 Y20. 145	N484 X20. 145 Y - 22. 227
N422 X23. 189 Y19. 03	N486 X19. 03 Y - 23. 189
N424 X24. 095 Y17. 87	N488 X17. 87 Y - 24. 095
N426 X24. 942 Y16. 666	N490 X16. 666 Y - 24. 942
N428 X25. 73 Y15. 422	N492 X15. 422 Y - 25. 73
N430 X26. 456 Y14. 141	N494 X14. 141 Y - 26. 456
N432 X27. 118 Y12. 826	N496 X12. 826 Y - 27. 118
N434 X27. 714 Y11. 48	N498 X11. 48 Y - 27. 714
N436 X28. 244 Y10. 106	N500 X10. 106 Y - 28. 244
N438 X28. 706 Y8. 708	N502 X9. 453 Y - 28. 46
N440 X29. 099 Y7. 289	N504 G0 Z25.
N442 X29. 421 Y5. 852	N506 M9
N444 X29. 673 Y4. 402	N508 M5
N446 X29. 853 Y2. 94	N510 G91 G28 Z0.
N448 X29. 962 Y1. 472	N512 G28 X0. Y0.
N450 X29. 998 Y0.	N514 M30
N452 X29. 962 Y - 1. 472	

（2）粗加工外轮廓

表 10-7　粗加工外轮廓程序

表 10-7　粗加工外轮廓程序

程序	
O0002（程序名）	N170 X-21.037 Y-53.188
N100 G21	N172 X-23.468 Y-51.769
N102 G0 G17 G40 G49 G80 G90	N174 X-25.792 Y-50.179
N104 T2 M6	N176 X-27.995 Y-48.427
N106 M8	N178 X-30.066 Y-46.521
N108 G0 G90 G54 X63.15 Y-46.774 S800 M3	N180 X-31.996 Y-44.472
N110 G43 H2 Z25.	N182 X-33.774 Y-42.289
N112 Z10.	N184 X-35.39 Y-39.985
N114 G1 Z-4. F600.	N186 X-36.837 Y-37.57
N116 X55.907 Y-39.879	N188 X-38.107 Y-35.058
N118 G3 X41.769 Y-40.226 R9.999	N190 X-39.194 Y-32.462
N120 G1 X41.016 Y-41.016	N192 X-39.977 Y-30.134
N122 X38.954 Y-42.98	N194 X-45.023 Y-13.136
N124 X36.799 Y-44.839	N196 X-45.513 Y-11.34
N126 X34.554 Y-46.591	N198 X-45.972 Y-9.309
N128 X32.226 Y-48.23	N200 X-46.34 Y-7.258
N130 X29.821 Y-49.753	N202 X-46.616 Y-5.194
N132 X27.344 Y-51.157	N204 X-46.801 Y-3.119
N134 X24.801 Y-52.437	N206 X-46.893 Y-1.038
N136 X22.198 Y-53.591	N208 Y1.045
N138 X19.542 Y-54.615	N210 X-46.801 Y3.125
N140 X16.838 Y-55.508	N212 X-46.616 Y5.2
N142 X14.094 Y-56.268	N214 X-46.339 Y7.265
N144 X11.316 Y-56.891	N216 X-45.971 Y9.315
N146 X8.511 Y-57.378	N218 X-45.512 Y11.346
N148 X5.686 Y-57.727	N220 X-44.963 Y13.356
N150 X2.846 Y-57.936	N222 X-44.326 Y15.339
N152 X.079 Y-58.004	N224 X-43.601 Y17.292
N154 X-1.934 Y-57.971	N226 X-42.877 Y19.006
N156 X-3.865 Y-57.874	N228 X-35.615 Y35.182
N158 X-5.792 Y-57.713	N230 X-34.529 Y37.385
N160 X-7.905 Y-57.465	N232 X-33.107 Y39.814
N162 X-10.49 Y-57.023	N234 X-31.514 Y42.135
N164 X-13.223 Y-56.351	N236 X-29.759 Y44.336
N166 X-15.901 Y-55.485	N238 X-27.851 Y46.405
N168 X-18.511 Y-54.428	N240 X-25.798 Y48.331

程序	
N242 X－23.613 Y50.106	N316 X56.268 Y14.094
N244 X－21.307 Y51.719	N318 X56.891 Y11.316
N246 X－18.89 Y53.163	N320 X57.378 Y8.511
N248 X－16.376 Y54.43	N322 X57.727 Y5.686
N250 X－13.778 Y55.513	N324 X57.936 Y2.846
N252 X－11.109 Y56.407	N326 X58.006 Y0.
N254 X－8.382 Y57.107	N328 X57.936 Y－2.846
N256 X－5.613 Y57.609	N330 X57.727 Y－5.686
N258 X－2.814 Y57.912	N332 X57.378 Y－8.511
N260 X－.359 Y58.	N334 X56.891 Y－11.316
N262 X.245	N336 X56.268 Y－14.094
N264 X2.846 Y57.936	N338 X55.508 Y－16.838
N266 X5.686 Y57.727	N340 X54.615 Y－19.542
N268 X8.511 Y57.378	N342 X53.591 Y－22.198
N270 X11.316 Y56.891	N344 X52.437 Y－24.801
N272 X14.094 Y56.268	N346 X51.157 Y－27.344
N274 X16.838 Y55.508	N348 X49.753 Y－29.821
N276 X19.542 Y54.615	N350 X48.23 Y－32.226
N278 X22.198 Y53.591	N352 X46.591 Y－34.554
N280 X24.801 Y52.437	N354 X44.839 Y－36.799
N282 X27.344 Y51.157	N356 X42.98 Y－38.954
N284 X29.821 Y49.753	N358 X41.769 Y－40.226
N286 X32.226 Y48.23	N360 G3 X42.116 Y－54.364 R10.
N288 X34.554 Y46.591	N362 G1 X49.359 Y－61.259
N290 X36.799 Y44.839	N364 X55.907 Y－39.879
N292 X38.954 Y42.98	N366 X48.665 Y－32.983
N294 X41.016 Y41.016	N368 G3 X34.527 Y－33.33 R10.001
N296 X42.98 Y38.954	N370 G1 X33.943 Y－33.943
N298 X44.839 Y36.799	N372 X32.237 Y－35.568
N300 X46.591 Y34.554	N374 X30.453 Y－37.107
N302 X48.23 Y32.226	N376 X28.595 Y－38.556
N304 X49.753 Y29.821	N378 X26.669 Y－39.913
N306 X51.157 Y27.344	N380 X24.678 Y－41.174
N308 X52.437 Y24.801	N382 X22.628 Y－42.335
N310 X53.591 Y22.198	N384 X20.524 Y－43.394
N312 X54.615 Y19.542	N386 X18.37 Y－44.349
N314 X55.508 Y16.838	N388 X16.172 Y－45.197

程序	
N390 X13. 935 Y - 45. 936	N464 X - 36. 457 Y5. 715
N392 X11. 664 Y - 46. 564	N466 X - 36. 168 Y7. 328
N394 X9. 365 Y - 47. 081	N468 X - 35. 806 Y8. 927
N396 X7. 044 Y - 47. 483	N470 X - 35. 375 Y10. 508
N398 X4. 705 Y - 47. 772	N472 X - 34. 873 Y12. 068
N400 X2. 355 Y - 47. 945	N474 X - 34. 303 Y13. 604
N402 X. 039 Y - 48. 002	N476 X - 33. 709 Y15. 011
N404 X - 1. 601 Y - 47. 975	N478 X - 26. 566 Y30. 923
N406 X - 3. 199 Y - 47. 895	N480 X - 25. 718 Y32. 642
N408 X - 4. 793 Y - 47. 762	N482 X - 24. 659 Y34. 452
N410 X - 6. 479 Y - 47. 564	N484 X - 23. 473 Y36. 18
N412 X - 8. 451 Y - 47. 227	N486 X - 22. 165 Y37. 819
N414 X - 10. 487 Y - 46. 726	N488 X - 20. 744 Y39. 361
N416 X - 12. 482 Y - 46. 081	N490 X - 19. 215 Y40. 796
N418 X - 14. 425 Y - 45. 294	N492 X - 17. 588 Y42. 117
N420 X - 16. 307 Y - 44. 37	N494 X - 15. 87 Y43. 319
N422 X - 18. 118 Y - 43. 313	N496 X - 14. 07 Y44. 394
N424 X - 19. 848 Y - 42. 129	N498 X - 12. 197 Y45. 338
N426 X - 21. 489 Y - 40. 824	N500 X - 10. 262 Y46. 144
N428 X - 23. 032 Y - 39. 405	N502 X - 8. 274 Y46. 81
N430 X - 24. 469 Y - 37. 878	N504 X - 6. 243 Y47. 331
N432 X - 25. 793 Y - 36. 253	N506 X - 4. 181 Y47. 706
N434 X - 26. 997 Y - 34. 536	N508 X - 2. 096 Y47. 931
N436 X - 28. 075 Y - 32. 738	N510 X -. 18 Y48.
N438 X - 29. 021 Y - 30. 867	N512 X. 123
N440 X - 29. 83 Y - 28. 933	N514 X2. 355 Y47. 945
N442 X - 30. 442 Y - 27. 116	N516 X4. 705 Y47. 772
N444 X - 35. 405 Y - 10. 396	N518 X7. 044 Y47. 483
N446 X - 35. 808 Y - 8. 922	N520 X9. 365 Y47. 081
N448 X - 36. 168 Y - 7. 324	N522 X11. 664 Y46. 564
N450 X - 36. 458 Y - 5. 711	N524 X13. 935 Y45. 936
N452 X - 36. 676 Y - 4. 086	N526 X16. 172 Y45. 197
N454 X - 36. 821 Y - 2. 454	N528 X18. 37 Y44. 349
N456 X - 36. 893 Y -. 817	N530 X20. 524 Y43. 394
N458 Y. 822	N532 X22. 628 Y42. 335
N460 X - 36. 82 Y2. 459	N534 X24. 678 Y41. 174
N462 X - 36. 675 Y4. 091	N536 X26. 669 Y39. 913

程序	
N538 X28.595 Y38.556	N582 X47.483 Y-7.044
N540 X30.453 Y37.107	N584 X47.081 Y-9.365
N542 X32.237 Y35.568	N586 X46.564 Y-11.664
N544 X33.943 Y33.943	N588 X45.936 Y-13.935
N546 X35.568 Y32.237	N590 X45.197 Y-16.172
N548 X37.107 Y30.453	N592 X44.349 Y-18.37
N550 X38.556 Y28.595	N594 X43.394 Y-20.524
N552 X39.913 Y26.669	N596 X42.335 Y-22.628
N554 X41.174 Y24.678	N598 X41.174 Y-24.678
N556 X42.335 Y22.628	N600 X39.913 Y-26.669
N558 X43.394 Y20.524	N602 X38.556 Y-28.595
N560 X44.349 Y18.37	N604 X37.107 Y-30.453
N562 X45.197 Y16.172	N606 X35.568 Y-32.237
N564 X45.936 Y13.935	N608 X34.527 Y-33.33
N566 X46.564 Y11.664	N610 G3 X34.874 Y-47.468 R10.
N568 X47.081 Y9.365	N612 G1 X42.116 Y-54.364
N570 X47.483 Y7.044	N614 G0 Z25.
N572 X47.772 Y4.705	N616 M9
N574 X47.945 Y2.355	N618 M5
N576 X48.003 Y0.	N620 G91 G28 Z0.
N578 X47.945 Y-2.355	N622 G28 X0. Y0.
N580 X47.772 Y-4.705	N624 M30

（3）精加工凸轮槽

表 10-8　精加工凸轮槽程序

程序	
O0003（程序名）	N120 G1 X12.628 Y30.487
N100 G21	N122 X14.109 Y29.831
N102 G0 G17 G40 G49 G80 G90	N124 X15.556 Y29.102
N104 T3 M6	N126 X16.965 Y28.304
N106 M8	N128 X18.333 Y27.437
N108 G0 G90 G54 X8.952 Y28.475 S1500 M3	N130 X19.657 Y26.505
N110 G43 H3 Z25.	N132 X20.934 Y25.508
N112 Z10.	N134 X22.161 Y24.451
N114 G1 Z-4. F600.	N136 X23.334 Y23.334
N116 X9.528 Y29.968	N138 X24.451 Y22.161
N118 G2 X11.597 Y30.885 R1.6	N140 X25.508 Y20.934

程序	
N142 X26.505 Y19.657	N216 X12.628 Y－30.487
N144 X27.437 Y18.333	N218 X11.117 Y－31.07
N146 X28.304 Y16.965	N220 X9.579 Y－31.578
N148 X29.102 Y15.556	N222 X8.018 Y－32.01
N150 X29.831 Y14.109	N224 X6.438 Y－32.365
N152 X30.487 Y12.628	N226 X4.842 Y－32.642
N154 X31.07 Y11.117	N228 X3.234 Y－32.84
N156 X31.578 Y9.579	N230 X1.619 Y－32.959
N158 X32.01 Y8.018	N232 X－.016 Y－32.999
N160 X32.365 Y6.438	N234 X－1.098 Y－32.981
N162 X32.642 Y4.842	N236 X－2.194 Y－32.927
N164 X32.84 Y3.234	N238 X－3.29 Y－32.835
N166 X32.959 Y1.619	N240 X－4.349 Y－32.711
N168 X32.999 Y0.	N242 X－5.393 Y－32.533
N170 X32.959 Y－1.619	N244 X－6.383 Y－32.289
N172 X32.84 Y－3.234	N246 X－7.352 Y－31.976
N174 X32.642 Y－4.842	N248 X－8.297 Y－31.593
N176 X32.365 Y－6.438	N250 X－9.212 Y－31.144
N178 X32.01 Y－8.018	N252 X－10.092 Y－30.63
N180 X31.578 Y－9.579	N254 X－10.933 Y－30.055
N182 X31.07 Y－11.117	N256 X－11.731 Y－29.42
N184 X30.487 Y－12.628	N258 X－12.481 Y－28.73
N186 X29.831 Y－14.109	N260 X－13.179 Y－27.988
N188 X29.102 Y－15.556	N262 X－13.823 Y－27.198
N190 X28.304 Y－16.965	N264 X－14.408 Y－26.364
N192 X27.437 Y－18.333	N266 X－14.932 Y－25.489
N194 X26.505 Y－19.657	N268 X－15.392 Y－24.58
N196 X25.508 Y－20.934	N270 X－15.786 Y－23.64
N198 X24.451 Y－22.161	N272 X－16.133 Y－22.606
N200 X23.334 Y－23.334	N274 X－20.982 Y－6.276
N202 X22.161 Y－24.451	N276 X－21.249 Y－5.295
N204 X20.934 Y－25.508	N278 X－21.463 Y－4.346
N206 X19.657 Y－26.505	N280 X－21.635 Y－3.389
N208 X18.333 Y－27.437	N282 X－21.764 Y－2.425
N210 X16.965 Y－28.304	N284 X－21.851 Y－1.456
N212 X15.556 Y－29.102	N286 X－21.894 Y－.485
N214 X14.109 Y－29.831	N288 Y.488

程序	
N290 X－21.85 Y1.459	N364 X30.178 Y1.98
N292 X－21.764 Y2.428	N366 Z10.
N294 X－21.635 Y3.392	N368 G1 Z－4.
N296 X－21.463 Y4.349	N370 X28.59 Y1.784
N298 X－21.249 Y5.297	N372 G2 X26.806 Y3.176 R1.6
N300 X－20.993 Y6.236	N374 G1 X26.709 Y3.962
N302 X－20.695 Y7.161	N376 X26.482 Y5.268
N304 X－20.357 Y8.073	N378 X26.192 Y6.561
N306 X－19.961 Y9.01	N380 X25.839 Y7.838
N308 X－12.984 Y24.55	N382 X25.423 Y9.096
N310 X－12.502 Y25.529	N384 X24.946 Y10.333
N312 X－11.987 Y26.408	N386 X24.409 Y11.545
N314 X－11.41 Y27.249	N388 X23.813 Y12.728
N316 X－10.775 Y28.045	N390 X23.16 Y13.881
N318 X－10.084 Y28.795	N392 X22.451 Y15.001
N320 X－9.341 Y29.492	N394 X21.688 Y16.085
N322 X－8.55 Y30.135	N396 X20.872 Y17.129
N324 X－7.715 Y30.719	N398 X20.007 Y18.133
N326 X－6.84 Y31.242	N400 X19.093 Y19.093
N328 X－5.929 Y31.7	N402 X18.133 Y20.007
N330 X－4.989 Y32.092	N404 X17.129 Y20.872
N332 X－4.022 Y32.416	N406 X16.085 Y21.688
N334 X－3.035 Y32.669	N408 X15.001 Y22.451
N336 X－2.032 Y32.851	N410 X13.881 Y23.16
N338 X－1.019 Y32.961	N412 X12.728 Y23.813
N340 X.022 Y32.998	N414 X11.545 Y24.409
N342 X1.619 Y32.959	N416 X10.333 Y24.946
N344 X3.234 Y32.84	N418 X9.096 Y25.423
N346 X4.842 Y32.642	N420 X7.838 Y25.839
N348 X6.438 Y32.365	N422 X6.561 Y26.192
N350 X8.018 Y32.01	N424 X5.268 Y26.482
N352 X9.579 Y31.578	N426 X3.962 Y26.709
N354 X11.117 Y31.07	N428 X2.647 Y26.871
N356 X11.597 Y30.885	N430 X1.325 Y26.969
N358 G2 X12.514 Y28.816 R1.6	N432 X.049 Y27.
N360 G1 X11.938 Y27.323	N434 X－.144
N362 G0 Z25.	N436 X－1.175 Y26.926

续表

程序	
N438 X - 2. 326 Y26. 674	N508 X11. 545 Y - 24. 409
N440 X - 3. 429 Y26. 26	N510 X12. 728 Y - 23. 813
N442 X - 4. 461 Y25. 693	N512 X13. 881 Y - 23. 16
N444 X - 5. 402 Y24. 983	N514 X15. 001 Y - 22. 451
N446 X - 6. 231 Y24. 147	N516 X16. 085 Y - 21. 688
N448 X - 6. 932 Y23. 2	N518 X17. 129 Y - 20. 872
N450 X - 7. 422 Y22. 289	N520 X18. 133 Y - 20. 007
N452 X - 14. 542 Y6. 431	N522 X19. 093 Y - 19. 093
N454 X - 15. 03 Y5. 201	N524 X20. 007 Y - 18. 133
N456 X - 15. 432 Y3. 847	N526 X20. 872 Y - 17. 129
N458 X - 15. 712 Y2. 463	N528 X21. 688 Y - 16. 085
N460 X - 15. 869 Y1. 06	N530 X22. 451 Y - 15. 001
N462 X - 15. 9 Y -. 352	N532 X23. 16 Y - 13. 881
N464 X - 15. 806 Y - 1. 761	N534 X23. 813 Y - 12. 728
N466 X - 15. 588 Y - 3. 156	N536 X24. 409 Y - 11. 545
N468 X - 15. 268 Y - 4. 44	N538 X24. 946 Y - 10. 333
N470 X - 10. 32 Y - 21. 105	N540 X25. 423 Y - 9. 096
N472 X - 9. 956 Y - 22. 072	N542 X25. 839 Y - 7. 838
N474 X - 9. 387 Y - 23. 104	N544 X26. 192 Y - 6. 561
N476 X - 8. 676 Y - 24. 043	N546 X26. 482 Y - 5. 268
N478 X - 7. 838 Y - 24. 871	N548 X26. 709 Y - 3. 962
N480 X - 6. 89 Y - 25. 571	N550 X26. 871 Y - 2. 647
N482 X - 5. 852 Y - 26. 128	N552 X26. 969 Y - 1. 325
N484 X - 4. 745 Y - 26. 53	N554 X27. 001 Y0.
N486 X - 3. 668 Y - 26. 755	N556 X26. 969 Y1. 325
N488 X - 1. 798 Y - 26. 942	N558 X26. 871 Y2. 647
N490 X -. 017 Y - 27. 002	N560 X26. 806 Y3. 176
N492 X1. 325 Y - 26. 969	N562 G2 X28. 198 Y4. 96 R1. 6
N494 X2. 647 Y - 26. 871	N564 G1 X29. 786 Y5. 156
N496 X3. 962 Y - 26. 709	N566 G0 Z25.
N498 X5. 268 Y - 26. 482	N568 M9
N500 X6. 561 Y - 26. 192	N570 M5
N502 X7. 838 Y - 25. 839	N572 G91 G28 Z0.
N504 X9. 096 Y - 25. 423	N574 G28 X0. Y0.
N506 X10. 333 Y - 24. 946	N576 M30

【例4】 如图10 - 26所示的孔与内外轮廓加工,其毛坯为四周已加工的铝锭(厚为30 mm),编写该槽形零件加工程序。

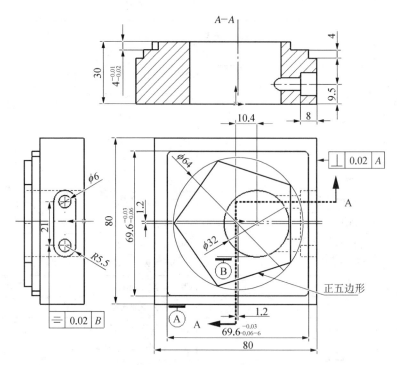

图 10－26　孔与内外轮廓加工

1. 工艺分析

69.6 mm 方形外轮廓、五角形轮廓 ϕ32 mm 孔相对于工件中心偏移了一个尺寸,应以工件中心建立坐标系,然后按图进行偏移,以便编程。先用 ϕ25 mm 钻头粗加工孔;再用极坐标指令编写五角形的加工程序,侧面情况是先加工 ϕ6 mm 孔,然后再加工槽。

2. 具体加工步骤(表 10－9)

表 10－9　孔与内外轮廓加工步骤

工序	工序内容	刀具类型	主轴转速 (r/min)	下刀速度 (mm/min)	进给速度 (mm/min)	工序图
1	钻孔	ϕ25 mm 钻头	400	80		
2	粗、精加工孔	ϕ12 mm 立铣刀	600～800		150	
3	粗、精加工五角形	ϕ12 mm 立铣刀	600～800		150	
4	粗、精加工外轮廓	ϕ12 mm 立铣刀	600～800		150	

工序	工序内容	刀具类型	主轴转速 (r/min)	下刀速度 (mm/min)	进给速度 (mm/min)	工序图
5	加工槽	ϕ10 mm 立铣刀	800		150	
6	钻小孔	ϕ6 mm 钻头	1000	80		

3. 加工程序

选择工件对称中心偏移 X/Y 轴-1.2 mm 和上表面为工件坐标系原点,加工程序如下:

表 10-10　孔与内外轮廓加工程序

程　　序	说　　明
％	
O0001	钻 ϕ25 mm 孔
N100 G21	
N102 G0 G17 G40 G49 G80 G90	
N104 T1 M6	
N106 M8	
N108 G0 G90 G54 X63.15 Y-46.774 S400 M3	
N110 G43 H1 Z25.	
N112 X0.0 Y-9.2	
N114 G98 G83 Z-40.0 R3.0 Q3.0 F80	调用钻孔循环
N116 G80 M09	
N118 M05	
N120 M30	程序结束
％	
O0002	ϕ32 孔粗、精加工程序
N100 G17 G21 G40 G54	
N102 G00 G90 Z50.0	
N104 M03 S800	
N106 X0.0 Y-9.2　M08	定位、冷却液开
N108 G01 Z1.0 F1000	
N110 G41 X16.0 Y-9.2　D01 F150	D01 为 6.1、6.0

续表

程序	说明
N112 G03 I－16.0 Z－5.0	
N114 G03 I－16.0 Z－10.0	
N116 G03 I－16.0 Z－15.0	螺旋线插补加工
N118 G03 I－16.0 Z－20.0	
N120 G03 I－16.0 Z－25.0	
N122 G03 I－16.0 Z－31.0	修正孔
N126 G40 G01 X0.0 Y－9.2 M09	
N128 G00 Z100.0	
N130 M05	
N132 M30	程序结束
%	
O0003	五角形粗、精加工程序
N100 G17 G21 G40 G54	
N102 G00 G90 Z50.0	
N104 M03 S800	视加工情况合理地修调主轴转速
N106 X40.0 Y60.0 M08	
N108 Z2.0	
N110 G01 Z－4.0 F150	Z分别为－3.8、4.0
N112 G16	极坐标建立
N114 G01 G42 X32.0 Y90.0 D01	D01 为 20.0、16.0、6.1、6.0
N116 Y162.0	
N118 Y234.0	
N120 Y306.0	改变极角加工五角形
N122 Y18.0	
N124 Y90.0	
N126 G15	极坐标取消
N128 G01 X－15.0	
N130 G40 Y60.0 M09	
N132 G00 Z100.0	
N134 M05	
N136 M30	程序结束

续表

程序	说明
%	
O0004	方形轮廓加工程序
N100 G17 G21 G40 G54	
N102 G00 G90 Z50.0	
N104 M03 S800	视加工情况合理地修调主轴转速
N106 X40.0 Y60.0 M08	
N108 Z2.0	
N110 G01 Z-8.0 F150	视加工情况合理地修调进给速度
N112 G01 G42 Y34.8 D01	
N114 X-34.8,R2.4	
N116 Y-34.8,R2.4	
N118 X34.8,R2.4	自动拐角加工
N120 Y34.8,R2.4	
N122 G91 G02 Y10.0 X-10.0 R10.0	切弧切出轮廓
N124 G90 G01 G40 X40.0 Y60.0 M09	
N126 G00 Z100.0	
N128 M05	
N130 M30	程序结束
%	
O0005	ϕ6 mm 钻孔加工程序
N100 G17 G80 G54	
N102 G00 G90 Z100.0	
N104 M03 S1000	
N106 X10.0 Y0.0 M08	
N108 G98 G83 Z-25.0 R3.0 Q3.0 F80	调用钻孔循环
N110 G80 M09	
N112 M05	
N114 M30	程序结束
%	
O0006	侧面槽加工程序
N100 G17 G40 G54	

程序	说明
N102 G00 G90 Z50.0	
N104 M03 S800	
N106 X10.0 Y0.0 M08	
N108 Z2.0	
N110 G01 Z－8.0 F150	Z分别为－4.0、－8.0
N112 G01 G42 Y－5.5 D01	D01 为 5.0
N114 X－10.5	
N116 G02 Y5.5 R5.5	
N118 G01 X10.5	
N120 G02 Y－5.5 R5.5	
N122 G01 G40 X10.0 Y0.0 M09	
N124 G00 Z100.0	
N126 M05	
N128 M30	程序结束

10.5　线切割

10.5.1　线切割实训安全操作规程

线切割实训中要特别注意下列安全事项：

（1）数控线切割机床属贵重设备仪器，由专职人员负责管理，任何人员使用该设备及其工具、量具，必须经该设备负责人同意并服从该设备负责人统一安排。

（2）参加实训的学生必须在指导人员指导下使用。任何人使用本机床时，必须遵守本操作规程。使用完毕后，做好记录并签名。

（3）装夹、测量工件以及装、调丝筒时要停机进行。使用机床前必须先检查电源连接线、控制线及电源电压，检查 X、Y、U、V 各轴是否在行程范围内。

（4）机床所属计算机只能用于线切割编程、控制加工，不得做其他用途，并要严格按照操作顺序进行。

（5）用计算机时，不能编入与实训或使用机床无关的程序。不允许私自带盘上机，不允许改变机器内部命令程序，不允许违反上机操作规则；不得随意改动控制系统、编程系统的技术参数，必须改变时要征得该设备管理员同意。

（6）电规准、加工速度一定要根据说明书有关规定进行选择，不得盲目加大电参数及加工速度。

（7）关掉电源柜后，至少要等 30 s 才能再次开机。在操作高频电源时，当断开电源开关后一定要使电压表指示为零，方可再次启动高频电源开关。加工时要改变电参数一定要在走丝电机换向时进行。

（8）每次穿丝或调整丝筒前，必须断开高频电源，在加工中严禁换挡以及调整钼丝运行速度。完毕时一定要取下手柄方可开动走丝电机。

（9）禁止随意改变机床内部设置；手潮湿时禁止触摸任何开关或按钮。

（10）机床出现故障时，应立即切断电源，并立即报告现场指导人员，勿带故障操作和擅自处理。现场指导人员应做好相关记录。

（11）在机床实操时，只允许一名学生单独操作，其余非操作的学员应离开工作区，等候轮流上机床实操。实操时，同组学员要注意工作场所的环境，互相关照、互相提醒，防止发生人员或设备的安全事故。

（12）任何人在使用设备后，都应把工具、量具、材料等物品整理好，并做好设备清洁和日常设备维护工作。

（13）要保持工作环境的清洁，每天结束前 15 min，要清理工作场所；以及必须每天做好防火、防盗工作，检查门窗是否关好，相关设备和照明电源开关是否关好。

（14）任何人员违反上述规定或培训中心的规章制度，设备负责人及保管员有权停止其使用机床。

10.5.2　加工原理

线切割加工是电火花加工的一种方法。它以金属丝（$\phi 0.02 \sim \phi 0.3$ mm 的钼丝或黄铜丝）为工具电极，对工件进行切割加工。加工时，金属丝为一极，工件为另一极，两极间充满工作液介质（线切割乳化液），在两极间加上脉冲电压，当两极间的距离很近时，在两极间发生瞬间的放电击穿。由于瞬间放电点的温度极高（10 000℃以上），使得放电点的金属局部产生熔化甚至气化。又由于放电的过程极为短暂，使放电的过程具有爆炸的性质。这一爆炸力使得熔化了的金属被抛离电极表面，在工件表而形成一个小的凹坑。随着放电的不断进行，工件被不断蚀除，从而达到切割的目的如图 10-27 所示。线切割加工是利用脉冲放电加工的原理进行的，工具电极与工件不接触，因此，线切割中无显著的机械切削力，可利用工具电极加工导电的超硬材料（如硬质合金和人造聚晶金刚石等）。线切割加工可以加工形状复杂，精度要求高的零件（凸轮、样板等），能完成某些一般机械加工难以完成的工作，如窄缝的加工等，在生产中的运用越来越广泛。线切割的精度可达 $0.02 \sim 0.01$ m，表面粗糙度 Ra 值可达 1.6 μm。

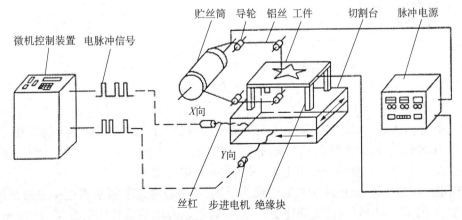

图 10-27　线切割加工原理图

线切割机床由脉冲电源、数控装置、机床三部分组成,如图10-28所示。

脉冲电源:脉冲电源的作用是给两极间提供一高压的脉冲电压,为放电提供能量。

数控装置:与其他数控机床中的数控装置类似,可以对工作台的运动进行控制。以加工出所要求的工件形状。另外,线切割机床的数控装置还能对放电状态进行识别,控制工作台运动的速度,保证正常的放电间隙(0.01 mm左右),防止异常放电的发生。当有异常放电发生时,应能正确判断和处理。

机床:线切割机床上装有贮丝筒,贮丝筒可带动电极丝经由导轮作正、反向往复移动,使电极丝的损耗减少,以保证加工的正常进行。工作台的驱动一般采用步进电机带动滚珠丝杠进行。

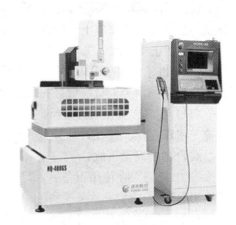

图10-28　中走丝数控线切割机床

电火花成型加工机床的型号有多种,但由于其加工原理是相同的,故它们的基本操作方法大致相同。

10.5.3　加工工艺

1. 电参数的选择

脉冲电源的波形与参数是影响线切割加工工艺的主要因素,如图10-29所示。

电参数与加工工件技术工艺指标的关系:

峰值电流I_m增大、脉冲宽度t_{on}增加、脉冲间隔t_{off}减小、脉冲电压幅值u_i增大,都会使切割速度提高,但加工的表面粗糙度和精度则会下降。反之则可改善表面粗糙度和提高加工精度。

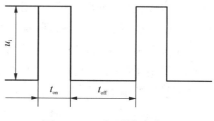

图10-29　矩形波脉冲

要求切割速度高时,选择大电流和脉宽、高电压和适当的脉冲间隔;要求表面粗糙度好时,选择小的电流和脉宽、低电压和适当的脉冲间隔;切割厚工件时,应选用大电流、大脉宽和大脉冲间隔以及高电压。

2. 工件的正确装夹

(1) 支撑装夹方法

线切割机床的常用夹具有压板夹具和磁性夹具等。

压板夹具主要用与固定平板状的工件,如图10-30所示的悬臂支撑方式。另外常用的支撑装夹方法还有两端支撑方式、桥式支撑方式等。

(2) 起割路线的选择

加工程序引入点一般不能与工件上的起点重合,需要有一段引入程序。加工外形时,引入点一般在坯料之外,加工型孔时在坯料之内,有时还需要预先加工工艺孔以便穿丝,穿丝的位置最好选在便于运算的坐标点上,可采用先钻孔进行加工。

起割路线主要以防止或减少材料变形为原则,一般应考虑靠近装夹这一边的图形后切割为宜。如图10-31所示,加工程序引入点为A,起点为a,应选择切割路线:$A{\rightarrow}a{\rightarrow}b{\rightarrow}c{\rightarrow}d{\rightarrow}e{\rightarrow}f{\rightarrow}a{\rightarrow}A$。而假如选择$B$点作引入点,起点为$d$。则无论选择哪种走向,都会受到材料变形的影响。

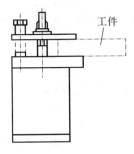

图 10‐30　悬臂支撑方式

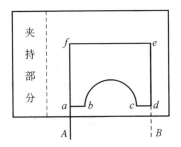

图 10‐31　切割路线的选择

3. 工件的校正

工件的校正方法有按划线、按外形和按基准孔校正等方法。

按外形校正时,要预先磨出侧垂直基面。当把穿丝孔作为基准孔时,要保证其位置精度和尺寸精度。

10.5.4　数控线切割的编程实例

【例5】　如图 10‐32 所示加工冷冲模凹模。

按图尺寸用线切割编程软件画出冷冲模凹模 CAD 图,确定切割顺序为:$O \rightarrow a \rightarrow b \rightarrow c \rightarrow d \rightarrow e \rightarrow f \rightarrow g \rightarrow h \rightarrow i \rightarrow j \rightarrow k \rightarrow a \rightarrow O$,生成加工程序。电极丝直径为 $\phi 0.18$ mm,单边放电间隙为 0.01 mm,则间隙补偿量 $f = (0.09 + 0.01)$mm $= 0.1$ mm,电极丝中心轨迹如图 10‐32 中的虚线所示,其导出 3B 加工程序如下:

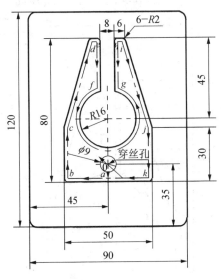

图 10‐32　凹模

N	1：B	0 B	9900 B	9900 GY	L4；	0.000，	−9.900($O{\rightarrow}a$)
N	2：B	23000	0	23000 GX	L3；	−23.000，	−9.900($a{\rightarrow}b$)
N	3：B	0 B	1900 B	1900 GY	SR3；	−24.900，	−8.000(圆弧)
N	4：B	0	27985B	27985 GY	L2；	−24.900，	19.985($b{\rightarrow}c$)
N	5：B	14568	48561B	48561 GY	L1；	−10.332，	68.546($c{\rightarrow}d$)
N	6：B	1820	546 B	1820 GX	SR2；	−8.512，	69.900(圆弧)
N	7：B	2512	0 B	2512 GX	L1；	−6.000，	69.900($d{\rightarrow}e$)
N	8：B	0 B	1900 B	1900 GY	SR1；	−4.100，	68.000(圆弧)
N	9：B	0	27431B	27431 GY	L4；	−4.100，	40.569($e{\rightarrow}f$)
N	10：B	4100	15569B	56200 GX	NR2；	4.100，	40.569($f{\rightarrow}g$ 圆弧)
N	11：B	0	27431 B	27431 GY	L2；	4.100，	68.000($g{\rightarrow}h$)
N	12：B	1900	0 B	1900 GX	SR2；	6.000，	69.900(圆弧)
N	13：B	2512	0 B	2512 GX	L1；	8.512，	69.900($h{\rightarrow}i$)
N	14：B	0 B	1900 B	1354 GY	SR1；	10.332，	68.546(圆弧)
N	15：B	14568	48561B	48561 GY	L4；	24.900，	19.985($i{\rightarrow}j$)
N	16：B	0	27985 B	27985 GY	L4；	24.900，	−8.000($j{\rightarrow}k$)
N	17：B	1900	0 B	1900 GX	SR4；	23.000，	−9.900(圆弧)
N	18：B	23000	0 B	23000 GX	L3；	0.000，	−9.900($k{\rightarrow}a$)
N	19：B	0 B	9900 B	9900 GY	L2；	0.000，	0.000($a{\rightarrow}O$)

N　20：DD(结束)

按上图尺寸用线切割编程软件画出冷冲模凸模 CAD 图,确定切割顺序为:$O{\rightarrow}a{\rightarrow}b{\rightarrow}$ $c{\rightarrow}d{\rightarrow}e{\rightarrow}f{\rightarrow}g{\rightarrow}h{\rightarrow}i{\rightarrow}j{\rightarrow}k{\rightarrow}l{\rightarrow}m{\rightarrow}n{\rightarrow}p{\rightarrow}q{\rightarrow}r{\rightarrow}a{\rightarrow}O$,生成加工程序。电极丝直径为 ϕ 0.18 mm,单边放电间隙为 0.01 mm,则间隙补偿量 $f=(0.09-0.01)$mm$=0.08$ mm,电极丝中心轨迹如图 10‒33 中的虚线所示,其导出 3B 加工程序如下:

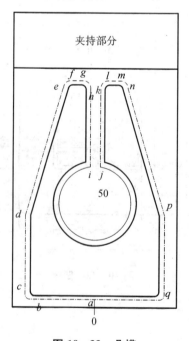

图 10‒33　凸模

N 1：B	0 B	1900 B	1900 GY	L2；	0.000，	1.900(O→a)
N 2：B	23000	0	23000 GX	L3；	−23.000，	1.900(a→b)
N 3：B	0 B	2100 B	2100 GY	SR3；	−25.100，	4.000(圆弧 b→c)
N 4：B	0	28015	28015 GY	L2；	−25.100，	32.015(c→d)
N 5：B	14577	48588	48588 GY	L1；	−10.523，	80.603(d→e)
N 6：B	2011	603 B	2011 GX	SR2；	−8.512，	82.100(圆弧 e→f)
N 7：B	2512	0 B	2512 GX	L1；	−6.000，	82.100(f→g)
N 8：B	0 B	2100 B	2100 GY	SR1；	−3.900，	80.000(圆弧 g→h)
N 9：B	0	27586	27586 GY	L4；	−3.900，	52.414(h→i)
N 10：B	75	19	75 GX	L3；	−3.975,52.395(圆弧起点补偿)	
N 11：B	3975	15395	55650 GX	NR2；	3.975，	52.395(圆弧 i→j)
N 12：B	75	19	75 GX	L2；	3.900,52.414(圆弧终点补偿)	
N 13：B	0	27586	27586 GY	L2；	3.900，	80.000(j→k)
N 14：B	2100	0 B	2100 GX	SR2；	6.000，	82.100(圆弧 k→l)
N 15：B	2512	0 B	2512 GX	L1；	8.512，	82.100(l→m)
N 16：B	0 B	2100 B	1497 GY	SR1；	10.523，	80.603(圆弧 m→n)
N 17：B	14577	48588	48588 GY	L4；	25.100，	32.015(n→p)
N 18：B	0	28015	28015 GY	L4；	25.100，	4.000(p→q)
N 19：B	2100	0 B	2100 GX	SR4；	23.000，	1.900(圆弧 q→r)
N 20：B	23000	0	23000 GX	L3；	0.000，	1.900(r→a)
N 21：B	0 B	1900 B	1900 GY	L4；	0.000，	0.000(a→O)

N 22：DD(结束)

1. 准备工作

加工以前完成相关准备工作,包括准备工件毛坯并加工出准确的基准面、压板、夹具等装夹工具。

2. 操作步骤及内容

(1) 开机,检查系统各部分是否正常,包括高频电源、工作液泵、储丝筒等的运行情况;

(2) 装夹工件,根据工件厚度调整 Z 轴至适当位置并锁紧;

(3) 进行储丝筒绕丝、穿丝和电极丝位置校正等操作;

(4) 移动 X、Y 轴坐标确立电极丝切割起始坐标位置;

(5) 开启工作液泵,调节喷嘴流量;

(6) 输入或调用加工程序并存盘后装入内存;

(7) 确认程序无误后,进行自动加工;

(8) 当工件行将切割完毕时,其与母体材料的连接强度势必下降,此时要注意固定好工件,防止因工作液的冲击使得工件发生偏斜,从而改变切割间隙,轻者影响工件表面质量,重者使工件切坏报废;

(9) 加工结束,取下工件,将工作台移至各轴中间位置;

（10）清理加工现场；

（11）关机。

10.6　小结

本章介绍了数控加工技术的基本知识和现代先进制造技术。重点介绍了数控车床、数控铣床和数控电火花加工。

对于金工实训，数控加工实训是其重要内容之一，也是为以后学习数控技术做好准备，因此，数控加工的初步知识及编制简单的数控加工程序，是本章要求掌握的重点内容。

10.7　思考题

（1）数控车床的主要加工对象有哪些？

（2）简述数控车床的结构特点及其分类情况。

（3）数控铣床的主要加工对象是什么？它们的应用范围有哪些？

（4）简述数控铣床的分类及其他们各自的适用范围。

（5）数控铣床加工的特点是什么？

（6）什么是电火花加工？它的基本原理是什么？

（7）电火花加工的特点有哪些？

（8）常见的数控电火花加工机床由哪几部分组成？各组成部分的具体作用是什么？

（9）现代制造技术有哪些特点？

（10）现代制造技术可以分为哪几类？

（11）编程题

① 编制如图 10-34 所示零件的数控车加工程序。要求切断，加工刀具为 1 号外圆刀、2 号切槽刀，切槽刀宽度为 4 mm，毛坯直径为 32 mm。

② 编制如图 10-34 所示的数控车加工程序，不要求切断。加工所用刀具为 1 号外圆刀、2 号螺纹刀，3 号切槽刀。切槽刀宽度为 4 mm，毛坯直径为 32 mm。

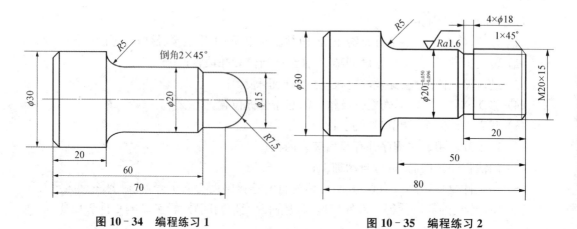

图 10-34　编程练习 1　　　　图 10-35　编程练习 2

③ 编制如图 10-36 所示矩形的内轮廓及圆的外轮廓数控铣加工程序，要求使用刀补，

铣刀直径 $\phi 10$ mm，一次下刀 8 mm。

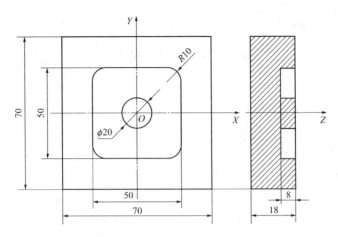

图 10－36　编程练习 3

(12) 综合训练，零件图及毛坯图如题 10－37 图(a)、(b)所示。

工件材料：LY12；刀具材料：W18Cr4V；粗铣切深 $a_p \leqslant 3$ mm，精铣余量 0.5 mm。

要求：

① 确定加工方案，选择刀具及切削余量；

② 计算轨迹坐标；

③ 编制一个粗加工程序，采用刀具半径补偿、镜像加工、循环程序或子程序等功能；

④ 编辑及图形模拟加工操作。

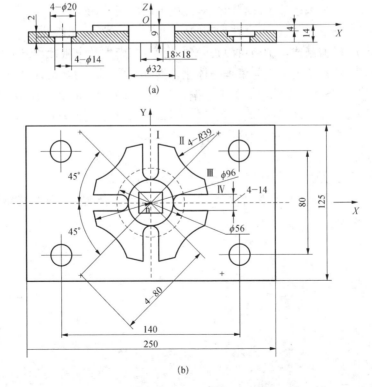

图 10－37　综合练习

参考文献

[1] 宋金虎,侯文志.金工实训[M].北京:人民邮电出版社,2011.

[2] 梁蓓.金工实训[M].北京:机械工业出版社,2008.

[3] 明岩.钳工实训指导书[M].北京:国家开放大学出版社,2010.

[4] 童永华,冯忠伟.钳工技能实训[M].第3版.北京:北京理工大学出版社,2013.

[5] 魏永涛,刘兴芝.金工实训教程[M].北京:清华大学出版社,2013.

[6] 陈忠建.金工实训教程[M].大连:大连理工大学出版社,2011.

[7] 柴增田.金工实训[M].北京:北京大学出版社,2009.

[8] 李英.工程材料及其成型[M].北京:人民邮电出版社,2007.

[9] 谭雪松,漆向军.机械制造基础[M].北京:人民邮电出版社,2008.

[10] 何世松,寿兵.机械制造基础[M].哈尔滨:哈尔滨工程大学出版社,2009.

[11] 杜可可.机械制造技术基础[M].北京:人民邮电出版社,2007.

[12] 丁德全.金属工艺学[M].北京:机械工业出版社,2011.

[13] 张至丰.机械工程材料及成形工艺基础[M].北京:机械工业出版社,2007.

[14] 张若峰,邓健平.金属切削原理与刀具[M].北京:人民邮电出版社,2010.

[15] 王爱玲.数控编程技术[M].北京:机械工业出版社,2009.

[16] 周湛学,刘玉忠.数控电火花加工[M].北京:化学工业出版社,2007.

[17] 何世松.机械制造基础项目教程[M].南京:东南大学出版社,2016.

[18] 韩鸿鸾.数控车削工艺与编程一体化教程[M].北京:高等教育出版社,2009.

[19] 霍苏萍,刘岩.数控铣削加工工艺编程与操作[M].北京:人民邮电出版社,2009.

[20] 徐慧民,贾颖莲.模具制造工艺[M].第2版.北京:北京理工大学出版社,2010.

[21] 京玉海.金工实习[M].天津:天津大学出版社,2009.

[22] 张克义,章国庆.金工实习[M].南京:南京大学出版社,2012.

[23] 陈莛.金工实训[M].重庆:重庆大学出版社,2016.

[24] 韩鸿鸾,董先,张玉东 数控铣工/加工中心操作工技能鉴定实战详解[M].北京:化学工业出版社,2013.